新疆地区干旱严重程度时空变化研究

李　毅　姚　宁　陈新国
陈　琼　刘峰贵　冯　浩　著

中国水利水电出版社
www.waterpub.com.cn
·北京·

内 容 提 要

本书较系统地介绍了气候变化背景下新疆地区干旱时空分布规律，并分析了气候变化对参考作物腾发量及干旱严重度的影响，基于多种 Archimedean Copulas 函数和粒子群优化算法深入分析了多变量干旱频率的联合分布模型，进行了多变量干旱频率时空模拟和预测。本书为对干旱研究感兴趣的读者提供了相关参考。

本书面向水利工程、农业工程、应用气象等专业的本科生、硕士生、博士生及相关专业的教学科研人员。

图书在版编目（CIP）数据

新疆地区干旱严重程度时空变化研究 / 李毅等著. -- 北京 : 中国水利水电出版社, 2021.1
ISBN 978-7-5170-9381-7

Ⅰ. ①新… Ⅱ. ①李… Ⅲ. ①气候变化—影响—干旱—研究—新疆 Ⅳ. ①P426.616

中国版本图书馆CIP数据核字(2021)第021910号

书　名	**新疆地区干旱严重程度时空变化研究** XINJIANG DIQU GANHAN YANZHONG CHENGDU SHIKONG BIANHUA YANJIU
作　者	李毅　姚宁　陈新国　陈琼　刘峰贵　冯浩　著
出版发行	中国水利水电出版社 （北京市海淀区玉渊潭南路 1 号 D 座　100038） 网址：www. waterpub. com. cn E-mail：sales@waterpub. com. cn 电话：（010）68367658（营销中心）
经　售	北京科水图书销售中心（零售） 电话：（010）88383994、63202643、68545874 全国各地新华书店和相关出版物销售网点
排　版	中国水利水电出版社微机排版中心
印　刷	北京中献拓方科技发展有限公司
规　格	184mm×260mm　16 开本　10.5 印张　256 千字
版　次	2021 年 1 月第 1 版　2021 年 1 月第 1 次印刷
定　价	**60.00** 元

前　言

干旱以它冷酷无情的本质摧残着人类文明的进步和发展，造成的严重后果并未因如今科学技术的发达而减弱，相反有着变本加厉的趋势。20 世纪 90 年代以来，我国北方干旱化造成的直接经济损失每年在 1000 亿元以上。据不完全统计，自 2009 年 9 月至 2010 年 3 月，仅我国西南五省爆发的大规模干旱造成的直接经济损失就高达 185 亿元。干旱和旱灾从古至今都是人类面临的主要自然灾害。农业极易受干旱的影响，我国农田受旱灾面积占农田总受灾面积的 60%，平均每年受旱面积 0.215 亿 hm^2 左右，损失粮食 100 亿～150 亿 kg。不仅农业受灾，严重干旱还会对工业生产、城市供水和生态环境产生影响。

本书在收集新疆地区多站点水文、气象、社会、经济及相关数据的基础上，分别计算了多种气象和水文干旱指标，全面分析对比了不同干旱指标的时空变化规律。依据降水和径流特征提取相关干旱变量，采用不同的 Copulas 函数分析新疆地区气象和水文干旱的多变量频率特征。

本书首先系统对比和总结了干旱指标、干旱预测方法干旱频率分析及气候变化影响等方面的国内外研究现状，其次采用多种干旱指标研究了气象和水文干旱的时空分布规律，探讨了气候变化对干旱严重程度的影响，基于 Archimedean Copulas 函数进行了多变量干旱频率的时空分析，并采用多维粒子群优化算法和模糊时间序列模型进行了干旱预测。基于上述方法的研究获得了一系列成果。虽然全书涉及与干旱研究相关的不同方面内容，但由于干旱的发生、发展及时空演变规律本身比较复杂，受到大气环流过程、地理、气候、地貌等多因素的影响，因此本书的内容并不全面。

本研究得到了国家重点研发计划（2019YFA0606902）、国家自然科学基金面上项目（52079114）和国家自然科学基金新疆联合基金（U1203182）“气候变化对玛纳斯河流域水文干旱的影响”的资助。硕士研究生李计、邵进、博士研究生陈新国曾先后进行了数据分析和绘图等工作，团队的姚宁博士、陈琼博士、刘峰贵教授和冯浩研究员也为不同章节的撰写和修改做出了重要贡献。中国水利水电出版社的李忠良编辑对书籍的结构、内容、图表等提出了修改建议。全书的统筹规划、章节安排、内容整合、图表和文字编辑、出版等事宜由李毅全面负责。在近年的研究过程中得到了诸多同行专家的支持和帮助，在此表示诚挚的谢意！

本书共分为6章，其中各章内容及分工如下：

第1章：绪论。主要阐述了研究背景，对目前涉及干旱定义、干旱指标及其时空变化和预测的国内外研究进展进行了全面评述，并提出目前关于干旱时空变化及预测研究方面的主要问题。主要完成人是李毅、姚宁、李计、邵进、周牡丹、陈新国、陈琼、刘峰贵、冯浩。

第2章：首先介绍了新疆地区概况，并分析了气候变化对干旱指标中常用的参数参考作物腾发量的影响，在此基础上估算了不同时间尺度下多种干旱指标，研究了气象和水文干旱指标在新疆不同地区的时空变化规律。主要完成人是李毅、姚宁、陈新国、周牡丹、彭灵灵、陈琼、冯浩。

第3章：基于去趋势气象要素和PCA方法重构气象要素，分析了气候变化对干旱严重度的影响。主要完成人是李毅、姚宁、陈新国、冯浩。

第4章：基于多种Archimedean Copulas函数，研究了干旱特征变量的边缘分布模型，并进行了多变量干旱频率时空分析。主要完成人是李计、李毅。

第5章：采用基于粒子群优化算法的模糊C-均值聚类算法构建模糊时间序列新模型，并进行了应用实例分析。主要完成人是邵进、李毅、陈琼。

第6章：对全书的成果进行了总结，并提出了今后研究的主要建议。由李毅、姚宁、陈新国、刘峰贵完成。

热忱欢迎读者们对干旱相关的研究问题与研究组进行各种方式的交流。由于时间和精力有限，本书错误之处在所难免，敬请谅解。

作者

2020年10月

目　录

第1章 绪　　论

1.1 研究的目的及意义

气候变化是21世纪地球上的主要威胁之一（Mishra和Singh，2010）。全球气候变暖已是一个不可否认的事实，气候变暖影响全球水循环及各区域水分平衡，导致水资源时空分布发生变化，出现降雨时空分布更加不均匀的现状，从而导致极端气候事件频繁发生（潘淑坤等，2013）。由于“温室效应”的影响，气候变暖将引起水资源在时空上的重新分配。近几十年来，随着全球气候变暖，干旱的持续时间延长，波及范围变大，同时，世界各地水资源短缺的现象也频繁出现（Bates等，2008）。水资源短缺进一步加剧了干旱程度，从而影响地表水和地下水资源，可能导致供水减少、水质恶化、作物歉收、河岸栖息地受到干扰（Riebsame等，1991）。

干旱是正常的周期性气候特征（刘庚山等，2004），通常是指淡水总量少，不足以满足人的生存和经济发展的一种长期的气候现象。干旱属于极端气候事件中历时最长、发展极慢、而可预测性最差的灾害。干旱以它冷酷无情的本质摧残着人类文明的进步和发展，造成的严重后果并未因如今科学技术的发达而减弱，相反有着变本加厉的趋势（Wilhite等，2000）。20世纪90年代以来，我国北方干旱化造成的直接经济损失每年在1000亿元以上（符淙斌等，2006）。据不完全统计，自2009年9月至2010年3月，仅我国西南五省爆发的大规模干旱造成直接经济损失就高达185亿元。

旱灾是因土壤水分不足，不能满足牧草等农作物生长的需要，造成较大的减产或绝产的灾害（徐向阳，2006）。干旱一般是长期的现象，而旱灾却不同，它是属于偶发性的自然灾害，甚至在通常水量丰富的地区也会因一时的气候异常而导致旱灾。干旱和旱灾从古至今都是人类面临的主要自然灾害。农业极易受干旱的影响，我国农田受旱灾面积占农田总受灾面积的60%，平均每年受旱面积0.215亿hm^2左右，损失粮食100亿～150亿kg（徐向阳，2006）。通常将农作物生长期内因缺水而影响正常生长称为受旱，受旱减产三成以上称为旱灾。经常发生旱灾的地区称为易旱地区。

不仅农业受灾，严重干旱还会对工业生产、城市供水和生态环境产生影响。旱灾对国民生产建设造成了巨大的影响和难以估量的损失，更是给经济发展带来沉重打击。据此，对干旱进行分析和研究的任务刻不容缓。通过理论分析寻求解决之道是缓解旱灾损失的有力手段。

1.2　国内外研究现状

1.2.1　干旱的定义及干旱分类

针对不同的研究目的，研究者对干旱做出了不同的定义。Palmer（1965）定义干旱为“一个持续的、异常的水分缺乏”，并据此提出了著名的帕默尔干旱指数（PDSI）；张景书（1993）认为，干旱是“在一定时期内降水量显著减少，引起土壤水分亏缺，从而不能满足农作物正常生长所需水分的一种气候现象”；原能源部、水利部西北勘测设计院（1991）指出干旱是“河道流量的减少，湖泊或水库库容的减少和地下水位的下降”；世界气象组织（WMO，1992）定义干旱为“在较大范围内相对长期平均水平而言降水减少，从而导致自然生态系统和雨养农业生产力下降”。针对不同行业的用水需求，对干旱的定义和描述也不尽相同（袁文平和周广胜，2004a；2004b）。迄今为止，尚未有一个可以被普遍接受的干旱定义。但顾名思义，缺水即为旱，这便是干旱的本质。干旱不仅与降水量有关，而且与下垫面条件和需水要求等因素有直接关系（王英，2006）。干旱过程常常是某种状态的异常环流持续发展和长期维持的结果（卫捷等，2004）。

干旱分为气象干旱、水文干旱、农业干旱和社会经济干旱等（徐向阳，2006）。气象干旱是指由降水和蒸发不平衡所造成的水分短缺现象；水文干旱指由降水和地表水或地下水不平衡所造成的水分短缺现象；农业干旱是由土壤水和作物需水的不平衡所造成的水分短缺现象；社会经济干旱则是因自然系统与人类社会经济系统中水资源供需不平衡所造成的水资源短缺现象（谢应齐，1993；邹旭恺等，2010）。

1.2.2　干旱指标及其时空变化

干旱指标是反映干旱成因和程度的量度。干旱指标是监测、评价、研究干旱发生发展的基础。世界气象组织（WMO，1992）将干旱指标分为气象、气候、大气、农业、水文及用水管理干旱指标六大类。我国比较通用的分类是气象、农业、水文和社会经济干旱指标（宋松柏等，2005）。好的干旱指标应有明确的物理意义，所涉及的资料容易获得且参数计算方便，同时应能反映干旱的成因、程度、起止时间和持续时间等。其中，气象干旱指标是指通过气象要素对干旱进行监测与评估，通常包括降水距平或降水距平百分比、标准化降水指数（Standardized Precipitation Index，简称 SPI）（McKee 等，1993）、Z 指数、干燥指数（Aridity Index，简称 AI）（Arora，2002；Budyko，1974）、Erinc's 干燥指数或降水亏缺指数（I_m）（Erinc，1965）、综合指数（Composite Index，简称 CI）（中华人民共和国国家质量监督检验检疫总局和中国国家标准化管理委员会，2017）、连续无雨日数等，以及近年来新提出的标准化降水蒸散指数（Standardized Precipitation Evapotranspiration Index，简称 SPEI）（Beguería 等，2010；Vicente - Serrano 等，2010）、Sahin 干燥指数（Sahin，2012）等；水文干旱指标可以用月（或年）径流量、日（或月）平均流量或水位等小于某一阈值作为干旱指标，常用的有标准化径流指数（Standardized Runoff Index，简称 SRI）（Shukla 和 Wood，2008）、径流 Z 指数、雪干旱指标（Staudinger 等，2014）等；农业干旱指标一般包括降水距平或降水距平百分比、连续无雨日数、水分供求差或水分供求比。比如降水蒸发差或降水蒸发比、帕默尔干旱指数（Palmer Drought Severity Index，简称 PDSI）（Palmer，1965）、作物水分指数（Crop Moisture Index，简称 CMI）（Palmer，1968）、相对蒸散、水分亏缺量（徐向阳，2006）等；社会经济干旱指标是指从社会经济总体角度出发，通过水分供需平衡模式来进行评价，但至今尚未形成普遍认同的评价方法。不同的干旱指标有其优缺点和适用条件。不论是哪种标准化干旱指标，其计算过程都会受到数据概率分布的影响，对于零值较多的干旱区，短尺度的标准化干旱指标可能为非正态分布，从而在模拟干旱时引起较大的误差。Mishra 和 Singh（2010）系统评述了干旱的概念及几种广泛应用的干旱指标，认为由于通常用来计算干旱指标的水文气象要素具有很大的变异性，不同干旱指标的应用效果具有区域特色。

不同干旱指标在世界各地都有广泛的应用。PDSI 是被最早提出的综合评价区域水分状况的指标，该指标综合了水分亏缺量和干旱持续时间因子，并考虑了前期天气条件，具有较好的时空可比性。另外，PDSI 以降水和温度作为输入，能反映气候变暖的影响，更适宜于评价农业干旱，但不能反映多时间尺度干旱的变化特征（Dai 等，2004）。PDSI 是"对当前情况气候上适宜降水"的干旱评价指标，其广泛应用于美国等地，是美国海洋大气局发布的天气-作物周报中的主要内容，全球认可度极高。范嘉泉和郑剑非（1984）介绍了 PDSI 的原理、优点和计算方法。Karl（1986）提出了专用于供水监测的帕默尔水文干旱指数（Palmer Hydrological Drought Index，简称 PHDI）指标。但 PDSI 更适宜于评价农业干旱而非水文干旱，因此刘巍巍等（2004）选用 Penman - Monteith 修正公式计算潜在蒸发能力，根据我国测定的资料和土壤特性确定上、下层土壤田间有效持水量，对 PDSI 模式进行了进一步修正。姚玉璧等（2007）利用全国 515 个站（1957—2000 年）气象资料，修正计算了 PDSI，进行干旱区划并研究春季区域干旱演变特征。Rhee 和 Carbone（2007）提供了一种用 PDSI 进行周尺度的干旱监测的新方法且取得了较好的效果。Dai 等（2004）对 PDSI 进行了改进并在全球尺度上对 PDSI 的分布规律进行了深入探讨。

SPI 是由 McKee 等（1993）在研究不同时间尺度干旱的发生频率及持续时间之间的关系时首次提出的，能够从不同时间和空间尺度上计算干旱的影响及强度，它所反映出的干旱信息与实际观测结果基本一致（Bonaccorso 等，2003；Logan 等，2010）。近年来 SPI 在国内外的应用非常广泛。Guttman（1999）研究指出基于 P－Ⅲ型分布计算得到 SPI 值所反映的干旱特征与实际情况最接近。Hayes 等（2004）在研究干旱的监测问题时指出，SPI 探测水分亏损比帕默尔指数更灵敏。Khan 等（2008）在利用 SPI 监测灌区干旱以及评估降水量对其浅层潜水面的影响时指出，连续型的 SPI 指标为定量计算降水量的变化并将其与浅层潜水面的变化相关联提供了更好的途径。段佩利等（2012）基于 SPI 分析得到了吉林省东部山区近 52 年的干旱程度及时空分布特征。白永清等（2010）基于 SPI 对 2003 年南方大旱进行了全程监测，并统计了南方地区 1951—2007 年历史上严重的夏秋冬连旱事件的发生，展现出多尺度 SPI 的优越性。黄晚华等（2010）研究表明 SPI 能够很好地体现季节性干旱的年际变化特征。Tsakiris 和 Vangelis（2004）研究认为 SPI 可应用于中尺度区域性干旱的监测。邵进和李毅（2014）研究认为 SPI 与 ArcGIS 组合应用于分析旱涝的时空分布及其变化规律具有较好的实用性。

虽然SPI已经得到了较多应用，但当采用不同记录长度的数据计算SPI指标时，由于Gamma分布中形状和尺度参数的改变，得出的SPI会出现偏差（Vicente－Serrano和Lopez－Moreno，2005）。此外，SPI指标也受到数据的概率分布的影响，对于零值较多的干旱气候区，短时间尺度下的SPI值可能为非正态分布，从而在模拟降水时引起较大的误差（邵进，2014）。因此研究者们基于SPI的理念，提出了其他的标准化指标。如Shukla和Wood（2008）参照SPI的概念在2008年提出了标准化径流指数（Standardized Runoff Index，简称SRI），给出了SRI的计算思路。Mo（2008）认为标准化径流指数可以仿照SPI进行计算，但并未给出三参数Gamma分布的参数估计极大似然方法和计算过程。Keskin和Sorman（2010）指出SRI是评估水文干旱的一个有力工具。Khedun等（2011）指出SRI综合反映了水文和气象过程，描述干旱现象比SPI更优。

SPI的另一个扩展应用是SPEI。SPEI是Vicente－Serrano在2010年提出的相对较新的干旱指标（Vicente－Serrano等，2010），最初只是应用于西班牙地区，近年来应用范围不断扩大（Vicente－Serrano等，2014）。SPEI涉及降水和潜在蒸散发，能够反映水分的供求关系，具有多时间尺度的优点，而且考虑了蒸发需求（蒸发需求反映干旱严重度），并可适应气候变化的影响。目前Vicente－Serrano及其团队已经建立了全球尺度SPEI的格点资料，SPEI指标的应用具有蓬勃发展的趋势。

此外，Z指数在我国也得到广泛应用（Wu等，2001），它能较好地反映某一时段的旱涝实况。郭锐和智协飞（2009）应用Z指数分析得到了不同季节中国南方旱涝的空间分布特征。谢平等（2010）利用Z指数分析得到了湛江地区旱涝发生的几率和周期性特征。张鹏等（2011）应用Z指数对抚顺地区的旱涝规律进行了分析，认为Z指数可以解决数据的正态化问题。余卫红和方修琦（2001）利用Z指数分析指出1951—1999年间我国北方地区的旱涝具有自西部向中部和东部转移的特征且周期约为十多年。黄道友等（2003）将用Z指数法与土壤-作物系统法评价干旱的结果进行了对比分析，认为土壤-作物系统法评价季节性干旱对农业生产的影响与实际更相符。

在水文干旱指标的研究方面，地表水供应指数（Surface Water Supply Index，简称SWSI）是用水库蓄水量、径流、积雪和降水的历史资料基于逐月非超限概率计算出的水文干旱指标，其首要目的是监测地表供水资源的异常性，因此是一个评价水文干旱对城市及工业供水影响的良好指标（Shafer和Dezman，1982）。由于该指数与季节有关，所以在冬季用积雪、降水和水库蓄水计算，夏季用径流代替积雪进行计算。有效干旱指数（Effective Drought Index，简称EDI）用于评价逐日尺度下干旱严重程度，适用于评价短期干旱（Byun和Wilhite，1999）。Kim等（2009）基于韩国首尔1807—2006年的资料，对1、3、6、9、12及24个月的SPI指数和EDI进行对比分析，认为EDI在评价短期和长期干旱方面都比SPI更好。Kim等（2009）又提出了EDI的几种改进指标，包括CEDI（考虑暴雨后形成的快速径流）、AEDI（考虑了单个干旱事件的严重度和历时条件下的累积EDI）、YAEDI（代表逐年干旱严重度情况下的年累积负EDI值），以及可利用水资源指数（Available Water Resources Index，简称AWRI）等。依据干旱诊断的目的不同，可采用上述不同指标。Nyabeze（2004）提出径流相关指标，如用年径流与长期平均的年径流比值，或者年径流与选定超越水平的径流比值，又或者以1～5年历时的累积径流与同历时但是任意重现间隔的干旱期流量比值等来评价南非津巴布韦某流域的水文干旱。Bhuiyan 等（2006）用标准化水位指数（Standardized Water - level Index，简称 SWI）评价地下水流量亏缺，并结合其他的指标（如 SPI 及遥感相关指标）对印度某区域干旱动态进行了监测分析。

其他干旱指标在世界各地也有不同程度的应用。Li 和 Zhou（2014）对干燥指数（Dryness Index，简称 DI）在新疆的空间分布进行了深入分析，并基于统计降尺度软件 SDSM 预测了未来 89 年的干旱演变趋势。Ghulam 等（2007）提出了改进的垂直干旱指数并指出它为实时干旱监测提供了一种较好的途径。Shahabfar 等（2012）研究了垂直干旱指数在伊朗干旱监测中的实用效果并指出干旱垂直指数在伊朗具有较好的适用性。陆桂华等（2010）基于网格的 CI 分析得到了近 50 年来中国的干旱变化特征。

干旱指数与遥感方法的结合对干旱监测来说是个重大进步。Caccamo 等（2011）指出结合遥感技术用归一化植被指数（Normalized Differential Vegetation Index，简称 NDVI）进行干旱监测效果较好。郭铌和管晓丹（2007）用改进后的植被状况指数进行了西北地区干旱监测的应用研究，认为该指数在半干旱和半湿润地区的适用性较好。于敏等（2010）改进了地表温度-植被指数（Ts - NDVI）用于空间干旱监测的方法，不仅能够准确反映地表干湿状态，还提高了 Ts - NDVI 特征空间的稳定性。李景刚等（2010）结合遥感并应用区域综合 Z 指数对洞庭湖流域 10 年的旱涝特征进行了分析，指出 TRMM 数据在干旱的监测中具有较好的可信度。

在不同干旱指标进行对比，或综合已有指标提出新指标方面的研究成果也很多。Svoboda 等（2002）将干旱指标 PDSI、SPI、径流百分位数、雪水当量反常指标、NOAA 气候预测中心（CPC）的土壤水分百分位数及其他次要指标等综合起来，提出了 USDM（US Drought Monitor）指标进行干旱分析。Ntale 和 Gan（2003）改进了 PDSI、Bhalme - Mooley 指数和 SPI，并指出用改进后的干旱指数评价东非的干旱程度更准确。Smakhtin 和 Hughes（2007）开发出了自动演算和分析 5 种不同干旱指标并进行评价的应用软件。佟长福等（2007）在分析 4 种常用干旱指标的基础上建立了农牧业干旱评估的量化模型。谢五三和田红（2011）应用 5 种指标分析了安徽省干旱的季节演变、年际变化和空间分布等特征，指出 CI 指标在安徽具有更好的适用性。Cancelliere 等（2007）指出在几种被推荐使用的干旱指标中，SPI 被广泛应用于不同气候条件下的不同时期和地区的干旱描述和对比分析。Quiring 和 Papakryiakou（2003）对比分析了 4 种常用的干旱指标并指出帕默尔 Z 指数在加拿大大草原的农业干旱监测中应用效果最好。Morid 等（2006）对比分析了 7 种干旱指标在伊朗德黑兰地区的适用性，指出 EDI 应用于干旱监测的效果最好。Dogan 等（2012）对比分析多个干旱指标在土耳其科尼亚盆地的应用效果时指出选择合适的时长对干旱的监测与评估起着重要作用。冯平等（2002）对常见的几种干旱指标进行了系统归纳，并给出了各种指标的可能取值范围。袁文平和周广胜（2004a）对比分析了 SPI 与 Z 指数在我国的应用情况得出，标准化降水指数的应用效果较 Z 指数更好。王英和迟道才（2009）研究指出，SPI 在反映一段时间内降水与水资源状态之间的关系时，比百分比法和距平法更优。韩海涛等（2009）对比研究 3 种气象指标的应用时指出，SPI 适用于多时间尺度，且计算稳定，对干旱反应灵敏，能够为多种时间尺度的干旱监测服务。闫桂霞等（2009）结合SPI与PDSI的优点提出了综合气象干旱指数DI。唐红玉等（2009）对比分析了PDSI和Z指数在西北地区的应用情况，认为PDSI更适于该地区干旱的监测与评估。王劲松等（2009）在河西灌区对径流Z指数和改进后的PDSI进行了应用研究，认为径流Z指数更真实地反映了该灌区的干旱状况。蔡敏等（2010）研究了Z指数在小流域洪涝灾害预警中的应用，指出任意10天法计算Z指数更接近实际。方茸等（2010）在研究江淮分水岭地区的干旱监测时指出，适当修正Z指数的等级界限值能使评价结果与实际更相符。杨世刚等（2011）对比分析了降水距平百分率、PDSI和Z指数在山西省干旱监测中的优缺点，指出PDSI判定干旱强度更加符合实际情况。王璐等（2012）对比分析了SPI、降水成数、干旱监测指数在北京地区干旱评估中的适用性，指出SPI与降水成数的相关性较好。王素艳等（2012）对比分析了5种干旱指标的评价结果与实际情况的差异，认为CI的评估效果较好。韩继伟等（2012）改进了SPI和Z指数的区域化计算方法，指出SPI能有效反映区域的旱涝情况且计算稳定。Li和Sun（2017）分析了包括SPEI在内的4种干旱指标在新疆地区时空分布特征，并将各指标与历史干旱资料进行对比，评价了各种干旱指标的可靠性。Li等（2017）通过移除气象要素中的非线性趋势，分析了气候变化对新疆地区干旱演变规律的影响。

在干旱时空分布规律的研究方面，中国气象局气象科学研究院（1981）发表了中国近五百年旱涝分布图集，此后张德二（1993）、张德二和刘传志（1993）及张德二等（2003）对其进行了续补。翟建青等（2011）分析得到了不同情景下1961—2050年间中国旱涝格局演变的特征及其对水资源的影响。段建军等（2009）应用ArcGIS中的Kriging插值法生成了黄土高原地区1952—2001年年降水量和年降水量线性趋势表面。高军等（2011）应用集对分析法对旱涝等级进行了划分，指出该方法较单一指标法更加合理。楚恩国和卜贤晖（2006）对洪泽湖流域2004年的干旱成因进行了分析，认为水体污染也是造成区域性水资源短缺的一个重要原因。江和文等（2012）研究认为降水集中度的大小与旱涝灾害的严重程度具有一定的相关性。

根据目前干旱指标的应用现状，可见不同干旱指标采用的数据量和数据源也不同，所反映的干旱特性也不同。对于特定流域而言，哪种干旱指标更具代表性、更能全面表征干旱的实际状况，且更适合与后续的干旱风险评价，目前并没有统一的观点。相关指标在新疆地区干旱分析中应用的合理性，也有待于进行较全面地评价。

1.2.3 干旱时空变化的预测方法

由于干旱的成因极其复杂，人们对干旱的形成机理认识还不够深入，加之干旱的发生、发展是一个比较缓慢的过程并受到多方面因素的影响，因而干旱的预测还处于一个不断完善的阶段，并没有形成一些成熟、准确和具有普遍适用性的方法。但无论如何，应用先进的数学方法和监测技术以及集成预报方法建立气象预报、水文模型、植被需水模型相结合的联合干旱预测模型应成为研究干旱预测的主要发展方向（张俊等，2011；邹仁爱和陈俊鸿，2005）。

在干旱预报中所采用的方法很多，各种方法的应用都得到了不同程度的验证和对比分析。王革丽和杨培才（2003）研究认为场时间序列对华北地区的旱涝具有一定的预测能力。Kung等（2006）介绍了基于无线传感网络的干旱预报模型，指出该模型能够提供比较完整的环境传感数据和影像。Paulo 和 Pereira (2007) 基于马尔可夫链对 SPI 评价的干旱等级进行了预测，指出应用非齐次公式进行计算效果较好。李晓娟等 (2007) 采用 4 种方法对华南地区的干旱进行了预测，指出该地区的降水变化具有明显的阶段性。刘文标和傅春 (2008) 建立了江西旱地干旱的缺墒预报模型并指出该模型的预报效果相对较好。鲍志伟等 (2009) 将降水、作物需水、土壤含水量变化等因素结合起来进行了干旱模拟分析和预测，并认为该方法具有较大的发展潜力。邬定荣等 (2009) 研究认为，将农业气象作物模式与气候预测相结合对区域农业干旱灾害进行实时预报具有一定的可行性。周后福等 (2010) 利用奇异值分解的方法建立起汛期降水的预测方程，并用修正后的 Z 指数将汛期旱涝预测结果转换成旱涝等级，接着结合 SVD 技术实现旱涝的气候预测。许继军和杨大文 (2010) 依循 PDSI 干旱模式原理，建立了干旱评估预报模型 GBHM－PDSI。Moradi 等 (2011) 将游程理论与马尔可夫链结合用于伊朗法尔斯地区的干旱预报，取得了较好的效果。王净等 (2011) 以徐州地区为例，认为将灰色系统理论应用于气象干旱的预测是可行的。Rezaeian－Zadeh 和 Tabari (2012) 对不同气候区运用 MLP 模型进行了干旱预测研究，指出该模型在长时间尺度时应用效果较好。周静等 (2012) 进行了肇庆市旱涝预测，认为马尔可夫模型分析方法具有较好的适用性。

模糊理论是近些年来得到快速发展的一门学科，在许多领域得到了广泛应用并且已经取得了不少成果。Song 和 Chissom (1993b) 在 1993 年首次提出模糊时间序列的概念，随后他们给出了相应的预测模型 (Song 和 Chissom，1993a；1994)。Song 等 (1995；1997) 先后提出了建立当前数据与历史数据的关系来生成模糊数的方法及模糊随机的模糊时间序列，指出它具有时不变性且应用简单。Goetschel (1997) 对模糊映射做了简要介绍。Fiordaliso (1998) 提出了一种基于 Takagi－Sugeno 模糊系统的非线性预报的组合模式，指出它比传统的非线性模型更灵活。吴柏林和林玉钧 (2002) 以台湾加权股价指数为例，探讨了模糊时间序列的实用性，指出模糊时间序列模型的预测能力较 ARIMA 模型更优。Chen 和 Hsu (2004) 在建立模糊集的过程中划分区间时考虑了数据的分布特征，较好地提高了预测精度。Yu (2005) 提出了一种在建立模糊关系时改进区间长度的方法并提高了预测精度。Sun 和 Li (2008) 考虑到初次划分的区间间隔对模糊集的建立会有影响进而影响到预测精度，提出了以数据系列的一次差分的平均数的一半，按照一定准则来划分区间间隔，使预测精度得到了一定提高。Chen 等 (2007) 基于斐波纳契序列构建模糊时间序列，与传统模型相比提高了预测精度。Singh (2007) 提出用差分算子来进行预测，显著地减小了计算量，且预测精度也有了一定的提高。Cheng 等 (2008) 以台湾加权股价指数的预测为例将自适应期望模型应用于模糊时间序列的预测过程，提高了预测精度。Farokhnia 等 (2011) 结合应用海面温度和海面气压数据并采用神经模糊推理模型对干旱进行预测，取得了较好的效果。Aladag 等 (2012) 应用模糊 C－均值聚类方法划分区间和粒子群优化算法计算隶属度，有效提高了预测精度。王永弟 (2012) 研究指出，模糊时间序列在短期气候预测中具有一定的应用价值。陈刚和曲宏巍 (2013) 提出了具有可调参数的模糊聚类算法划分论域以及通过距离定义模糊集，取得了较好的预测效果。韩飞等 (2013) 提出了基于梯度搜索的粒子群优化算法，改进了收敛性能。史小露等 (2013) 借鉴人工蜂群算法的思想，提出了一种高效收敛并具有自适应逃逸功能的粒子群优化算法。范严和程琳（2013）指出用模糊聚类算法能够有效获取预报因子之间的联系，对降水预测模型的准确构建具有一定的促进作用。

1.2.4　多变量干旱频率分析

水文气象要素具有不确定性，从而使得干旱具有复杂性，呈现出典型的概率特性。通过频率分析得出区域干旱演变规律是目前干旱分析的一般方法。频率分析主要有单变量、两变量、两个以上的多变量及时空干旱分析等内容。复杂的水文事件如干旱和洪水等，通常是多变量事件。因此以下主要介绍多变量频率分析方法。

1.2.4.1　多变量频率分析法

常用的多变量频率分析法主要有：正态变换法、经验频率法、非参数方法、FGM法和Copulas函数法等（李计，2012）。目前，水文领域多数的联合分布研究都是集中于多维正态分布。利用正态分布进行频率分析，需要将原始数据变换成正态分布，故正态变换方法的采用是一个关键问题。水利工程领域常用的正态变换方法主要有Box－Cox变换（1964）和多项式正态变换（PNT）。前者将原始变量变换成正态分布；后者通过多项式组合将原始变量变换成标准正态分布（戴昌军和梁忠民，2006）。

经验频率法目前主要应用于随机变量系列较长且变量维数较小的水文计算中。在二维联合分布中，先构造一个X、Y的二维分布表，X、Y的观测值分别按升序排列，得出样本的观测值（x_i，y_i）的概率和累计经验频率。此外，也可采用非参数法。Farlie-Gumbel-Morgenstern（FGM）法是双变量概率密度分析方法，该法在水文中的应用有一定局限性，适用于变量之间弱相关的联合分布计算，目前在水文分析中的应用较少。

1.2.4.2　Copulas函数的应用

在水文领域的多变量频率分析中，传统的多变量频率分析如指数分布、P－Ⅲ型分布、广义极值分布等要求各单变量服从相同的边缘分布，但我们所研究的干旱变量不一定服从同一分布，因此不能用传统方法建立干旱特征变量之间的联合分布。而Copulas函数的引进恰好能解决这一问题。Copula一词来源于拉丁文，是“连接、结合及交换”的意思。20世纪90年代起，Copulas函数在金融、经济等行业崭露头角。Nelsen（2000）首次系统定义了Copulas函数的性质：Copulas函数是在［0，1］区间上服从均匀分布的联合分布函数。

Copulas函数不要求各变量必须服从同一分布，而同一水文事件中的各个变量也往往服从不同分布。因此，用Copulas函数构建边缘分布为任意分布的联合分布是一种行之有效的方法，对于处理具有复杂多变、非线性、不确定性的水文事件提供了良好途径。

目前，Copulas函数已经被应用于水文领域，并且取得了丰富的成果。Shiau（2003）根据Copula函数分析了二维洪峰和洪量的联合分布，并求得相应的联合分布概率。De Michele和Salvadori（2003）应用二维Copula函数建立了暴雨历时和平均暴雨强度的联合分布模型，并取得了较好的效果。Genest和Favre（2007）讨论了Copula函数模型，并据此建立了洪峰洪量的联合分布。Zhang和Singh（2007a；2017b）基于Gumbel-Hougaard Copula建立了降水历时、降水强度和水深以及洪峰、洪量和洪水历时的三变量联合分布，并计算了不同条件下的重现期。Kao和Govindaraju（2008）根据Placket Copula分析了三维降水极值事件，并用此分析了二维、三维降水的联合分布。Song和

Singh（2010a；2010b）分别应用Meta－Gaussian Copula函数和Placket Copula函数建立了干旱历时、干旱烈度和干旱间隔时间的联合分布，推求了不同条件下的重现期。熊立华等（2005）研究表明Copula联结函数能较好的模拟位于同一河流上两个站点的年最大洪水联合分布概率。莫淑红等（2009）采用Copula函数构建了渭河干流及其支流千河年径流的两变量联合概率分布模型，探讨干支流的丰枯遭遇分析方法。陆桂华等（2010）基于综合干旱指数、采用Copula函数计算重庆市干旱联合分布的重现期，并对实际重现期做出了区间估计。李计等（2013a；2013b）基于Copulas函数进行了干旱变量联合分布分析。

Copulas函数在国内外干旱分析中的应用较多，但由于研究目的的不同，在提取干旱变量时，大部分采用降水（或径流）的平均值作为截取水平，具有一定的局限性。利用Copulas函数进行多变量水文干旱频率分析已在长江流域、黄河流域和渭河流域等地区应用，且效果较好。但基于原始径流、降水序列及其他不同的干旱指数提取干旱变量对新疆地区干旱频率计算结果的差异性影响如何，目前研究不系统，需要进行深入对比和分析。

1.2.5　气候变化对干旱的影响

IPCC（2007）报告显示，全球温度在过去一个世纪已显著增加，如果温室气体排放不能急剧减少，温度将继续增加。国外对不同区域气候变化对水文干旱的影响方面也做了一些研究。我国现代气候变化特征研究表明，北方气候变暖趋势最为明显，已经连续出现了17个全国大范围的暖冬，全国降水量减少主要表现在北方夏季干旱化趋势，干旱气候变化引发干旱化趋势非常明显。从区域来说，广西干旱指数、旱灾面积均呈上升趋势，秋旱更突出，20世纪00年代以来严重干旱灾害的频率明显增多；西北地区气温呈显著上升趋势，气候变暖使冰川退缩，湿地退化，湖泊萎缩，水资源短缺，出现生态环境恶化问题（张强等，2010）。

气候变化对干旱的影响主要反映在干旱强度、历时及面积延伸方面，具有多样性、区域性甚至局部性。GCM（Global Climate Models）是进行未来气候变化预测的主要工具，它根据气候系统各部分的物理、化学和生物学性质及相互作用和反馈过程，通过数值来解释气候系统已知特征的全部或部分。有关研究将GCM的模拟结果降尺度后，用于模拟局部尺度的干旱，基于GCM模型导出的降水异常研究了未来气候变化情景下的干旱变化。世界各国研发了多种GCM模型，如英国气象局哈得莱中心模型（HadCM3）、加拿大气候中心模型（CGGM2）、澳大利亚联邦科学与工业研究组织大气研究所模型（CSIRO－MK2），日本气候系统研究中心与国家环境研究所模型（CCSR/NIES）等。Blenkinsop和Fowler（2007）基于欧洲6个流域的6个区域气候模型RCM得出的逐月降水，得到了一种简单的干旱指标。Loaiciga等（1996）在气候变暖情景的宏观和景观尺度下，模拟了区域和局部水文状况的水文模型的可预测性。

GCM能较好地模拟出大尺度的平均特征，但其空间分辨率较低，缺少区域气候信息（周牡丹，2014）。为弥补其不足，可采用发展高分辨率的GCMs模式或降尺度方法。在运用GCM进行气候变化模拟研究中，从气候过程要素、人类活动等影响因素的分析到降尺度方法的选择、GCM模型的内部参数优化、网格分辨率确定等均具有混沌性和变异性，从而使得气候变化对干旱的影响分析带有诸多的不确定性。Raje和Mujumdar

(2010) 提出用概化不确定性测度结合GCM模型、情景和降尺度等进行不确定性的定量评价，但该方法尚未得到更多研究者的检验。由于小流域水文资料的限制，气候变化对水文要素影响的模拟有一定困难。由大尺度资料获得局地尺度特征的统计降尺度方法为流域尺度气候变化模拟提供了可能。但该方法的适用范围目前并不清楚，需要在实际应用中进行更多的检验。目前气候变化对作物生产和产业结构方面的研究较多，但气候变化情景下新疆地区干旱指数的变化趋势等方面，还未见系统的研究报道。

参 考 文 献

白永清，智协飞，祁海霞，等. 基于多尺度SPI的中国南方大旱监测 [J]. 气象科学，2010，30 (3)：292-300.

鲍志伟，张忠国，王永东. 干旱预报模型分析 [J]. 东北水利水电，2009，27 (11)：48-51+72.

蔡敏，黄艳，朱宵峰，等. Z指数方法在小流域洪涝灾害预警技术研究中的应用 [J]. 气象科技，2010，38 (4)：418-422.

陈刚，曲宏巍. 一种新的模糊时间序列模型的预测方法 [J]. 控制与决策，2013，28 (1)：105-108+114.

楚恩国，卜贤晖. 2004年洪泽湖流域干旱原因分析 [J]. 水文，2006，26 (5)：80-82.

戴昌军，梁忠民. 多维联合分布计算方法及其在水文中的应用 [J]. 水利学报，2006，37 (2)：160-165.

段建军，高照良，王小利，等. 黄土高原降水计算插值与插值计算结果的对比分析 [J]. 中国水土保持科学，2009，7 (6)：32-39.

段佩利，秦丽杰，张辉. 吉林省东部山区干旱时空特征 [J]. 环境科学与管理，2012，37 (2)：35-39.

范嘉泉，郑剑非. 帕尔默气象干旱研究方法介绍 [J]. 气象科技，1984，(1)：63-71.

范严，程琳. 实现准确预报的降水预报模型构建方法研究 [J]. 计算机仿真，2013，30 (2)：351-353+363.

方茸，周后福，屈雅. 基于江淮分水岭地区的Z指数修正 [J]. 气象，2010，36 (10)：110-113.

冯平，李绍飞，王仲珏. 干旱识别与分析指标综述 [J]. 中国农村水利水电，2002 (7)：13-15.

符淙斌，延晓冬，郭维栋. 北方干旱化与人类适应——以地球系统科学观回答面向国家重大需求的全球变化的区域响应和适应问题 [J]. 自然科学进展，2006，16 (10)：1216-1223.

高军，庞博，梁媛，等. 集对分析法在陕西省单站旱涝等级划分中的应用 [J]. 南水北调与水利科技，2011，9 (6)：74-78.

郭铌，管晓丹. 植被状况指数的改进及在西北干旱监测中的应用 [J]. 地球科学进展，2007，22 (11)：1160-1168.

郭锐，智协飞. 中国南方旱涝时空分布特征分析 [J]. 气象科学，2009，29 (5)：598-605.

韩飞，杨春生，刘清. 一种改进的基于梯度搜索的粒子群优化算法 [J]. 南京大学学报 (自然科学版)，2013，49 (2)：196-201.

韩海涛，胡文超，陈学君，等. 三种气象干旱指标的应用比较研究 [J]. 干旱地区农业研究，2009，27 (1)：237-241+247.

韩继伟，孔凡哲，赵磊，等. 两种气象干旱指标的应用比较研究 [J]. 中国农村水利水电，2012，(1)：85-88.

能源部、水利部西北勘测设计院. 干旱研究译文集 [M]. 西安：西北勘测设计院出版社，1991.

黄道友，彭廷柏，王克林，等. 应用Z指数方法判断南方季节性干旱的结果分析 [J]. 中国农业气象，2003，24 (4)：13-16.

黄晚华，杨晓光，李茂松，等. 基于标准化降水指数的中国南方季节性干旱近58a演变特征 [J]. 农业工程学报，2010，26 (7)：50-59.

江和文，郭婷婷，包颖，等. 辽宁省近50年旱涝灾害的时空特征分析 [J]. 水土保持研究，2012，

19 (2): 29－33＋22.

李计. 基于 Archimedean Copulas 函数的多变量干旱频率及空间分析 [D]. 杨凌: 西北农林科技大学, 2012.

李计, 李毅, 贺缠生. 基于 Copula 函数的黑河流域干旱频率分析 [J]. 西北农林科技大学学报 (自然科学版), 2013a, 41 (1): 213－220＋228.

李计, 李毅, 宋松柏, 等. 基于 Copulas 函数的干旱变量联合分布及空间分析 [J]. 自然资源学报, 2013b, 28 (2): 312－320.

李景刚, 李纪人, 黄诗峰, 等. 基于 TRMM 数据和区域综合 Z 指数的洞庭湖流域近 10 年旱涝特征分析 [J]. 资源科学, 2010, 32 (6): 1103－1110.

李晓娟, 曾沁, 梁健, 等. 华南地区干旱气候预测研究 [J]. 气象科技, 2007, 35 (1): 26－30.

刘庚山, 郭安红, 安顺清, 等. 帕默尔干旱指标及其应用研究进展 [J]. 自然灾害学报, 2004, 13 (4): 21－27.

刘巍巍, 安顺清, 刘庚山, 等. 帕默尔旱度模式的进一步修正 [J]. 应用气象学报, 2004, 15 (2): 207－216.

刘文标, 傅春. 江西省旱地干旱预报模型的建立与应用 [J]. 南昌工程学院学报, 2008, 27 (4): 64－67.

陆桂华, 闫桂霞, 吴志勇, 等. 近 50 年来中国干旱化特征分析 [J]. 水利水电技术, 2010, 41 (3): 78－82.

莫淑红, 沈冰, 张晓伟, 等. 基于 Copula 函数的河川径流丰枯遭遇分析 [J]. 西北农林科技大学学报 (自然科学版), 2009, 37 (6): 131－136.

潘淑坤, 张明军, 汪宝龙, 等. 近 51 年新疆 S 干旱指数变化特征分析 [J]. 干旱区资源与环境, 2013, 27 (3): 32－39.

邵进. 典型气候区干旱时空分布规律及预测模型的研究 [D]. 杨凌: 西北农林科技大学, 2014.

邵进, 李毅. 新疆地区不同时间尺度旱涝时空分布及其变化规律的研究 [J]. 灌溉排水学报, 2014, 33 (1): 68－73.

史小露, 孙辉, 李俊, 等. 具有快速收敛和自适应逃逸功能的粒子群优化算法 [J]. 计算机应用, 2013, 33 (5): 1308－1312.

宋松柏, 蔡焕杰, 粟晓玲. 专门水文学 [M]. 杨凌: 西北农林科技大学出版社, 2005.

唐红玉, 王志伟, 史津梅, 等. PDSI 和 Z 指数在西北干旱监测应用中差异性分析 [J]. 干旱地区农业研究, 2009, 27 (5): 6－11＋64.

佟长福, 郭克贞, 佘国英, 等. 西北牧区干旱指标分析及旱情实时监测模型研究 [J]. 节水灌溉, 2007, (3): 6－9.

王革丽, 杨培才. 时空序列预测分析方法在华北旱涝预测中的应用 [J]. 地理学报, 2003, 58 (S1): 132－137.

王劲松, 黄玉霞, 冯建英, 等. 径流量 Z 指数与 Palmer 指数对河西干旱的监测 [J]. 应用气象学报, 2009, 20 (4): 471－477.

王净, 贾红, 王今殊. 灰色系统理论在徐州地区气象干旱预测中的应用 [J]. 徐州师范大学学报 (自然科学版), 2011, 29 (4): 75－78.

王璐, 温海燕, 杨春生, 等. 三种干旱指标在北京地区的应用对比研究 [J]. 水电能源科学, 2012, 30 (3): 5－7＋212.

王素艳, 郑广芬, 杨洁, 等. 几种干旱评估指标在宁夏的应用对比分析 [J]. 中国沙漠, 2012, 32 (2): 517－524.

王英. 阜新地区干旱指标计算及干旱预测 [D]. 沈阳: 沈阳农业大学, 2006.

王英, 迟道才. 干旱指标研究与进展 [J]. 科技创新导报, 2009, (35): 72＋74.

王永弟. 模糊时间序列模型在短期气候预测中的应用 [J]. 南京信息工程大学学报 (自然科学版), 2012, 4 (4): 316－320.

卫捷，张庆云，陶诗言. 1999 及 2000 年夏季华北严重干旱的物理成因分析 [J]. 大气科学，2004，28 (1)：125 - 137.
邬定荣，刘建栋，刘玲，等. 基于区域气候模式与作物干旱模式嵌套技术的华北农业干旱监测预测 [J]. 科技导报，2009，27 (11)：33 - 38.
吴柏林，林玉钧. 模糊时间数列的分析与预测：以台湾地区加权股价指数为例 [J]. 应用数学学报，2002，25 (1)：67 - 76.
谢平，陈晓宏，王兆礼. 湛江地区旱涝特征分析 [J]. 水文，2010，30 (1)：89 - 92+13.
谢五三，田红. 五种干旱指标在安徽省应用研究 [J]. 气象，2011，37 (4)：503 - 507.
谢应齐. 关于干旱指标的研究 [J]. 自然灾害学报，1993，2 (2)：55 - 62.
熊立华，郭生练，肖义，等. Copula 联结函数在多变量水文频率分析中的应用 [J]. 武汉大学学报（工学版），2005，38 (6)：16 - 19.
徐向阳. 水灾害 [M]. 北京：中国水利水电出版社，2006.
许继军，杨大文. 基于分布式水文模拟的干旱评估预报模型研究 [J]. 水利学报，2010，41 (6)：739 - 747.
闫桂霞，陆桂华，吴志勇，等. 基于 PDSI 和 SPI 的综合气象干旱指数研究 [J]. 水利水电技术，2009，40 (4)：10 - 13.
杨世刚，杨德保，赵桂香，等. 三种干旱指数在山西省干旱分析中的比较 [J]. 高原气象，2011，30 (5)：1406 - 1414.
姚玉璧，董安祥，王毅荣，等. 基于帕默尔干旱指数的中国春季区域干旱特征比较研究 [J]. 干旱区地理，2007，30 (1)：22 - 29.
于敏，高玉中，张洪玲. 地表温度-植被指数特征空间干旱监测方法的改进 [J]. 农业工程学报，2010，26 (9)：243 - 250.
余卫红，方修琦. 近 50 年我国北方地区旱涝的时空变化 [J]. 北京师范大学学报（自然科学版），2001，37 (6)：838 - 842.
袁文平，周广胜. 标准化降水指标与 Z 指数在我国应用的对比分析 [J]. 植物生态学报，2004a，28 (4)：523 - 529.
袁文平，周广胜. 干旱指标的理论分析与研究展望 [J]. 地球科学进展，2004b，19 (6)：982 - 991.
翟建青，曾小凡，姜彤. 中国旱涝格局演变（1961—2050 年）及其对水资源的影响 [J]. 热带地理，2011，31 (3)：237 - 242.
张德二. 我国“中世纪温暖期”气候的初步推断 [J]. 第四纪研究，1993，13 (1)：7 - 15.
张德二，李小泉，梁有叶.《中国近五百年旱涝分布图集》的再续补（1993～2000 年）[J]. 应用气象学报，2003，14 (3)：379 - 388.
张德二，刘传志.《中国近五百年旱涝分布图集》续补（1980—1992 年）[J]. 气象，1993，19 (11)：41 - 45.
张景书. 干旱的定义及其逻辑分析 [J]. 干旱地区农业研究，1993，11 (3)：97 - 100.
张俊，陈桂亚，杨文发. 国内外干旱研究进展综述 [J]. 人民长江，2011，42 (10)：65 - 69.
张鹏，迟贵富，李锋，等.“Z 指数”在抚顺地区旱涝分析中的应用 [J]. 安徽农业科学，2011，39 (3)：1396 - 1398.
张强，张存杰，白虎志，等. 西北地区气候变化新动态及对干旱环境的影响——总体暖干化，局部出现暖湿迹象 [J]. 干旱气象，2010，28 (1)：1 - 7.
中华人民共和国国家质量监督检验检疫总局，中国国家标准化管理委员会. 气象干旱等级：GB/T 20481—2017 [S]，北京：中国标准出版社，2017.
中国气象局气象科学研究院. 中国近五百年旱涝分布图集 [M]. 北京：中国地图出版社，1981.
周后福，方茸，张建军，等. 基于 SVD 和修正 Z 指数的汛期旱涝预测及其应用 [J]. 气候与环境研究，2010，15 (1)：64 - 72.
周静，周雁翎，李厚伟，等. 马尔可夫概型分析方法在肇庆市旱涝预测中的应用 [J]. 广东气象，2012，

34 (1): 51-52+55.

周牡丹. 气候变化情景下新疆地区干旱指数及作物需水量预测 [D]. 杨凌: 西北农林科技大学, 2014.

邹仁爱, 陈俊鸿. 干旱预报的研究进展评述 [J]. 灾害学, 2005, 20 (3): 112-116.

邹旭恺, 任国玉, 张强. 基于综合气象干旱指数的中国干旱变化趋势研究 [J]. 气候与环境研究, 2010, 15 (4): 371-378.

ALADAG C H, YOLCU U, EGRIOGLU E, et al. A new time invariant fuzzy time series forecasting method based on particle swarm optimization [J]. Applied Soft Computing, 2012, 12 (10): 3291-3299.

ARORA V K. The use of the aridity index to assess climate change effect on annual runoff [J]. Journal of Hydrology, 2002, 265 (1): 164-177.

BATES B C, KUNDZEWICZ Z W, WU S, et al. Climate change and water: Technical Paper of the Intergovernmental Panel on Climate Change [M], Geneva: IPCC Secretariat, 2008.

BEGUERÍA S, VICENTE - SERRANO S M, ANGULO - MARTÍNEZ M. A Multi - scalar Global Drought Dataset: The SPEIbase: A New Gridded Product for the Analysis of Drought Variability and Impacts [J]. Bulletin of the American Meteorological Society, 2010, 91 (10): 1351-1356.

BHUIYAN C, SINGH R P, KOGAN F N. Monitoring drought dynamics in the Aravalli region (India) using different indices based on ground and remote sensing data [J]. International Journal of Applied Earth Observation and Geoinformation, 2006, 8 (4): 289-302.

BLENKINSOP S, FOWLER H J. Changes in European drought characteristics projected by the PRUDENCE regional climate models [J]. International Journal of Climatology, 2007, 27 (12).

BONACCORSO B, BORDI I, CANCELLIERE A, et al. Spatial variability of drought: An analysis of the SPI in Sicily [J]. Water Resources Management, 2003, 17 (4): 273-296.

BUDYKO M I. Climate and life [M]. Orlando: Academic Press, 1974.

BYUN H R, WILHITE D A. Objective quantification of drought severity and duration [J]. Journal of Climate, 1999, 12 (9): 2747-2756.

CACCAMO G, CHISHOLM L A, BRADSTOCK R A, et al. Assessing the sensitivity of MODIS to monitor drought in high biomass ecosystems [J]. Remote Sensing of Environment, 2011, 115 (10): 2626-2639.

CANCELLIERE A, DI MAURO G, BONACCORSO B, et al. Drought forecasting using the standardized precipitation index [J]. Water Resources Management, 2007, 21 (5): 801-819.

CHEN S, HSU C. A New Method to Forecast Enrollments Using Fuzzy Time Series [J]. International Journal of Applied Science and Engineering, 2004, 2 (3): 234-244.

CHEN T, CHENG C, TEOH H J. Fuzzy time - series based on Fibonacci sequence for stock price forecasting [J]. Physica A - statistical Mechanics and Its Applications, 2007, 380 (380): 377-390.

CHENG C, CHEN T, TEOH H J, et al. Fuzzy time - series based on adaptive expectation model for TAIEX forecasting [J]. Expert Systems With Applications, 2008, 34 (2): 1126-1132.

DAI A, TRENBERTH K E E, QIAN T. A Global Dataset of Palmer Drought Severity Index for 1870-2002: Relationship with Soil Moisture and Effects of Surface Warming [J]. Journal of Hydrometeorology, 2004, 5 (6): 1117-1130.

DE MICHELE C, SALVADORI G. A Generalized Pareto intensity - duration model of storm rainfall exploiting 2 - Copulas [J]. Journal of Geophysical Research, 2003, 108 (D2): 4067.

DOGAN S, BERKTAY A, SINGH V P. Comparison of multi - monthly rainfall - based drought severity indices, with application to semi - arid Konya closed basin, Turkey [J]. Journal of Hydrology, 2012, 470: 255-268.

ERINC S. An attempt on precipitation efficiency and a new index [M]. Istanbul University Institute Release: Baha Press, 1965.

FAROKHNIA A，MORID S，BYUN H. Application of global SST and SLP data for drought forecasting on Tehran plain using data mining and ANFIS techniques [J]. Theoretical and Applied Climatology，2011，104 (1)：71－81.

FIORDALISO A. A nonlinear forecasts combination method based on Takagi－Sugeno fuzzy systems [J]. International Journal of Forecasting，1998，14 (3)：367－379.

GENEST C，FAVRE A. Everything You Always Wanted to Know about Copula Modeling but Were Afraid to Ask [J]. Journal of Hydrologic Engineering，2007，12 (4)：347－368.

GHULAM A，QIN Q，TEYIP T，et al. Modified perpendicular drought index (MPDI)：a real－time drought monitoring method [J]. Isprs Journal of Photogrammetry and Remote Sensing，2007，62 (2)：150－164.

GOETSCHEL J R H. Representations with fuzzy darts [J]. Fuzzy Sets and Systems，1997，89 (1)：77－105.

GUTTMAN N B. Accepting the standardized precipitation index：A calculation algorithm [J]. Journal of the American Water Resources Association，1999，35 (2)：311－323.

HAYES M J，WILHELMI O V，KNUTSON C L. Reducing Drought Risk：Bridging Theory and Practice [J]. Natural Hazards Review，2004，5 (2)：106－113.

KAO S，GOVINDARAJU R S. Trivariate statistical analysis of extreme rainfall events via the Plackett family of copulas [J]. Water Resources Research，2008，44 (2)：W02415.

KARL T R. The Sensitivity of the Palmer Drought Severity Index and Palmer's Z－Index to their Calibration Coefficients Including Potential Evapotranspiration [J]. Journal of Applied Meteorology，1986，25 (1)：77－86.

KESKIN F，SORMAN A U. Assessment of the dry and wet period severity with hydrometeorological index [J]. International journal of water resources and environmental engineering，2010，2 (2)：029－039.

KHAN S，GABRIEL H F，RANA T. Standard precipitation index to track drought and assess impact of rainfall on watertables in irrigation areas [J]. Irrigation and Drainage Systems，2008，22 (2)：159－177.

KHEDUN C P，CHOWDHARY H，GIARDINO J R，et al. Analysis of drought severity and duration based on runoff derived from the Noah land surface model [J]. Symposium on Data－Driven Approaches to Droughts，2011：44.

KIM D，BYUN H，CHOI K. Evaluation，modification，and application of the Effective Drought Index to 200－Year drought climatology of Seoul，Korea [J]. Journal of Hydrology，2009，378 (1)：1－12.

KUNG H，HUA J，CHEN C. Drought Forecast Model and Framework Using Wireless Sensor Networks [J]. Journal of Information Science and Engineering，2006，22 (4)：751－769.

LI Y，SUN C. Impacts of the superimposed climate trends on droughts over 1961－2013 in Xinjiang，China [J]. Theoretical and Applied Climatology，2017，129：977－994.

LI Y，YAO N，SAHIN S，et al. Spatiotemporal variability of four precipitation－based drought indices in Xinjiang，China [J]. Theoretical and Applied Climatology，2017，129 (3)：1－18.

LI Y，ZHOU M. Trends in Dryness Index Based on Potential Evapotranspiration and Precipitation over 1961－2099 in Xinjiang，China [J]. Advances in Meteorology，2014，2014：1－15.

LOAICIGA H A，VALDES J B，VOGEL R M，et al. Global warming and the hydrologic cycle [J]. Journal of Hydrology，1996，174：83－127.

LOGAN K E，BRUNSELL N A，JONES A R，et al. Assessing spatiotemporal variability of drought in the U. S. central plains [J]. Journal of Arid Environments，2010，74 (2)：247－255.

MCKEE T B，DOESKEN N J，KLEIST J. The relationship of drought frequency and duration to time scales [C] // Proceedings of the 8th Conference on Applied Climatology，Boston，MA：American Meteorological Society，1993，17 (22)：179－183.

MISHRA A K, SINGH V P. A review of drought concepts [J]. Journal of Hydrology, 2010, 391 (1): 202 - 216.

MO K C. Model - Based Drought Indices over the United States [J]. Journal of Hydrometeorology, 2008, 9 (6): 1212 - 1230.

MORADI H R, RAJABI M, FARAGZADEH M. Investigation of meteorological drought characteristics in Fars province, Iran [J]. Catena, 2011, 84 (1): 35 - 46.

MORID S, SMAKHTIN V, MOGHADDASI M. Comparison of seven meteorological indices for drought monitoring in Iran [J]. International Journal of Climatology, 2006, 26 (7): 971 - 985.

NELSEN R B. An Introduction to Copulas [J]. Technometrics, 2000, 42 (3).

NTALE H K, GAN T Y. Drought indices and their application to East Africa [J]. International Journal of Climatology, 2003, 23 (11): 1335 - 1357.

NYABEZE W R. Estimating and interpreting hydrological drought indices using a selected catchment in Zimbabwe [J]. Physics and Chemistry of the Earth Parts A/b/c, 2004, 29 (15 - 18): 0 - 1180.

PALMER W C. Meteorological Drought: U. S [M]. Weather Bureau Research Paper, 1965, 64.

PALMER W C. Keeping Track of Crop Moisture Conditions, Nationwide: The New Crop Moisture Index [J]. Weatherwise, 1968, 21 (1): 156 - 161.

PAULO A A, PEREIRA L S. Prediction of SPI Drought Class Transitions Using Markov Chains [J]. Water Resources Management, 2007, 21 (10): 1813 - 1827.

QUIRING S M, PAPAKRYIAKOU T N. An evaluation of agricultural drought indices for the Canadian prairies [J]. Agricultural and Forest Meteorology, 2003, 118 (1): 49 - 62.

RAJE D, MUJUMDAR P P. Hydrologic drought prediction under climate change: Uncertainty modeling with Dempster - Shafer and Bayesian approaches [J]. Advances in Water Resources, 2010, 33 (9): 1176 - 1186.

REZAEIAR - ZADEH M, TABARI H. MLP - based drought forecasting in different climatic regions [J]. Theoretical and Applied Climatology, 2012, 109 (3 - 4): 407 - 414.

RHEE J, CARBONE G J. A Comparison of Weekly Monitoring Methods of the Palmer Drought Index [J]. Journal of Climate, 2007, 20 (24): 6033 - 6044.

RIEBSAME W E, CHANGNON J S A, KARL T R. Drought and natural resources management in the United States: Impacts and implications of the 1987 - 89 drought [M]. Boulder, Colorado: Westview Press, 1991.

SAHIN S. An aridity index defined by precipitation and specific humidity [J]. Journal of Hydrology, 2012, 444 - 445: 199 - 208.

SHAFER B A, DEZMAN L E. Development of a Surface Water Supply Index (SWSI) to assess the severity of drought conditions in snowpack runoff areas [C] // Proceedings of the western snow conference, Fort Collins, CO: Colorado State University, 1982, 50: 164 - 175.

SHAHABFAR A, GHULAM A, EITZINGER J. Drought monitoring in Iran using the perpendicular drought indices [J]. International Journal of Applied Earth Observation and Geoinformation, 2012, 18 (18): 119 - 127.

SHIAU J T. Return period of bivariate distributed extreme hydrological events [J]. Stochastic Environmental Research and Risk Assessment, 2003, 17 (1): 42 - 57.

SHUKLA S, WOOD A W. Use of a standardized runoff index for characterizing hydrologic drought [J]. Geophysical Research Letters, 2008, 35 (2).

SINGH S. A simple method of forecasting based on fuzzy time series [J]. Applied Mathematics and Computation, 2007, 186 (1): 330 - 339.

SMAKHTIN V U, HUGHES D A. Automated estimation and analyses of meteorological drought characteristics from monthly rainfall data [J]. Environmental Modelling and Software, 2007, 22 (6): 880-890.

SOLOMON S, QIN D, MANNING M, et al. Climate Change 2007: The Physical Science Basis. Contribution of Working Group I to the Fourth Assessment Report of the Intergovernmental Panel on Climate Change (IPCC) [J]. Computational Geometry, 2007, 18 (2): 95-123.

SONG Q, CHISSOM B S. Forecasting enrollments with fuzzy time series—Part Ⅰ [J]. Fuzzy Sets and Systems, 1993a, 54 (1): 1-9.

SONG Q, CHISSOM B S. Fuzzy time series and its models [J]. Fuzzy Sets and Systems, 1993b, 54 (3): 269-277.

SONG Q, CHISSOM B S. Forecasting enrollments with fuzzy time series—Part Ⅱ [J]. Fuzzy Sets and Systems, 1994, 62 (1): 1-8.

SONG Q, LELAND R P, CHISSOM B S. A new fuzzy time-series model of fuzzy number observations [J]. Fuzzy Sets and Systems, 1995, 73 (3): 341-348.

SONG Q, LELAND R P, CHISSOM B S. Fuzzy stochastic fuzzy time series and its models [J]. Fuzzy Sets and Systems, 1997, 88 (3): 333-341.

SONG S, SINGH V P. Frequency analysis of droughts using the Plackett copula and parameter estimation by genetic algorithm [J]. Stochastic Environmental Research and Risk Assessment, 2010a, 24 (5): 783-805.

SONG S, SINGH V P. Meta-elliptical copulas for drought frequency analysis of periodic hydrologic data [J]. Stochastic Environmental Research and Risk Assessment, 2010b, 24 (3): 425-444.

STAUDINGER M, STAHL K, SEIBERT J. A drought index accounting for snow [J]. Water Resources Research, 2014, 50 (10): 7861-7872.

SUN X, LI Y. Average-based fuzzy time series models for forecasting Shanghai compound index [J]. World Journal of Modelling and Simulation, 2008, 4 (2): 104-111.

SVOBODA M, LECOMTE D, HAYES M J, et al. The drought monitor [J]. Bulletin of the American Meteorological Society, 2002, 83 (8): 1181-1190.

TSAKIRIS G, VANGELIS H. Towards a Drought Watch System based on Spatial SPI [J]. Water Resources Management, 2004, 18 (1): 1-12.

VICENTE-SERRANO S M, AZORIN-MOLINA C, SANCHEZ-LORENZO A, et al. Temporal evolution of surface humidity in Spain: recent trends and possible physical mechanisms [J]. Climate Dynamics, 2014, 42 (9-10): 2655-2674.

VICENTE-SERRANO S M, BEGUERÍA S, LÓPEZ-MORENO J I. A Multiscalar Drought Index Sensitive to Global Warming: The Standardized Precipitation Evapotranspiration Index [J]. Journal of Climate, 2010, 23 (7): 1696-1718.

VICENTE-SERRANO S M, LOPEZ-MORENO J I. Hydrological response to different time scales of climatological drought: an evaluation of the Standardized Precipitation Index in a mountainous Mediterranean basin [J]. Hydrology and Earth System Sciences, 2005, 9 (5): 523-533.

WILHITE D A, HAYES M J, KNUTSON C, et al. Planning for drought: Moving from crisis to risk management [J]. Journal of the American Water Resources Association, 2000, 36 (4): 697-710.

WMO. International meteorological vocabulary [C] // United Nations Conference on Environment and Development, Rio de Janeiro, Brazil: World Meteorologic Organization (WMO), 1992, 182: 784.

WU H, HAYES M J, WEISS A, et al. An evaluation of the Standardized Precipitation Index, the China-Z Index and the statistical Z-Score [J]. International Journal of Climatology, 2001, 21 (6): 745-758.

YU H K. A refined fuzzy time-series model for forecasting [J]. Physica A-statistical Mechanics and Its

Applications, 2005, 346 (3-4): 657-681.

ZHANG L, SINGH V P. Gumbel-Hougaard copula for trivariate rainfall frequency analysis [J]. Journal of Hydrologic Engineering, 2007a, 12 (4): 409-419.

ZHANG L, SINGH V P. Trivariate flood frequency analysis using the Gumbel-Hougaard copula [J]. Journal of Hydrologic Engineering, 2007b, 12 (4): 431-439.

第2章 新疆地区干旱的时空变化规律

本章首先介绍了新疆地区地形、地貌、气候及水文概况、所选站点的基本情况。其次，详细说明了本研究所采用的多种干旱指标的计算方法和步骤，最后基于多种干旱指标的计算结果对新疆地区干旱指标的时空变化规律进行了多角度、多方面探讨。

2.1 研究区概况

2.1.1 新疆地区地形、地貌及气候特征

新疆地处我国西北边陲，总面积166.49万km^2，是全国面积最大的省份。新疆的地形地貌大体可以概括为“三山夹两盆”，“三山”指北面的阿尔泰山、南面的昆仑山以及中部的天山。其中天山把新疆分为南北两部分，习惯上称天山以南为南疆，天山以北为北疆。“两盆”指的是昆仑山、天山之间的塔里木盆地以及天山、阿尔泰山之间的准噶尔盆地。

塔里木盆地面积约53万km^2，是中国面积最大的盆地。其中部的塔克拉玛干沙漠面积约33万km^2，是中国最大、世界第二大的流动沙漠。中国最长的内陆河——塔里木河横穿整个盆地，全长约2100km。准噶尔盆地面积约38万km^2，是中国第二大盆地。其中部的古尔班通古特沙漠面积约4.8万km^2，是中国第二大沙漠。号称“世界屋脊”的帕米尔高原坐落在新疆南部，著名的吐鲁番盆地则横陈于新疆东部，其最低点海拔为−154.00m，是中国海拔最低点。新疆大漠风情浓郁，然而也不乏西部被誉为“塞外江南”的伊犁盆地。

综合起来，新疆的地形特征囊括了若干的中国之最：面积最大的省份、面积最大和次大的盆地、面积最大和次大的沙漠、最长的内陆河、海拔最低的地方。新疆独特的风貌和人文景观吸引了越来越多的中外游客慕名前往参观，是我国的旅游大省。

新疆地区气候最显著的特点是“干”。水资源占有量仅为全国的3%，年均天然降水量仅155mm。北疆大部分地区的年降水量只有200mm左右。南疆年降水量更是不足100mm。而塔里木盆地内部局地年降水尚不足20mm，严重干旱。吐鲁番盆地年降水量仅有12.6mm。新疆冬夏温差大，冬季长、寒冷，夏季短、炎热。年平均气温10.4℃，另外春、秋季节气候变化剧烈。

受地形影响，新疆不同地区气候差异很大，有全国最炎热的吐鲁番盆地，最高气温达49.6℃，也有寒冷程度仅次于黑龙江省漠河市的富蕴县、可可托海，极限气温低达−51.5℃。另外新疆地区昼夜温差较大，白天气温升高快，夜里气温下降也快，许多地方最

大昼夜温差在20～25℃，这在全国范围内也是比较罕见的。还有日照丰富也是新疆气候的一个特点，新疆全年日照时数为2550～3500h，也是居于全国各省份前列。

2.1.2 新疆地区水资源分布状况

进入新疆上空的水汽，遇高大的山体可截获大量水汽形成降水。因此，山区降水较丰沛，可形成众多的河流，是径流形成区。平原区和沙漠区，降水稀少、蒸发强烈，降水量除少量补给地下水外，很少或不产生地表径流，是径流散失区和无流区。新疆地表水资源总量为793亿m^3，居全国第十二位，地表水径流量884亿m^3，仅占全国径流量的3%，按平均径流深度计算，北疆是南疆的2.7倍；按实际利用水量计算，北疆是南疆的1.25倍。地下水资源量为85亿m^3，居全国第四位。

新疆三大山脉的积雪、冰川融水汇集了500多条河流，其中较大的有塔里木河、伊犁河、额尔齐斯河、玛纳斯河等。河流水量高度集中在夏季的6—8月，河流的天然水质表现为：北疆优于南疆，西部优于东部，山区优于平原。新疆水资源时空分布不均，总体表现为：春旱、夏洪、秋缺、冬枯；水资源分布呈现“北富南贫”的特点。新疆的南疆比北疆干燥缺水，易发生干旱事件。

2.1.3 新疆地区自然灾害影响

近20年来新疆的气象灾害及其衍生灾害呈扩大化趋势，灾种增多，各主要灾种灾害频率加快，灾情趋重，受气候变化与农业驱动，农业农牧区灾害问题更为突出（徐羹慧等，2006）。旱灾是新疆最普遍、影响范围最广的自然灾害。近年来新疆旱灾发生频繁，严重影响了牧区农业和生态环境发展；洪灾是新疆自然灾害中危害最严重的灾种，因洪灾死亡人数占因自然灾害死亡人数的2/3。近来新疆洪灾呈扩大化趋势：大、特大洪水频次也逐年增加。1996年是新疆近50年来最严重的洪水年，仅洪灾造成的直接经济损失达48.28亿元，约占当年国民经济产值的7%，相当于损失当年的地方财政收入（徐羹慧等，2006）；冰雹发生的范围也有扩大，造成损失也更加严重；另外突发性风沙灾害、强沙尘暴等自然灾害也明显增多。

2.1.4 新疆地区气象站点

气象观测数据来源于中国气象数据网的共享资料（http：//data.cma.cn），数据已通过严格的质量控制。气象要素包括降水、气压、风速、日照时数、最高气温、最低气温、平均气温、相对湿度等，资料年限为1961—2013年。站点经度和纬度变化范围分别为75.2°～94.7°和36.9°～48.1°，海拔高度变化范围为30.00～3095.00m。经筛选确定了新疆及邻近区域具有长序列资料的54个气象站点作为主要研究站点。

气象站点集中分布在新疆中北部地区，南部塔克拉玛干沙漠以及戈壁地区气象站点分布较为稀少。吐鲁番站海拔在新疆最低（30.00m），塔什库尔干站海拔最高（3095.00m）。气象数据历时为1961—2013年，数据记录完整度大于99.7%，缺失的数据基于临近站点进行线性插值来获取。北疆和南疆之间的气候有显著差别，因此以天山为界区分南疆、北疆两个区域。北疆有29个站点，北疆和南疆以吐尔尕特—阿合奇—巴音布鲁克—乌鲁木齐—奇台—七角井—巴里坤—淖毛湖为分界，上述站点都属于北疆。本书中用NX表示北疆，SX表示南疆，EX表示全疆。

表 2-1 显示了各站点海拔、经纬度和多年平均气候要素情况。LO 为纬度，AL 为经度，*H* 为海拔，*T* 为平均气温，*RH* 为相对湿度，*U* 为风速，*N* 为日照时数。因表格容量有限，表中采用了简称的站名，如"和布"为和布克赛尔站，"塔干"为塔什库尔干站，"巴音"为巴音布鲁克站。

表 2-1　所选新疆地区气象站的基本地理信息和气象要素多年均值

站名	LO /(°)	AL /(°)	*H* /m	*T* /℃	*RH* /%	*U* /(m·s^{-1})	*N* /h	站名	LO /(°)	AL /(°)	*H* /m	*T* /℃	*RH* /%	*U* /(m·s^{-1})	*N* /h
哈巴河	48.1	86.4	539	4.8	60.6	4.0	8.3	昭苏	43.2	81.1	1890	3.3	67.4	2.3	7.3
阿勒泰	47.8	88.1	939	4.5	57.6	2.4	8.2	拜城	41.8	81.9	1236	7.9	63.9	0.8	7.9
福海	47.1	87.5	498	4.1	62.4	2.6	7.9	库车	41.7	83.0	1071	11.4	45.4	2.3	7.7
富蕴	47	89.5	1304	3.1	59.2	1.8	7.9	轮台	41.8	84.3	982	11.1	49.3	1.3	7.4
吉木乃	47.4	85.9	951	4.2	57.2	3.8	8	博湖	42.0	86.6	1057	8.5	56.8	1.9	8.3
青河	46.7	90.4	1730	0.7	60.6	1.3	8.5	焉耆	42.1	86.6	1061	8.5	56.8	1.9	8.3
塔城	46.7	83.0	550	6.9	60.3	2.3	8.1	库尔勒	41.8	86.2	948	11.8	45.3	2.5	7.9
和布	46.8	85.7	1293	3.7	53.6	2.6	8	阿合奇	40.9	78.4	1990	6.6	50.0	2.7	7.8
托里	46	83.6	946	5.3	56.3	2.9	7.7	若羌	39.0	88.2	895	11.9	39.4	2.6	8.4
克拉玛依	45.6	85.0	329	8.6	48.3	3.2	7.4	阿克苏	41.2	80.3	1106	10.4	57.3	1.6	7.8
奇台	45.2	90.4	1278	5.2	60.8	3.1	8.2	柯坪	40.5	79	1161	11.7	44.8	1.7	7.5
巴里坤	43.6	93.0	1632	1.9	56.2	2.4	8.5	乌恰	39.7	75.3	2181	7.3	45.6	2.4	7.8
温泉	44.9	81.1	1697	3.9	64.6	2.2	7.5	巴楚	39.8	78.5	1119	12.1	48.0	1.6	7.8
乌苏	44.4	84.7	684	8.1	58.5	2.2	7.4	且末	38.1	85.5	1246	10.6	41.7	1.9	7.7
精河	44.6	82.9	304	7.8	61.3	1.7	7.1	疏附	39.4	75.9	1331	11.9	50.8	1.9	7.6
伊吾	43.2	94.7	1995	3.9	42.0	3.5	8.9	于田	36.9	81.7	1432	11.7	45.0	1.5	7.7
石河子	44.3	86.2	470	7.2	64.5	1.5	7.5	民丰	37.1	82.7	1416	11.6	41.1	1.6	7.9
伊宁	44.0	81.5	790	8.9	65.5	1.9	7.8	莎车	38.4	77.2	1233	11.7	53.7	1.5	7.9
乌鲁木齐	43.8	87.6	836	6.9	58.2	2.4	7.3	皮山	37.6	78.3	1373	12.2	44.1	1.5	7.1
哈密	42.8	93.5	763	10.0	43.0	2.2	9.1	塔干	37.8	75.2	3095	3.6	39.9	2.0	7.9
吐鲁番	42.9	89.2	30	14.5	40.6	1.3	8.1	和田	37.1	79.8	1388	12.6	42.1	1.9	7.2
铁干里克	40.6	87.7	846	10.75	45.3	1.89	8.18	茫崖	38.3	90.9	2945	2.44	31.8	3.58	8.85
库米什	42.2	88.2	922	9.21	42.0	2.35	8.38	蔡家湖	44.2	87.5	441	5.92	60.8	1.82	7.88
北塔山	45.4	90.5	1654	2.65	48.8	3.03	8.41	巴仑台	42.7	86.3	1739	6.44	42.8	2.01	6.56
阿拉山口	45.2	82.6	336	8.65	53.2	5.64	7.06	达坂城	43.4	88.3	1104	6.46	50.8	5.8	8.41
吐尔尕特	40.5	75.4	3504	−3.37	56.8	3.20	8.22	巴音	43.0	84.2	2458	−4.45	69.7	2.7	7.59
阿拉尔	40.6	81.3	1012	10.47	53.7	1.60	7.98	红柳河	41.5	94.7	1574	6.18	36.5	4.64	9.29

2.1.5　玛纳斯河流域简介

本书水文干旱研究区为玛纳斯河流域。玛纳斯河位于天山北部准噶尔盆地西南部，是准噶尔盆地南缘最大的一条河流。玛纳斯河流域地理位置及气候特殊，深入内地，降水量少，蒸发量大，河流补给以高山融雪为主，融雪径流，降水径流多种径流成分并存，流域面积较大，水文气象观测站稀少，资料年限短，代表性差。

玛纳斯河上游流经中高山带，流域南北最高峰海拔为5289.00m，海拔3600.00m以上终年积雪，冰川面积693km²，冰川储量390亿m³，海拔2500.00m以上集水面积3868km²，海拔3000.00m以上集水面积3762km²，占全流域面积的74.5%。雪线以下600.00～1500.00m，植被较好，降水丰沛，为径流形成区。

流域介于东经84°42′～86°33′、北纬43°5′～45°58′之间，发源于台年山北麓的依连哈比尔和哈尕山冰川，汇聚浪九协花牛沟、吉兰德、韭莱萨依、哈熊沟、回回沟、希喀特萨依、芦草沟、大小白杨河和清水河等310条河流，至肯斯瓦特水文站出峡谷，进入前山阶地，出红山嘴水文站，流入冲积扇，被引入各个农田灌溉区和石河子市，全长400km。肯斯瓦特水文站以上长80km。流域面积1.98万km²。玛纳斯河流域的水系见图2-1。

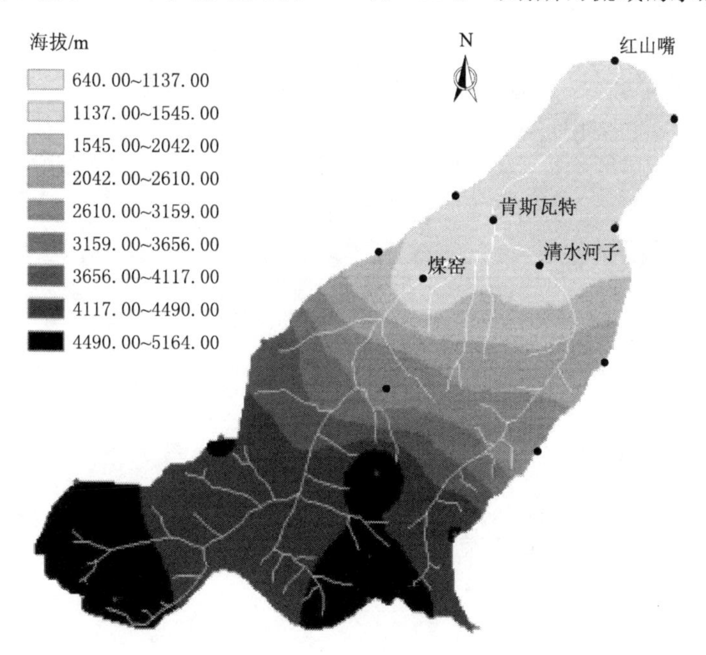

图2-1 玛纳斯河流域水系示意图

天山北坡处于南下气流迎风坡，但西来水汽东进途中不断减少。玛纳斯河流域水文气象站情况见表2-2。其中，玛纳斯河从清水河汇入口以下约8km河段称为肯斯瓦特河段。

表2-2 玛纳斯河流域水文气象站情况

站名	经度	纬度	海拔/m	集水面积/km²
红山嘴	86°07′	44°11′	740	5844
肯斯瓦特	85°57′	43°58′	940	5211
煤窑	85°51′	43°54′	1010	4485
清水河子	86°01′	43°55′	1160	437

2.2　干旱指标及其计算原理

如第1章所述，干旱指标类型非常多，但每一干旱指标都具有明显的地区适用性。较新提出的气象干旱指标有SPEI（Vicente - Serrano等，2010）和Sahin（2012）提出的基于降水和比湿比值的干旱指标（I_{sh}）。例如Sahin（2012）仅讨论了年尺度下该干旱指标的空间分布特征，未探讨时间尺度变化情况下该指标的动态变化规律。此外，水文干旱指标SRI的应用还较少，且在新疆地区的适用性还不清楚。本节首先分析对比了常用的几类干燥指数，之后分别介绍了各类干旱指标的计算原理和基于干旱指标的干旱等级划分，并对计算得出的新疆地区干旱指标进行时空变化规律的分析，从而系统地对比新疆地区干旱演变规律。

2.2.1　干燥指数的类型及计算方法

2.2.1.1　干燥指数的类型

在气象干旱指标中，干燥指数通常为降水和潜在蒸发或温度相关指数的比值。干燥指数是一个在特定地点水分亏缺的定量指标（Fu和Feng，2014）。但即使是干燥指数，也有不同的计算方法。Unesco（1979）提出了基于降水和参考作物腾发量ET_0之间比值的干旱指标，联合国环境规划署也提出以降水和ET_0的比值表征干旱程度（UNEP，1993）。除了上述计算方法之外，其他研究者还根据不同研究目的或地区特性提出了更多的干燥指数。

根据以往文献中对干燥指数的应用成果，本书中将干燥指数分为基于P和ET_0、基于P和T及其他基于P的3类指标。具体分类及文献来源见表2-3，其中De Martonne E公式参见（Quan等，2013），*表示本研究采用的干燥指数。

表2-3　干燥指数的分类及文献来源

干燥指数类型	提出者	年	方　程	备　注
基于P和ET_0的指标	Holdrige L R	1947	$I_H=P/ET_{0,Ho}$	
	Unesco	1979	$I_A=P/ET_{0,PM}$	*
	UNEP	1993	$I_{UP}=P/ET_{0,TW}$	
	BudykoM I	1974	$I_{BU}=ET_0/P=R_n/LP$	
	Thornthwaite C W	1948	$I_{Th}=(ET_0-P)/ET_0$	
基于P和T的指标	Gaussen H	1954	$I_G=P/2T_{ave}$	
	Birot P	1960	$I_{Bi}=P/4T_{ave}$	
	de Martonne E	1926	$I_{dM}=P/(T_{ave}+10)$	
	Zambakas J	1992		
	Erinç S	1965	$I_m=P/T_{max}$	*
其他基于P的指标	Sahin S	2012	$I_{sh}=P/S_h$	*
	Costa A C and Soares A	2012	$I_{CS}=P_{DD}/D$	

注　I为干燥指数；P为平均年降水量，mm；ET_0为潜在腾发量，mm；$ET_{0,TW}$、$ET_{0,Ho}$和$ET_{0,PM}$分别为采用Thornthwaite（1948）、Holdridge（1947）和Penman（1948）计算的潜在腾发量；T_{ave}和T_{max}分别为平均气温和最高气温，℃；S_h为比湿，g·kg^{-1}；R_n为表面净辐射；L为蒸发潜热通量；P_{DD}为干旱期降水总日数；D为年干旱天数。

根据年尺度下的 I_A、I_m 及 I_{sh} 可划分不同的气候类型（表 2-4）。

表 2-4　　根据 I_A、I_m 和 I_{sh} 指标确定的气候类型

指标 \ 气候类型	严重干旱	干旱	半干旱	干旱半湿润	半湿润	湿润	严重湿润
I_A	—	0.05～0.20	0.20～0.50	0.50～0.65	0.65～0.80	0.80～1.00	1.00～2.00
I_m	<8	8～15	15～23	—	23～40	40～55	>55
I_{sh}	<20	20～35	35～60	—	60～90	90～120	>120

本研究将基于 Unesco（1979）、Erinç（1965）和 Sahin（2012）方法分别进行三种干旱指数 I_A、I_m 和 I_{sh} 的计算。

2.2.1.2　$ET_{0,TW}$ 和 $ET_{0,PM}$ 的计算

ET_0 的计算是获得表 2-3 中第一类干旱指数（基于 P 和 ET_0）的关键，也是之后进行 SPEI 计算的关键。最初采用 Thornthwaite（1948）公式得出 ET_0，但因温度小于 0℃时该公式令 ET_0 为 0，对于一年内寒冷月份较多的新疆地区不适宜。然而，Thornthwaite（1948）公式因为计算相对简单，对数据要求相对少，因此近年来该方法仍在不断采用。

采用 FAO-56（Allen 等，1998）推荐的 Penman-Monteith 公式（简称“PM 公式”）计算 ET_0 的公式为

$$ET_{0,PM}=\frac{0.408\Delta(R_n-G)+\gamma\dfrac{900}{T_{ave}+273}u_2(e_s-e_a)}{\Delta+\gamma(1+0.34u_2)} \tag{2-1}$$

式中：e_s 为饱和水汽压，kPa；e_a 为实际水汽压，kPa；Δ 为温度-饱和水汽压关系曲线在温度 T_{ave} 处的斜率，kPa·℃$^{-1}$；G 为土壤热通量，MJ·m^{-2}·d^{-1}；γ 为干湿表常数，kPa·℃$^{-1}$；T_{ave} 为日平均温度，℃；u_2 为 2m 高度处风速，m·s^{-1}。

Δ 的计算公式为

$$\Delta=\frac{4089\left[0.6108\exp\left(\dfrac{17.27T_{ave}}{T_{ave}+237.3}\right)\right]}{(T_{ave}+237.3)^2} \tag{2-2}$$

R_n 为净辐射，MJ·m^{-2}·d^{-1}，其计算公式为

$$R_n=R_{ns}-R_{nl} \tag{2-3}$$

式中：R_{ns} 为净短波辐射，MJ·m^{-2}·d^{-1}；R_{nl} 为净长波辐射，MJ·m^{-2}·d^{-1}。

R_{ns} 的计算公式为

$$R_{ns}=0.77R_s \tag{2-4}$$

式中：R_s 为太阳或短波辐射，MJ·m^{-2}·d^{-1}，其计算公式为

$$R_s=\left(0.25+0.5\frac{N}{N_m}\right)R_a \tag{2-5}$$

式中：N 为实际日照时数，h；N_m 为最大天文日照时数，h；R_a 为碧空太阳总辐射，MJ·m^{-2}·d^{-1}。

N_m 的计算公式如下：

$$N_m=\frac{24}{\pi}\omega_s \tag{2-6}$$

式中：ω_s 为太阳时角，rad，其计算公式为

$$\omega_s=\frac{\pi}{2}-\arctan\left[\frac{-\tan(\varphi)\tan(\delta)}{\sqrt{1-[\tan(\varphi)]^2[\tan(\delta)]^2}}\right] \tag{2-7}$$

式中：φ 为地理纬度，rad；δ 为太阳磁偏角，rad，其计算公式为

$$\delta=0.409\sin\left(\frac{2\pi}{365}J-1.39\right) \tag{2-8}$$

式中：J 为日序数。

R_a 的计算公式为

$$R_a=\frac{24}{\pi}G_{sc}d_r[\omega_s\sin(\varphi)\sin(\delta)+\cos(\varphi)\cos(\delta)\sin(\omega_s)] \tag{2-9}$$

式中：G_{sc} 为太阳常数，0.0820min^{-1}；d_r 为日地相对距离的倒数，其计算公式为

$$d_r=1+0.033\cos\left(\frac{2\pi}{365}J\right) \tag{2-10}$$

R_{nl} 的计算公式为

$$R_{nl}=\sigma\left(1.35\frac{R_s}{R_{so}}-0.35\right)(0.34-0.14\sqrt{e_d})\left(\frac{T_{kx}^4+T_{kn}^4}{2}\right) \tag{2-11}$$

式中：σ 为 Stefan - Boltzman 常数，为 4.903×10^{-9} MJ·K^{-4}·m^{-2}·d^{-1}；e_d 为实际水汽压，kPa；T_{kx} 为日最高绝对温度，K；T_{kn} 为日最低绝对温度，K；R_{so} 为晴空太阳辐射，MJ·m^{-2}·d^{-1}。

R_{so} 的计算公式为

$$R_{so}=(0.75+2\times10^{-5}Z)R_a \tag{2-12}$$

式中：Z 为观测站点的海拔高程，m。

逐日尺度下，参考作物表面的土壤热通量 G 值比较小，可忽略不计，即 $G=0$。逐月尺度下，土壤热通量 G 的计算公式为

$$G=0.07\times(T_{i+1}-T_{i-1}) \tag{2-13}$$

或，如果 T_{i+1} 未知时，土壤热通量 G 的计算公式为

$$G=0.14\times(T_i-T_{i-1}) \tag{2-14}$$

式中：T_i、T_{i+1} 和 T_{i-1} 分别表示第 i 个月、第 $i+1$ 个月和第 $i-1$ 个月的温度平均值,℃。

γ 的计算公式为

$$\gamma=0.665\times10^{-3}P \tag{2-15}$$

式中：P 为大气压，kPa，其计算公式为

$$P=101.3\times\left(\frac{293-0.0065Z}{293}\right)^{5.26} \tag{2-16}$$

u_2 的计算公式为

$$u_2=u_h\frac{4.87}{\ln(67.8\times h-5.42)} \tag{2-17}$$

式中：h 为风标高度，m；u_h 为风标实际风速，m·s^{-1}。

e_s 的计算公式如下：

$$e_s=\frac{e^0(T_{max})+e^0(T_{min})}{2} \tag{2-18}$$

式中：$e^0(T)$ 为空气温度为 T 时的饱和水汽压，kPa，其计算公式为

$$e^0(T)=0.6108\exp\left(\frac{17.27T}{T+237.3}\right) \tag{2-19}$$

e_a 的计算公式为

$$e_a=\frac{RH_{mean}}{100}\times\frac{e^0(T_{max})+e^0(T_{min})}{2} \tag{2-20}$$

式中：RH_{mean}为时段平均相对湿度，%。

Thornthwaite（1948）计算 ET_0 的公式表示为

$$ET_{0,TW}=16K\left(\frac{10T_{ave}}{I}\right)^m \tag{2-21}$$

式中：I 为年总热指数，由 12 个月的月平均热指数累加得到；$I=\sum_1^{12}i$，其中 $i=(T/5)^{1.514}$；m 是一个由 I 决定的系数，$m=6.75\times10^{-7}I^3-7.71\times10^{-5}I^2+1.79\times10^{-2}I+0.492$；$K$ 是一个由纬度和月序数决定的修正系数，$K=(N_m/12)\times(NDW/30)$；NDW 为每月的天数，N_m 为最大日照时数，见式（2－6）。

以 Gill（1982）方法计算比湿 S_h，计算公式为

$$S_h=1000\frac{0.622e_a}{PR-0.378e_a} \tag{2-22}$$

式中：PR 为当地气压，Pa；e_a 为空气水气压，Pa，其计算公式为

$$e_a=RH10^{(0.7859+0.03477T_{ave})/(1+0.004212T_{ave})} \tag{2-23}$$

式中：T_{ave}为平均气温，℃；RH 为相对湿度，%。

2.2.2 标准化降水指数（SPI）

SPI 的计算基于连续降水长系列资料（一般不少于 30 年），它利用 Gamma 函数来描述降水量的分布，并将其累积频率分布转化为标准正态分布即得各降水量的 SPI 值（McKee 等，1993）。设某一时间尺度下的降水量为 x，则其 Gamma 分布的概率密度函数为

$$g(x)=\frac{1}{\beta^\alpha\Gamma(\alpha)}x^{\alpha-1}e^{-x/\beta}\quad(x>0) \tag{2-24}$$

$$\Gamma(\alpha)=\int_0^\infty y^{\alpha-1}e^{-y}dy \tag{2-25}$$

式中：α、β 分别为形状参数和尺度参数；$\Gamma(\alpha)$ 为 Gamma 函数。运用极大似然法估计 α、β 值得

$$\alpha=\frac{1+\sqrt{1+4A/3}}{4A} \tag{2-26}$$

$$\beta=\frac{\overline{x}}{\alpha} \tag{2-27}$$

$$A=\ln\overline{x}-\frac{1}{n}\sum_{i=1}^n\ln x_i \tag{2-28}$$

由于 Gamma 函数不包含 $x=0$ 的情况，而实际降水量可能为 0，故$\overline{x}$应该为降水系列中非零项的均值，即设降水系列长度为 n，则其非零项个数为 m。若令 $q=m/n$，则某一时间尺度下的累积概率为

$$H(x)=q+(1-q)G(x) \tag{2-29}$$

$$G(x)=\int_0^x g(w)\mathrm{d}w=\frac{1}{\Gamma(\alpha)}\int_0^{x/\beta} t^{\alpha-1}\mathrm{e}^{-t}\mathrm{d}t \tag{2-30}$$

然后，将累积概率分布 $H(x)$ 转换为标准正态分布即得对应的 SPI 值。当 $0<H(x)\leqslant 0.5$ 时，令 $k=\sqrt{\ln(1/H(x)^2)}$，则

$$\mathrm{SPI}=-\left(k-\frac{c_0+c_1k+c_2k^2}{1+d_1k+d_2k^2+d_3k^3}\right) \tag{2-31}$$

当 $0.5<H(x)<1$ 时，令 $k=\sqrt{\ln[1/(1-H(x))^2]}$，则

$$\mathrm{SPI}=k-\frac{c_0+c_1k+c_2k^2}{1+d_1k+d_2k^2+d_3k^3} \tag{2-32}$$

式中：$c_0=2.515517$，$c_1=0.802853$，$c_2=0.010328$；$d_1=1.432788$，$d_2=0.189269$，$d_3=0.001308$。

根据国家标准《气象干旱等级》（GB/T 20481—2006）和《农业干旱预警等级》（GB/T 34817—2017）中旱涝的等级划分标准及等级命名，并参考 McKee 等（1993），对表征旱涝严重程度的等级划分标准见表 2-5。

表 2-5　　　　**基于 SPI 的旱涝等级划分标准**

等级	特旱	重旱	中旱	轻旱	正常	轻涝	中涝	重涝	特涝
SPI	≤−2.0	(−2.0, −1.5]	(−1.5, −1.0]	(−1.0, −0.5]	(−0.5, 0.5)	[0.5, 1.0)	[1.0, 1.5)	[1.5, 2.0)	≥2.0

选定 4 个时间尺度，具体划分如下：第一季：1—3 月；第二季：4—6 月；第三季：7—9 月；第四季：10—12 月；上半年：1—6 月；下半年：7—12 月；全年：1—12 月。

利用 MATLAB 编程，基于新疆地区的历史降水资料进行不同时间尺度的 SPI 计算。

2.2.3　标准化降水蒸散指数（SPEI）

SPEI 的计算与 SPI 类似，参考 Vicente - Serrano 等（2010；2014）。其主要计算步骤为：

（1）分别基于 Thornthwaite（1948）公式和 FAO - 56 Penman-Monteith 方法（Allen 等，1998）[式（2-1）] 估算月尺度 $ET_{0,\mathrm{TW}}$ 和 $ET_{0,\mathrm{PM}}$。

（2）确定 1、3、6、12 个月时间尺度下的水分亏缺累积量：

$$D_i=P_i-ET_{0,i} \tag{2-33}$$

式中：P_i 为当前时间尺度下第 i 个月的降水，mm；$ET_{0,i}$ 为第 i 个月的潜在腾发量。

（3）用对数概率分布将 D_i 正态化。

（4）得出 $\mathrm{SPEI_{TW}}$ 和 $\mathrm{SPEI_{PM}}$。

SPEI 的干旱分级与 SPI（McKee 等，1993）类似，分为正常、微旱、中旱、重旱及极端干旱等。

利用 MATLAB 编程进行不同时间尺度的 $SPEI_{TW}$ 和 $SPEI_{PM}$ 计算。因 SPI 与 SPEI 同为标准化干旱指标，具有类似的时间尺度，因此本研究将 SPI、$SPEI_{TW}$ 和 $SPEI_{PM}$ 进行对比。

2.2.4 水文干旱指标

2.2.4.1 标准化径流指数（SRI）

国内外学者对气象干旱指标研究较多，水文干旱指标方面的研究相对较少，尤其对标准化径流指数（Standardized Runoff Index，简称 SRI）的研究比较缺乏。由于一般认为径流数据服从三参数 Gamma 分布，单纯地运用极大似然法估计其 3 个参数是一个极其复杂的过程，目前仍然没有提出一种简单实用的方法，使 SRI 的推导和应用发展比较缓慢。

我们在推导 SRI、估计 P-Ⅲ型分布概率密度函数的 3 个参数时，避开了传统地单纯运用数学方法推导，而是将数学推导与计算机编程相结合，通过编程实现自主选择合适的精度并计算相应的参数，将极大似然法和二分法相结合，建立合适的精度检验标准，通过计算机编程来实现对 Gamma 分布 3 个参数值的估计，从而进一步推导出 SRI。推导过程达到了简单、高效且实用性较强的效果，这也为 P-Ⅲ型分布总体的 3 个参数即均值、变差系数和偏态系数的估计提供了简便途径。SRI 计算稳定，需要的资料少，评价结果也与实际较符，因而具有一定的理论研究和实际应用价值。

2.2.4.2 计算原理

SRI 的计算一般需不少于 30 年的历史径流资料。假定某时段的平均流量服从 P-Ⅲ型分布，求出各平均流量对应的累积频率并将其标准正态化即得各平均流量相应的 SRI。设某时段的平均流量为 x，则其 P-Ⅲ型分布的概率密度函数为

$$f(x)=\frac{\beta^{\alpha}}{\Gamma(\alpha)}(x-a_0)^{\alpha-1}e^{-\beta(x-a_0)} \quad (x>a_0) \tag{2-34}$$

式中：α、β、a_0 分别为形状、尺度和位置参数，且 α、$\beta>0$；$\Gamma(\alpha)$ 为 Gamma 函数［见式（2-25）］。

令 $x-a_0=y$，对式（2-36）进行极大似然法求解得

$$\alpha=\frac{1+\sqrt{1+4A/3}}{4A} \tag{2-35}$$

$$\beta=\frac{\alpha}{\overline{y}} \tag{2-36}$$

$$\beta=\frac{\alpha-1}{n}\sum_{i=1}^{n}\frac{1}{y_i} \tag{2-37}$$

$$A=\ln\overline{y}-\frac{1}{n}\sum_{i=1}^{n}\ln y_i \tag{2-38}$$

用式（2-37）和式（2-38）可得

$$\frac{\alpha}{\overline{y}}-\frac{\alpha-1}{n}\sum_{i=1}^{n}\frac{1}{y_i}=\varepsilon \tag{2-39}$$

将极大似然法与二分法相结合，建立合适的精度检验标准，通过计算机编程来实现对 α、β、a_0 值的估计。理论上 $\varepsilon=0$，当用二分法求解 α、β、a_0 的极大似然估值时，由于求

解过程是一个不断逼近正解的过程，因而 $\varepsilon \neq 0$。但在实际应用中，我们只需 ε 满足一定的精度即可。因此定义的精度检验标准如下：假设 ε_1、ε_2 是相邻的两个精度等级，它们相差一个数量级。当设定初始精度和初始区间后，取每次二分区间的中值所对应的 α、β、a_0 计算值作为该次二分的计算结果，若相邻两次二分计算得到的 a_0 的差值 φ 小于 η，同时满足精度要求 ε 时，则停止二分计算并取后者的计算结果作为该精度下的计算结果。若相邻两精度等级下计算得到的 a_0 的差值 μ 小于 ξ，则停止继续提高精度等级并取后者即精度较高者作为最终的计算结果。这样定义精度检验标准的最大优点是计算机智能化的自动选择合适的精度，并在确保满足精度的同时使计算次数也尽量较少。

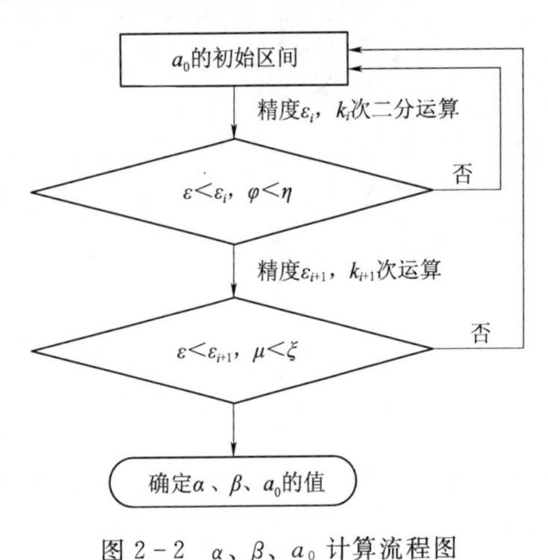

图 2-2　α、β、a_0 计算流程图

由于 $a_0=\overline{x}(1-2C_V/C_S)$，其中 $\overline{x}$ 为平均流量系列的均值，C_V、C_S 分别为径流系列的变差系数和偏态系数。一般有 $C_S=(2\sim3)C_V$，故位置参数 a_0 的初始区间可定为 $a_0=(0\sim1/3)\overline{x}$，且 $a_0\leqslant x_{\min}$，其中 $x_{\min}$ 为系列的最小值。具体的计算流程见图 2-2。判断时各变量均取绝对值，且 i 为正整数。

计算出 α、β、a_0 后将其代入式（2-39）并进行积分，整理可得累积频率 $F(x)$ 或 $F(y)$：

$$F(x)=\frac{1}{\Gamma(\alpha)}\int_0^{\beta(x-a_0)} t^{\alpha-1}\mathrm{e}^{-t}\mathrm{d}t \qquad (2-40)$$

或

$$F(y)=\frac{1}{\Gamma(\alpha)}\int_0^{y\beta} t^{\alpha-1}\mathrm{e}^{-t}\mathrm{d}t \qquad (2-41)$$

然后，将各项的累积频率 $F(x)$ 标准正态化即得相应的 SRI 值。当 $0<F(x)\leqslant0.5$ 时，令 $k=\sqrt{\ln[1/F(x)^2]}$，则有

$$\mathrm{SRI}=-\left(k-\frac{c_0+c_1k+c_2k^2}{1+d_1k+d_2k^2+d_3k^3}\right) \qquad (2-42)$$

当 $0.5<F(x)<1$ 时，令 $k=\sqrt{\ln\{1/[1-F(x)]^2\}}$，则

$$\mathrm{SRI}=k-\frac{c_0+c_1k+c_2k^2}{1+d_1k+d_2k^2+d_3k^3} \qquad (2-43)$$

式中的 c_0、c_1、c_2、d_1、d_2、d_3 取值与计算 SPI 时相同。

为了更好地依据 SRI 值对旱涝进行分级，还需要了解 SRI 值与累积频率之间的对应关系。值得注意的是，由推导过程可知此处的累积频率是指不大于某值的频率，这与我们在径流中常用的不小于某值的频率是不同的。具体的对应关系见表 2-6。

表 2-6　SRI 值与累积频率对应关系表

SRI	−2.0	−1.5	−1.0	−0.5	0.5	1.0	1.5	2.0
累积频率/%	2.3	6.7	15.9	30.8	69.2	84.1	93.3	97.7

由于径流Z指数（Runoff Z Index，简称RZI）在水文干旱监测与评价中应用较广，效果也比较好，因而通过与其评价结果对比分析来验证我们推导出的SRI的合理性。根据国家标准《气象干旱等级》（GB/T 20481—2006）和《农业干旱预警等级》（GB/T 34817—2017）中干旱的等级划分标准及等级命名，并参阅国内外干旱相关文献（Dogan等，2012；Morid等，2006；邵进等，2012），对旱涝等级进行划分，其划分标准见表2-7。

表2-7　SRI与RZI等级划分标准

等级	特旱	重旱	中旱	轻旱	正常	轻涝	中涝	重涝	特涝
SRI	≤−2.0	(−2.0，−1.5]	(−1.5，−1.0]	(−1.0，−0.5]	(−0.5，0.5)	[0.5，1.0)	[1.0，1.5)	[1.5，2.0)	≥2.0
RZI	≤−2.0	(−2.0，−1.5]	(−1.5，−1.0]	(−1.0，−0.5]	(−0.5，0.5)	[0.5，1.0)	[1.0，1.5)	[1.5，2.0)	≥2.0

2.2.5　基于变化气象要素的敏感性分析

随时间而变化的气象要素统一表示为$C(t)$，其中t表示月份或年份。除了地理要素如海拔和经纬度，共有6个气象要素影响ET_0，即进行敏感性分析时，C表示T_{min}、T_{ave}、T_{max}、U、RH和n当中一个或多个组合。考虑每个$C(t)$分别变化、或两个或多个$C(t)$同时变化对ET_0带来的影响，参考各气象要素$C(t)$的实际变化趋势，设定了ET_0对$C(t)$敏感性分析的不同情景。

首先，将增量变化（$\Delta C=0\%$、$\pm5\%$、$\pm10\%$、$\pm15\%$、$\pm20\%$、$\pm25\%$和$\pm30\%$）添加到$C(t)$的历史数据系列（C_{org}），这些增量变化共有13组。从而基于C_{org}获得重新计算的13组$\Delta C(C_{rec})$，即$C_{rec}=C_{org}(1+\Delta C)$。这里气温（包括$T_{min}$、$T_{ave}$和$T_{max}$）可能有负值。对于负的气温，$T_{rec}=T_{org}(1-\Delta T)$；而对于正的气温，$T_{rec}=T_{org}(1+\Delta T)$。因此，当$\Delta T$为正（或负）时，$T_{rec}$总体增加（或减少）（图2-3）。与以前的研究不同，不同组的气温要素呈非线性整体增加（或减少）（Mckenney和Rosenberg，1993；Xu等，2006）。

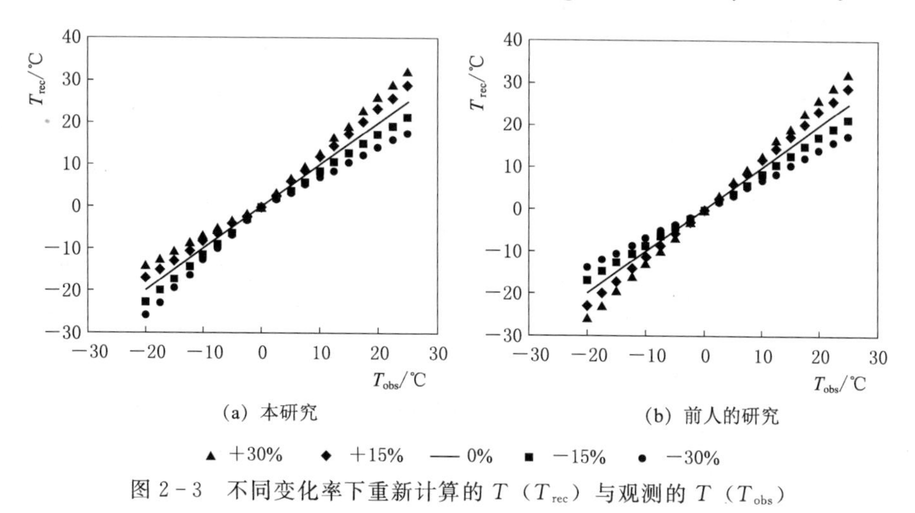

图2-3　不同变化率下重新计算的T（T_{rec}）与观测的T（T_{obs}）

其次，用一个、两个或多个C_{rec}和其他观测要素C_{org}重新计算ET_0以获得$ET_{0,rec}$。敏感性分析也考虑气象要素的实际趋势。因此，敏感性分析的情景包含三个分组：①考虑单一气象要素的影响，$ET_{0,rec}$由 6 个重构气象要素 C_{rec}中的一个与其他 5 个观测的气象要素 C_{org}一起估算；②考虑了两个气象要素 ΔC_1 和 ΔC_2 的变化，ΔC_1 和 ΔC_2 的增加相同，也是±5%，±10%，±15%，±20%，±25%和±30%。ΔC_1 和 ΔC_2 的变化方向取决于其趋势检验结果。例如，当 ΔC_1 为 T_{max}变化率为 5%，ΔC_2 为（$-n$）时，$\Delta(-n)$ 的变化率也为−5%。③考虑了 3 个或 3 个以上气象要素的变化，不同 ΔC 的变化方向也取决于其趋势检验结果。因此，ET_0 的敏感性分析共有 19 种情景详见表 2-8。表中的“+”、“−”指气象要素以增加或降低趋势被选为该情景的敏感性分析。

表 2-8　　气象要素敏感性分析的不同情景

分组	情景	T_{min}/℃	T_{ave}/℃	T_{max}/℃	U_2/(m·s^{-1})	RH/%	n/h
Ⅰ	1	+					
	2		+				
	3			+			
	4				+		
	5					+	
	6						+
Ⅱ	7	+	+				
	8	+		+			
	9		+	+			
	10			+	−		
	11			+		+	
	12			+			−
	13				−		−
Ⅲ	14	+	+	+			
	15	+	+	+	−		
	16	+	+	+			−
	17	+	+	+	−		−
	18	+	+	+	+	+	+
	19	+	+	+	−	+	−

最后，计算年均 $ET_{0,rec}$相对于原始 ET_0 年均值的相对变化（R_c）。R_c 可反映气象要素 C 的增加（或减少）是否导致年均 ET_0 值的增加（或减少）。R_c 计算公式如下：

$$R_c=\frac{\overline{ET_{0,rec}}-\overline{ET_{0,org}}}{\overline{ET_{0,org}}}\times 100\%=\frac{\Delta ET_0}{\overline{ET_{0,org}}}\times 100\% \tag{2-44}$$

2.2.6　其他分析

2.2.6.1　气象要素的线性和非线性趋势

利用线性趋势法和集合经验模态分解（Ensemble Empirical Mode Decomposition，简称 EEMD）（Wu 和 Huang，2009；Wu 等，2009）分别进行气候要素的线性和非线性趋势分析。EEMD是一种数据驱动的自适应非线性时变信号分解方法，其原理是通过对目标数据添加多个白噪声，模拟单个观测序列的多试错观测值，从而获得多个观测序列的数学平均值。经过多步计算，原始数据被分解为有限内蕴模态函数和一个非线性趋势。

2.2.6.2 改进的Mann-Kendall趋势检验

传统的Mann-Kendall（MK）检验中统计量S计算公式如下（Kendall，1975；Mann，1945）：

$$S=\sum_{i=1}^{n-1}\sum_{j=i+1}^{n}sign(x_j-x_i) \tag{2-45}$$

式中：x为时间序列中第i或第j个数值；n为时间序列的长度。

$$sign(\theta)=\begin{cases}1 & \theta>0\\ 0 & \theta=0\\ -1 & \theta<0\end{cases} \tag{2-46}$$

根据零假设，x_i为独立且随机排列的。当$n\geqslant 8$时，S近似为正态分布，方差（σ^2）由下式得出：

$$\sigma^2=\frac{n(n-1)(2n+5)}{18} \tag{2-47}$$

标准化统计量Z的计算如下：

$$Z=\begin{cases}\dfrac{S-1}{\sigma} & S>0\\ 0 & S=0\\ \dfrac{S+1}{\sigma} & S<0\end{cases} \tag{2-48}$$

在显著性水平为α时，如果$|Z|\geqslant Z_{1-\alpha/2}$，则零假设不成立，其中$Z_{1-\alpha/2}$是标准正态分布中的（$1-\alpha/2$）分位数。如果$Z>0$，说明该时间序列呈上升趋势，否则，呈下降趋势。在显著性水平$\alpha=0.05$时，如果$|Z|>1.96$，则该序列的趋势显著。Yue和Wang（2002）及Yue等（2002）提出用Z统计量的改进方差$Var^*(S)$来合理限制序列自相关的影响：

$$Var^*(S)=n^s\sigma \tag{2-49}$$

式中：n^s为序列自相关影响下的改进系数，其计算公式如下：

$$n^s=\begin{cases}1+\dfrac{2}{n}\displaystyle\sum_{j=1}^{n-1}(n-1)\rho_j & j>1\\ 1+2\,\dfrac{\rho_1^{n+1}-n\rho_1^2+(n-1)\rho_1}{n\,(\rho_1-1)^2} & j=1\end{cases} \tag{2-50}$$

式中：j为序列自相关系数的阶数；ρ_j为j阶自相关系数。自相关系数ρ_j取样本的自相关系数r_j，r_j的计算公式如下：

$$r_j=\frac{\dfrac{1}{n-j}\displaystyle\sum_{i=1}^{n-j}(x_i-\overline{x})(x_{i+j}-\overline{x})}{\dfrac{1}{n}\displaystyle\sum_{i=1}^{n}(x_i-\overline{x})^2}\quad j=1,2,\cdots,\frac{n}{4} \tag{2-51}$$

式中：$\overline{x}$为所有x_i的平均值，r_j在95%置信水平的下限和上限计算如下：

$$CL(r_j)(\alpha=0.05)=\frac{-1\pm 1.96\sqrt{n-j-1}}{n-j} \tag{2-52}$$

如果 r_j 落在置信范围内，则说明双尾检验后 $r_j=0$ 的假说是成立的，即序列是 j 阶独立的。改进的标准化 MK 统计量 Z^* 反映了序列自相关的影响，表达式为

$$Z^*=Z/\sqrt{n^s} \tag{2-53}$$

统计量 Z^* 用于判定趋势及其显著性的法则与 Z 类似。Sen 和 Kumar（1968）提出趋势斜率大小的计算公式为

$$b=Median\left(\frac{x_j-x_i}{j-i}\right) \quad (i<j) \tag{2-54}$$

式中：$Median$ 为中值函数；b 为对单调趋势变化幅度的稳定估计。

2.2.6.3　空间分析及变异系数

利用 ArcMap10.2 绘制各时间尺度下干旱指标在新疆地区的空间分布图。空间差异性采用变异系数（C_V）描述（Nielsen 和 Bouma，1985）。$0<C_V\leqslant 0.1$ 为弱变异程度；$0.1<C_V\leqslant 1.0$ 为中等变异程度；$C_V>1.0$ 为强变异程度。下文以下标 s 和 t 分别表示时间及空间，即时间变异系数表示为 $C_{V,s}$，空间变异系数表示为 $C_{V,t}$。C_V 的计算公式为

$$C_V=\frac{\sigma}{\overline{x}} \tag{2-55}$$

式中：σ 为序列 x 的标准偏差；$\overline{x}$为序列 x 的平均值。

2.2.6.4　时间尺度及区域的界定

指标 I_A、I_m 和 I_{sh}在应用于气候类型划分时通常用多年平均值。但 P、ET_0 和 S_h 随时间尺度而变化，因此我们在逐月 P、ET_0 和 S_h 基础上，累积 3 个月、6 个月及 12 个月尺度的 P、ET_0 和 S_h 值，并用于 1、3、6 及 12 个月尺度的干旱指标计算。不同时间尺度干旱指标在 1961—2013 年期间的变化动态、对于干旱演变过程的探讨有很重要的指示作用。站点总数为 54 个，在分析干旱指标动态变化时，以吐尔尕特—阿合奇—巴音布鲁克—乌鲁木齐—奇台—七角井—巴里坤—淖毛湖为界将全区分为北疆和南疆两个分区，上述提到的站点属于北疆区。未单独划分东疆。

在探讨新疆地区干旱的空间变化规律时，首先应用 ArcGIS 中的泰森多边形法求解新疆地区的面雨量。之后在不同时间尺度、不同时期对新疆地区干旱指标分别进行插值绘图，分析干旱的时间和空间分布及其变化规律。运用不同的干旱指标进行评价并分析新疆地区干旱的时空演变规律。

2.3　气候变化对参考作物腾发量的影响

参考作物腾发量（ET_0）是用来估算干旱指数（SPI 及不同类型干燥指数等）、识别干旱的必要变量，同时也是优化作物生产用水策略、制定灌溉制度（特别是干旱地区）的基本参数。因此，本节以新疆维吾尔自治区为研究区，细致分析了 ET_0 对单气候变量、双气候变量以及多气候变量的敏感性。研究结果对其他气候类似的地区分析 ET_0 对不同气候变量的敏感性具有参考价值。研究站点、数据源及分析方法见 2.1 节和 2.2 节，不再赘述。

2.3.1　气象要素 1961—2013 年期间的变化

全疆气象要素和 ET_0 通常在北疆和南疆气象要素和 ET_0 之间变化（图 2-4 和图 2-5）。

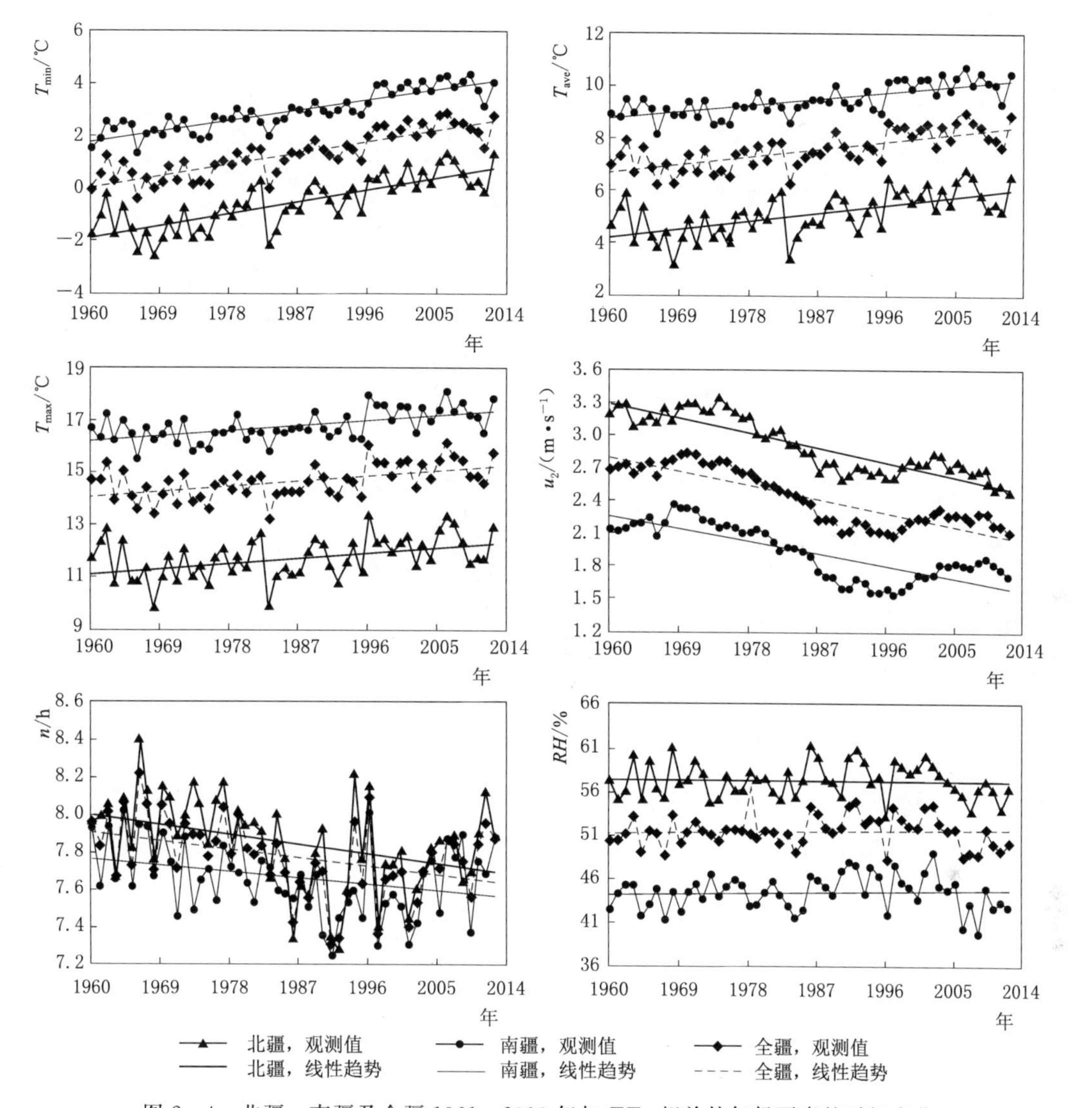

图 2-4　北疆、南疆及全疆 1961—2013 年与 ET_0 相关的气候要素的时间变化

南疆比北疆的气温高，但风速 u_2 和相对湿度 RH 比北疆的低。气象要素和 ET_0 有不同的变化趋势，其线性趋势与表 2-9 中的 MMK 检验结果基本一致。通常 T_{min}、T_{ave}和 T_{max}呈上升趋势，但风速 u_2 和日照时数 n 呈下降趋势。但 RH 的增长趋势非常弱且不显著。

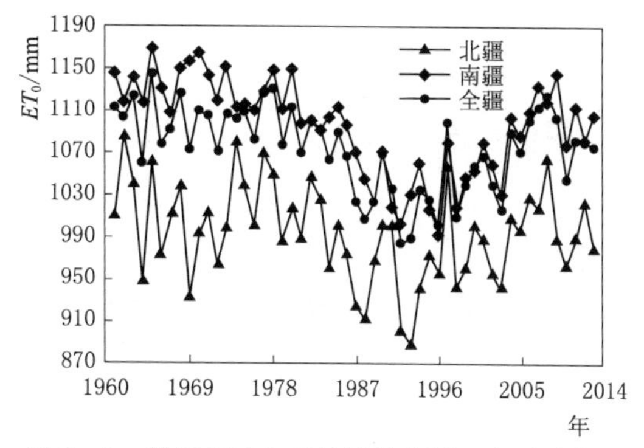

图 2-5　基于 PM 方程计算的北疆、南疆及全疆 ET_0 在 1961—2013 年的时间变化

在上述气象要素趋势各不相同、共同作用的情况下，ET_0 在北疆、南疆或全疆均呈降低的趋势（表 2-9 中的 * 指通过

95%显著性水平的显著性检验）。

表 2-9　　新疆地区气象要素的趋势检验结果

变量	北疆		南疆		全疆	
	Z_M	b	Z_M	b	Z_M	b
T_{min}/℃	1.99*	0.056	1.92	0.047	2.03*	0.053
T_{ave}/℃	1.89	0.038	1.88	0.030	1.91	0.036
T_{max}/℃	3.12*	0.024	1.63	0.022	1.68	0.024
u_2/(m·s^{-1})	−1.61	−0.015	−1.31	−0.014	−1.37	−0.015
RH/%	0.161	0.015	0.667	0.031	0.652	0.024
n/h	−1.50	−0.009	−2.45*	−0.007	−1.28	−0.007
ET_0/mm	−1.76	−0.97	−1.16	−1.77	−1.11	−1.28

2.3.2　ET_0 对单一气象要素的敏感性

图 2-6 显示了分组Ⅰ的 6 个情景中对应于单一气象要素变化情况下的 $ET_{0,rec}$ 多年平均值（$\overline{ET_{0,rec}}$）的响应。在此北疆、南疆和全疆中的年平均 $ET_{0,org}$ 值分别为 993.2、1094.7 和 1074.6mm。图中随 ΔT_{min}、ΔT_{max}、Δu_2 和 Δn 从 −30%增加到 30%，对应各情景重新计算的 $\overline{ET_{0,rec}}$ 也总体增加。但当 ΔT_{ave} 和 ΔRH 从 −30%增加到 30%，$\overline{ET_{0,rec}}$ 降低。$ET_{0,rec}$ 曲线一般遵循南疆>全疆>北疆的子区域顺序。另外，气温因子（T_{min}、T_{ave} 和 T_{max}）对 $\overline{ET_{0,rec}}$ 明显具有不同的影响。$\overline{ET_{0,rec}}$ 随 ΔT_{min} 和 ΔT_{max} 的增加而增加，但随着 ΔT_{ave} 的增加而减少。虽然在北疆、南疆和全疆，$\overline{ET_{0,rec}}$ 随 ΔT_{max} 的增长是随所有气象要素变化的最大值，$\overline{ET_{0,rec}}$ 随 ΔT_{ave} 增加而减少的幅度最小，但在全球变暖的情况下，T_{min}、T_{ave} 和 T_{max} 的上升仍然会非单调性地影响 ET_0 的变化。增加 T_{min}、T_{ave} 和 T_{max} 对 ET_0 的影响显著不同。关于 T_{min}、T_{ave} 和 T_{max} 各自对 ET_0 敏感性分析方面，其他研究没有反映这个结果（Gong 等，2006；Mckenney 和 Rosenberg，1993；Mcvicar 等，2012；Xu 等，2006）。

图 2-7 对分组Ⅰ中的 6 种情景下 $\overline{ET_{0,rec}}$ 的 R_c 值进行了更细致的比较。该图表明：①所有 6 种情景的 R_c 曲线在（0，0）处交叉。R_c 随着 ΔT_{min}、ΔT_{max}、Δu_2 和 Δn 的增加而增加，但随着 ΔT_{ave} 和 ΔRH 的增加而减小。对于非温度的气象要素，R_c 曲线的增加呈线性，对温度因子则为非线性，这是因为所有 ΔT 在增加都呈非线性。②对于不同气象要素，当气象要素为正并且增加时，ET_0 对气象要素的敏感性顺序为 $T_{max}>RH>u_2>n>T_{min}>T_{ave}$。因为具有较大的绝对值变化范围，$T_{max}$ 对 ET_0 的影响或 R_c 超过了 T_{min} 和 T_{ave}。③在情景 1、2、3、4 和 6 中，北疆、南疆和全疆的 R_c 曲线几乎相似，但在情景 5 中 R_c 值差异较大。这表明 RH 对北疆、南疆和全疆 ET_0 的影响程度不同。其他 5 个气象要素则不具有区域特异性。以影响最大的 2 个气象要素 T_{max} 和 RH（情景 3 和 5）为例，在 ΔRH 为 30%时，南疆和北疆 R_c 值的最大差异为 6.86%，而 ΔT_{max} 为 30%时南疆和北疆 R_c 的最大差值仅为 0.70%。Xu 等（2006）也报道了长江流域上、中、下游 RH 比其他气象要素对地点的选择性更强。但是，他们得出的气象要素敏感性的排序是辐射

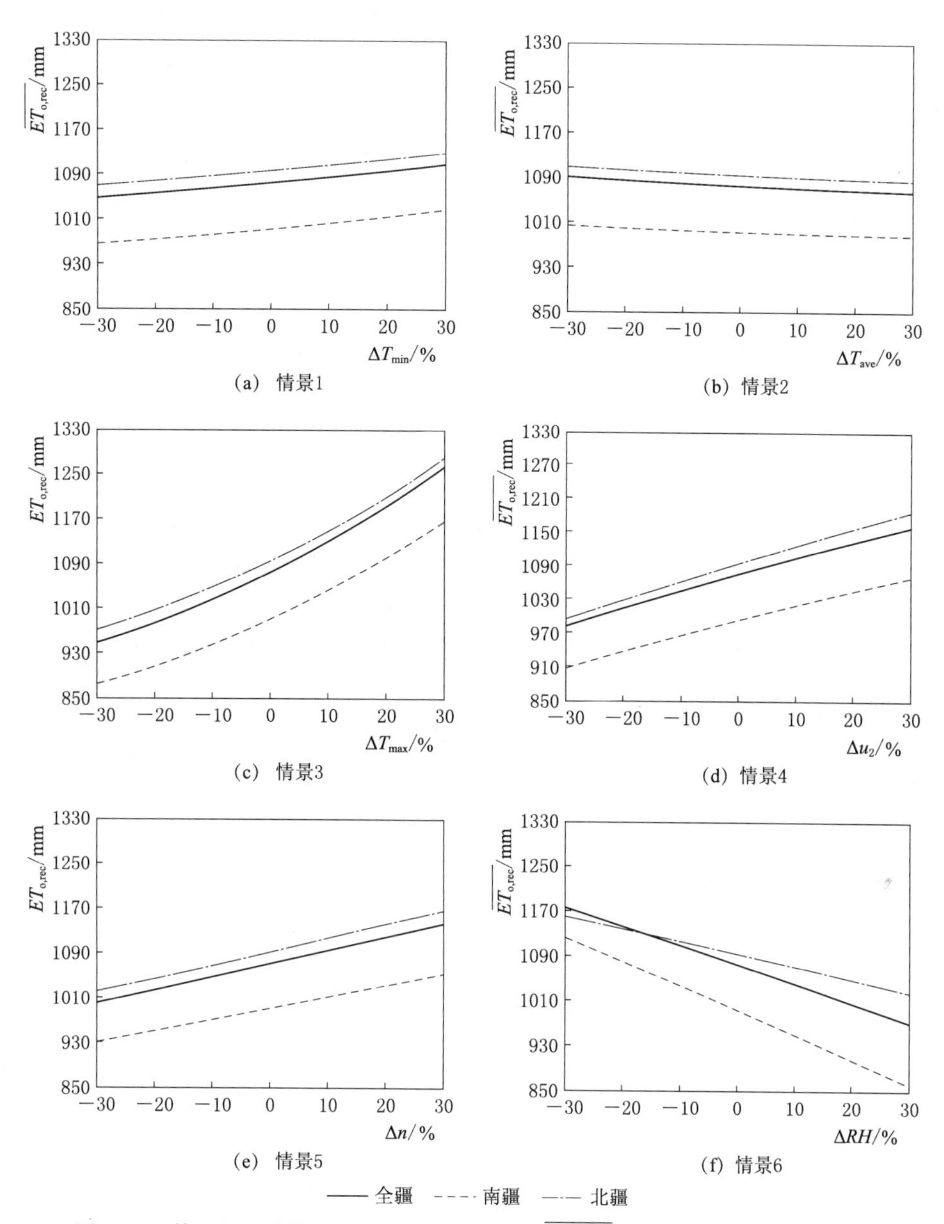

图 2-6　第Ⅰ组 6 种情景下北疆，南疆和全疆$\overline{ET_{0,rec}}$对应于单气象要素的变化

$>RH>T_{ave}>u_2$，表明 ET_0 的变化可能受辐射的影响更大。但 Xu 等（2006）没有研究 T_{min}、T_{ave}和 T_{max}对 ET_0 变化的影响。

$R_c \sim \Delta C$ 曲线的线性斜率（LS）展示了当 ΔC 变化时的 ET_0 变化幅度。图 2-8 显示了 6 个气象要素 $R_c \sim \Delta C$ 曲线的线性斜率与站点海拔的关系。

T_{min}、T_{max}和 u_2 的线性斜率值通常随海拔的升高而降低，但随着海拔的升高，T_{ave}的线性斜率值有较缓的增加。n 和 RH 的线性斜率值不受海拔的影响。这些结果表明 R_c与气象要素的关系随站点而变化。

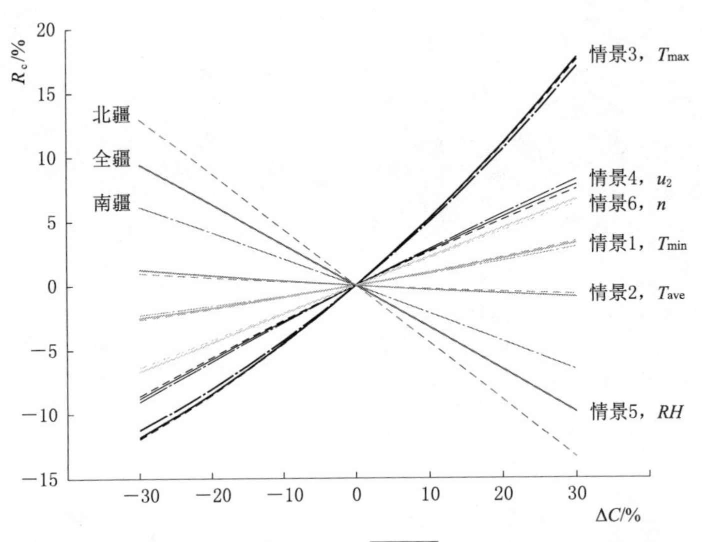

图 2-7　第Ⅰ组中的 6 种情景下$\overline{ET_{0,rec}}$的 R_c 值随 ΔC 的变化

R_c 值对每个气象要素的响应与 ET_0 和 ΔC 之间的 Pearson 相关系数（r）基本一致（表 2-10）。

表 2-10　$ET_{0,org}$和相关气象要素的 Pearson 相关系数（r）

区域变量	北疆 r	北疆 P_{sl}	南疆 r	南疆 P_{sl}	全疆 r	全疆 P_{sl}
T_{min}/℃	0.027	0.846	−0.291	0.034	−0.159	0.254
T_{ave}/℃	0.243	0.080	−0.133	0.341	−0.105	0.452
T_{max}/℃	0.438	0.001	0.056	0.689	0.227	0.103
u_2/(m·s^{-1})	0.395	0.003	0.751	<0.001	0.596	<0.001
RH/%	−0.856	<0.001	−0.666	<0.001	−0.764	<0.001
n/h	0.742	<0.001	0.691	<0.001	0.810	<0.001

由表 2-10 可见，对于 T_{min}和 T_{ave}，r 值在北疆，南疆或全疆都较小，其对 ET_0 表现出弱的影响。对于 T_{max}，r 值稍大。虽然 T_{max}在影响 ET_0 的 6 个气象要素中敏感性最高，但 ET_0 和 T_{max}的 r 值不是最大。这也是合理的，因为 ET_0 与气象要素之间的关系不是线性的，统计学参数 r 仅显示两个变量之间的线性相关关系。ET_0 与 u_2、RH 或 n 的 $|r|$ 值大多大于 0.59，表明其对 ET_0 的强烈影响。结合趋势检验结果表明，近 53 年来，新疆 ET_0 可能受到 T_{max}增加和 u_2 和 n 下降的影响。

2.3.3　ET_0 对两个气象要素同时变化时的敏感性

除了分析 ET_0 对单个气象要素的敏感性，ET_0 对两个或更多个气象要素的敏感性也很重要，因为气象要素实际上是同时变化的，因此实际气候变化情况很复杂。如果将 6 个气象要素中的 2 个组合在一起分析 ET_0 对两个气象要素的敏感性，总共有 15 个情景。表 2-8 中的分组Ⅱ只分析几个代表性的情景。考虑到全球变暖的影响，第Ⅱ组的气候情景涉及一或两个温度要素，还要考虑到非温度相关因素的实际趋势及其对 ET_0 的重要作用，

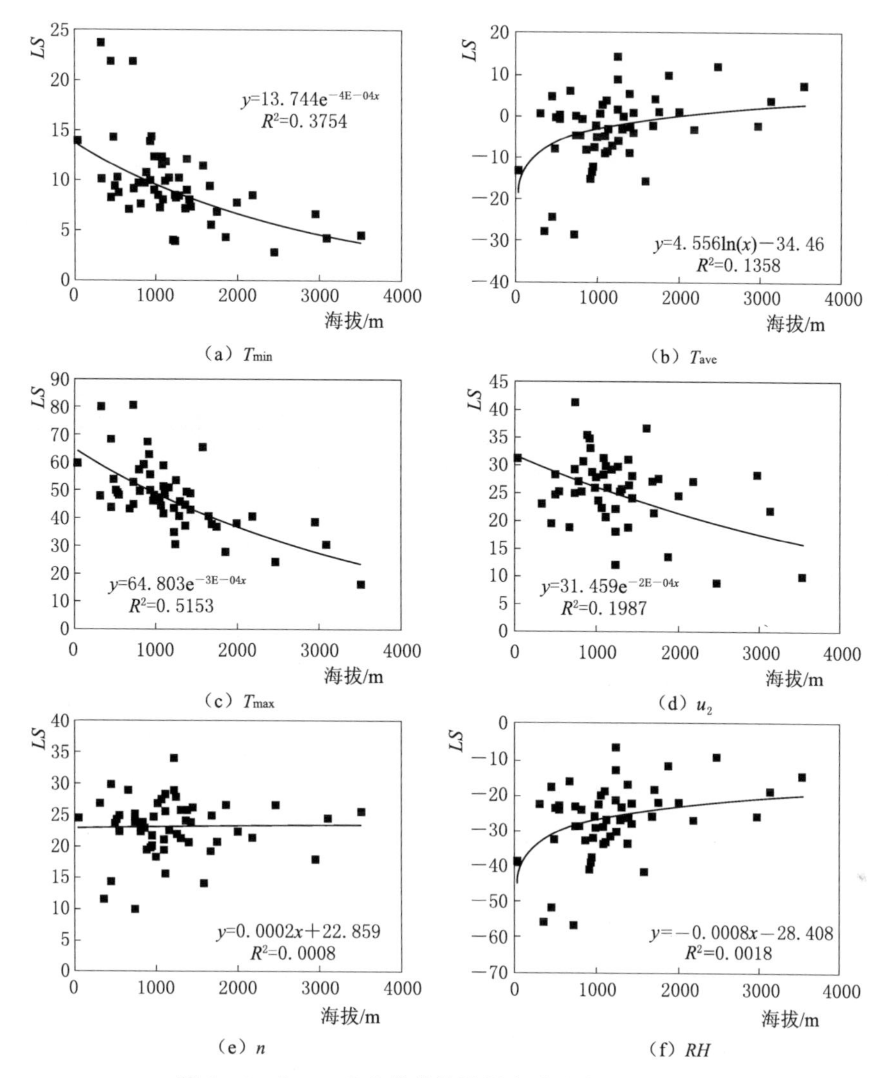

图 2-8　$R_c \sim \Delta C$ 曲线的线性斜率随站点海拔的变化

因此选择 7 种代表情景。

图 2-9 显示了第Ⅱ组 7～13 等 7 个情景中北疆、南疆和全疆$\overline{ET_{0,rec}}$相应于两个气象要素的变化（ΔC_1 和 ΔC_2）。情景 7 中，随 ΔT_{min} 和 ΔT_{ave} 的增加，北疆、全疆和南疆的$\overline{ET_{0,rec}}$值有少许增加。在情景 8、10、12 和 13 中，随着 ΔC_1 和 ΔC_2 的增加，$\overline{ET_{0,rec}}$值增加较多。对于情景 9 和 11，$\overline{ET_{0,rec}}$值随着 ΔC_1 和 ΔC_2 的增加而增加，但其增加不如情景 8、10、12 和 13 大。在 ΔC_1 和 ΔC_2 都变化时、6 个情景中$\overline{ET_{0,rec}}$增加的模式对于北疆、南疆和全疆是相似的。与分组Ⅰ类似，分组Ⅱ中的$\overline{ET_{0,rec}}$曲线遵循南疆>全疆>北疆的子区域顺序。由于分组Ⅰ中有一个评估单一气象要素对$\overline{ET_{0,rec}}$的影响的排序，即 $T_{max} > RH > u_2 > n > T_{min} > T_{ave}$（图 2-7），因此在第Ⅱ组的 7 个情景中，情景 8、10、12 和 13 的$\overline{ET_{0,rec}}$显著增加并不意外。

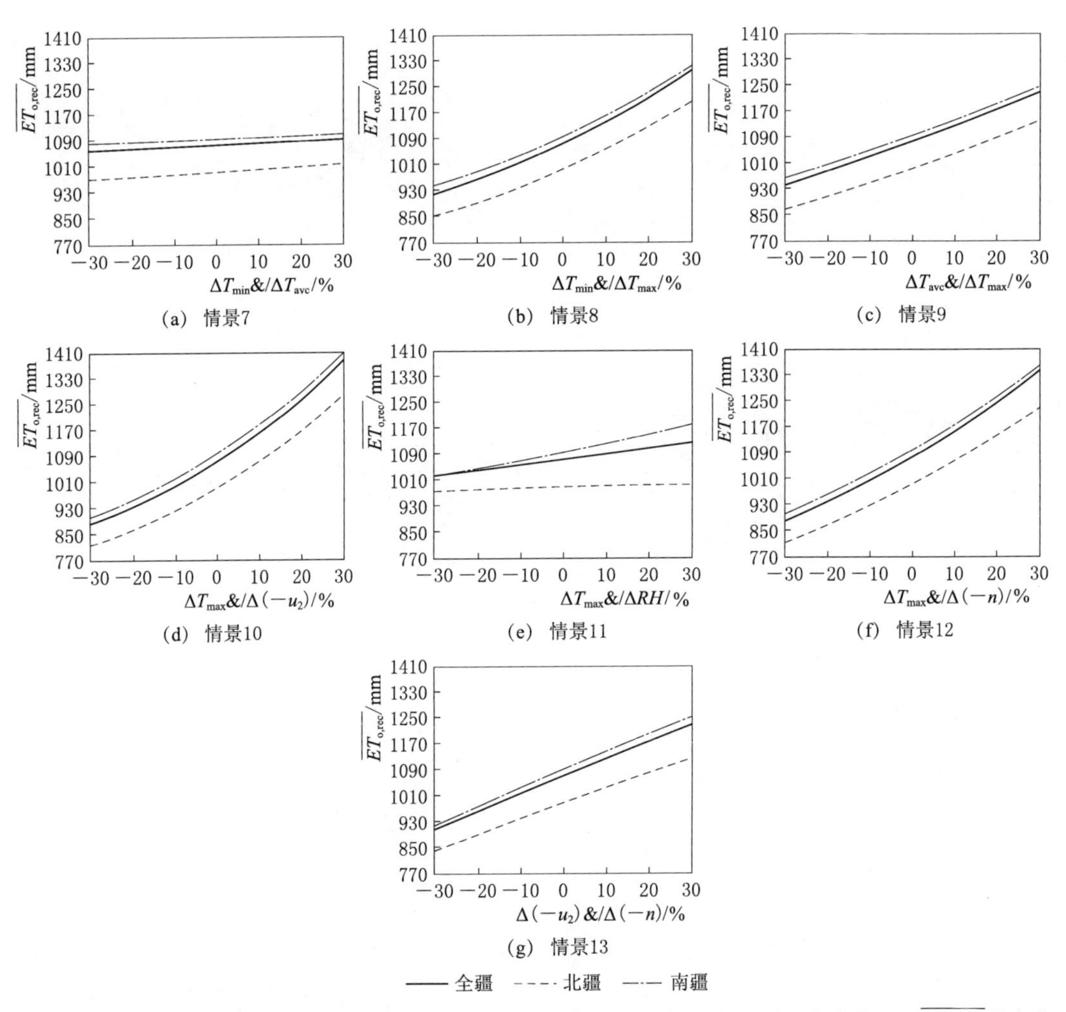

(a) 情景7　(b) 情景8　(c) 情景9　(d) 情景10　(e) 情景11　(f) 情景12　(g) 情景13

图 2-9　第Ⅱ组 7 种情景下北疆、南疆和全疆两个气象要素（ΔC_1 和 ΔC_2）同时变化情况下$\overline{ET_{0,rec}}$的变化

图 2-10 中对比了考虑到气象要素的实际时间趋势及两个气象要素同时发生变化情况下，第Ⅱ组 7 种情景下的 R_c 曲线。

在情景 7 中，当 ΔT_{min}&ΔT_{ave} 同时增加，R_c 变化很小。对于其中一个气象要素为 T_{max} 的情景（情景 8、9、10、11 和 12），R_c 随 ΔT_{max}&ΔC_2 的增加而增加。当 ΔT_{max} 为正值且逐渐增加时，根据 R_c 曲线变化，ET_0 对 ΔC_2 的敏感性排序为$(-u_2)>T_{min}>(-n)>T_{ave}>RH$。情景 13 中，当 $\Delta(-n)$ 和 $\Delta(-u_2)$ 同时增加，R_c 降低。除了情景 11 中之外，7 个情景中的 6 个都呈现出北疆、南疆和全疆的差异很小。站点相关因子 RH 主要导致了北疆、南疆和全疆 R_c 的差异。在情景 7 和情景 11 中，ΔT_{min}&ΔT_{ave} 或 ΔT_{max}&ΔRH 同时增加时，R_c 变化不大。当 ΔC_1&ΔC_2 固定为 30%，考虑 R_c 的绝对值情况，双气象要素变化对全疆 ET_0 变化影响的排序为 T_{max}&$(-u_2)>T_{min}$&$T_{max}>T_{max}$&$(-n)>(-u_2)$&$(-n)>T_{ave}$&$T_{max}>T_{ave}$&$RH>T_{min}$&T_{ave}。从而说明 T_{max}、u_2 和 n 对于改变 ET_0 的重要性。总体而言，新疆近 50 年来 T_{min}、T_{max}、T_{ave} 同时增长 ET_0 不同程

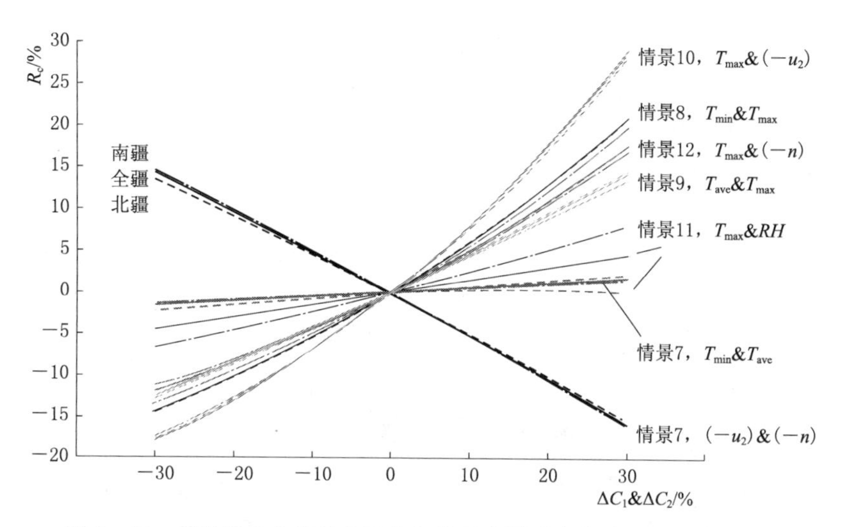

图 2-10　第Ⅱ组 7 个情景中两个气象要素同时变化时的 R_c 曲线比较

度地有所增加，而 u_2 和 n 的下降使 ET_0 不同程度下降，不同气象要素对新疆地区 ET_0 增加或减少有互补作用。

2.3.4　ET_0 对多气象要素的敏感性

在第Ⅲ组中，ET_0 对 2 个以上气象要素的敏感性更接近于实际气候变化情况。如果将 3 个、4 个、5 个或所有 6 个气象要素进行组合，对第Ⅲ组中的 ET_0 值重新计算，则共有 42 种组合情景。考虑全球变暖影响和不同非温度要素对 ET_0 的作用，第Ⅲ组将分析代表性的 6 种情景。

图 2-11 显示了第Ⅲ组 6 种情景下，相应于中多个气象要素（多 ΔC）的相对变化，北疆、南疆和全疆 ET_0 的相应变化。在情景 14[图 2-11(a)]中，ΔT_{min} 和 ΔT_{ave}&ΔT_{max} 同时增加时 $\overline{ET_{0,rec}}$ 也增加，但情景 15 中，当 ΔT_{min}、ΔT_{min} 和 ΔT_{ave}&ΔT_{max} 同时增加但 Δu_2 下降，$\overline{ET_{0,rec}}$ 也有所增加但比情景 14 增加的少[图 2-11(b)]。当 ΔT_{min}、ΔT_{min} 和 ΔT_{ave}&ΔT_{max} 同时增加，情景 16 中的 $\overline{ET_{0,rec}}$ 也比情景 14 增加的少[图 2-11(c)]。情景 18 中，当所有 6 个气象要素都增加时 $\overline{ET_{0,rec}}$ 的增加最大[图 2-11(e)]。以上四种 $\overline{ET_{0,rec}}$ 的增加都是单调的。不同的是，在情景 17 中，当 ΔT_{min} 和 ΔT_{ave}&ΔT_{max} 增加，但 Δu_2 和 Δn 降低，当 ΔC 均为负值时 $\overline{ET_{0,rec}}$ 略有上升，当 ΔC 为正值时 $\overline{ET_{0,rec}}$ 略微增加[图 2-11(d)]。对于情景 19，当涉及 ΔRH 的影响时，$\overline{ET_{0,rec}}$ 明显下降[图 2-11(f)]。类似于第Ⅰ、Ⅱ组，第三分组的 $\overline{ET_{0,rec}}$ 曲线也有一个子区域排序：南疆＞全疆＞北疆。一般来说，图 2-11 进一步表明了增加 ΔT_{min}、ΔT_{ave}、ΔT_{max} 和 Δu_2&Δn 对增加 ET_0 的效应，同时也表明增加 ΔRH 对降低 ET_0 的叠加效应。每个气象要素都对 ET_0 的变化有所贡献。

图 2-12 展示了第Ⅲ组中，情景 14～情景 19 的对于多气象要素同时变化情况下，ET_0 敏感性的 R_c 曲线。6 种情景中，情景 18 中所有 6 个气象要素的同时增加导致 R_c 曲线变化最大，情景 14 中 R_c 曲线变化次之，情景 16 和 15 增加的更小。此外，情景 17 中 R_c 曲线先增加后减小，情景 19 中 R_c 曲线一直随三个气温要素、$\Delta(-u_2)$ 和 ΔRH&$\Delta(-n)$ 的同时增

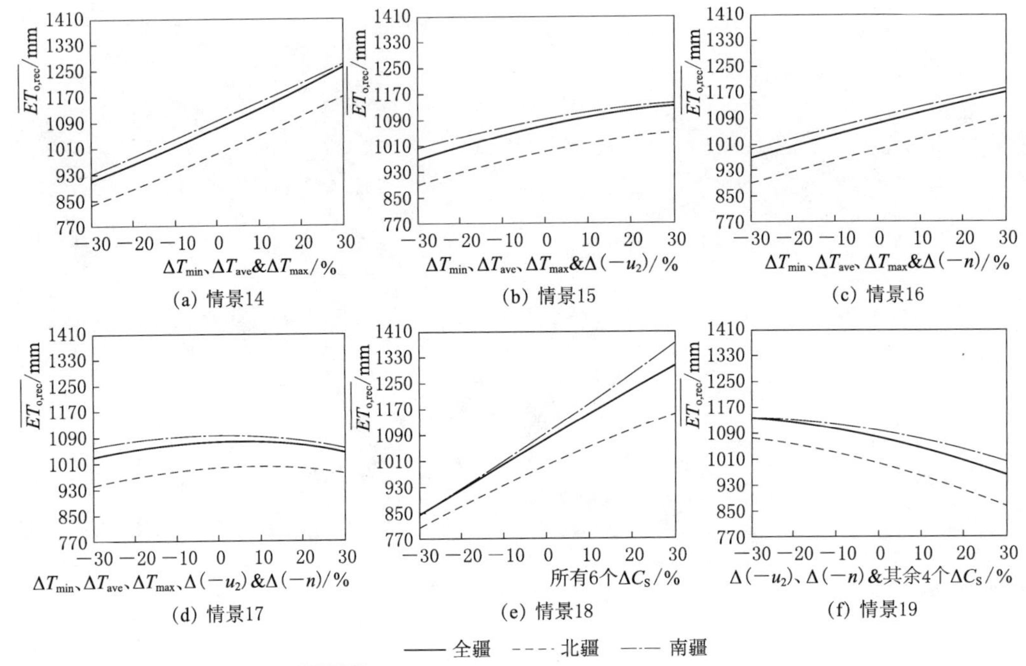

图2-11　变化$\overline{ET_{0,rec}}$为三组中6种情景下多气象要素(多ΔC)的相对变化

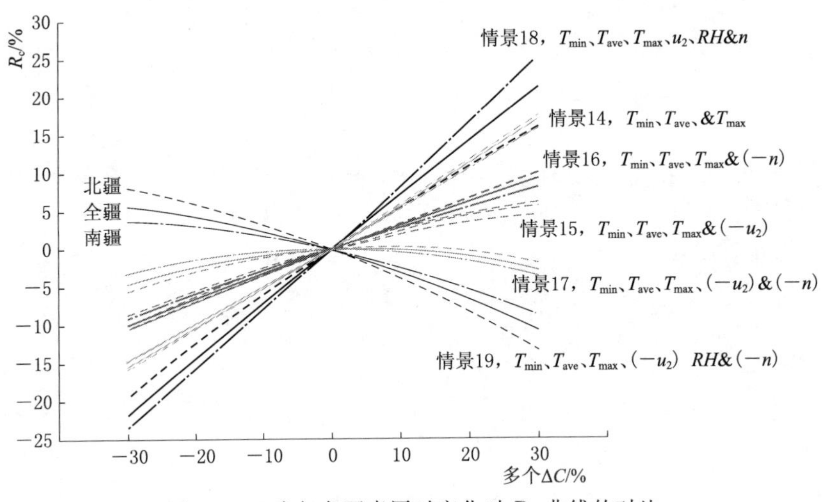

图2-12　多气象要素同时变化时R_c曲线的对比

加而单调减小。

2.3.5　讨论

2.3.5.1　参考作物腾发量ET_0变化的敏感性

ET_0对气象要素的敏感性在不同的条件下有所不同，这可能是由区域不同、估计ET_0的模型不同或气候区域的不同引起的。

首先，不同地区的变化导致ET_0对气象要素的敏感性有所不同。在西班牙南部，ET_0对同一气象要素的敏感性在不同地区有显著差异(Estevez等，2009)。在美国艾奥瓦州西部，ET_0 的最敏感因素是净辐射（Saxton，1975），但在比利时，太阳辐射（R_s）和最高气温（T_{max}）是敏感因素（Hupet 和 Vanclooster，2001）。对于印度拉贾斯坦邦的干旱地区，气象要素的敏感性按 $T_{ave}>u>R_n>$蒸汽压的顺序排列（Goyal，2004）。在孟加拉国的半湿润亚热带地区，气象要素的敏感性顺序为 $T_{max}>RH>n>u>T_{min}$（Ali 等，2009）。在中国长江流域，气象要素的敏感性排序为 $RH>$短波辐射$>T_{ave}>u$（Gong 等，2006）。在我国东北部的洮儿河流域，气象要素的敏感性为 $RH>n>u>T$（Liang 等，2008）。在渭河流域，气象要素的敏感性顺序为 $RH>u>T>R_s$（Zuo 等，2012）。对于中国北京，气象要素的敏感性顺序为 $T_{ave}>RH>n>u$，T_{min} 和 T_{max}（Liu 等，2014）。对于全国平均水平，气象要素的敏感性顺序为蒸汽压$>T_{max}>R_s>u>T_{min}$（Liu 等，2012）。在关于全国的另一项研究中（Yin 等，2010），气象要素的敏感性顺序为 $RH>T_{max}>n>u>T_{min}$，此结果与 Liu 等（2012）基本相同，因为实际蒸汽压与 RH 有关，R_s 和日照时数 n 相关。本研究中，新疆地区气象要素的敏感性排序为 $T_{max}>RH>u_2>n>T_{min}>T_{ave}$，最敏感的气象要素是 T_{max}。我们的结果部分同意 Ali 等（2009）和 Liu 等（2012），都强调了 T_{max} 是 ET_0 的主要影响因素，不同之处在于大部分研究未发现 T_{ave} 和 T_{min} 同时发生变化对 ET_0 的影响。

其次，用来估计 ET_0 的模型不同时，ET_0 对气象要素的敏感性也发生改变。Askari 等（2015）采用 Hamon（1963）、Hargreaves 和 Samani（1985）、Jensen - Haise（Coleman 和 Decoursey，1976）、Makkink（1957）、Turc（1961）、Priestley - Taylor（Priestley 和 Taylor，1972）和 Penman（1948）等公示计算 ET_0，使用偏导数法分析变量的敏感性。结果表明，温度在 Jensen - Haise 和 Makkink 模型中更加敏感，太阳辐射 R_s 在 Turc 和 Priestley - Taylor 模型中更加敏感，u 和 RH 在 Penman 模型中最为敏感。虽然采用不同模型计算的 ET_0 对气象要素的敏感性有所不同（Mckenney 和 Rosenberg，1993），但考虑到 Penman - Monteith 方程在中国的普遍应用（Huo 等，2013；Xu 等，2006；Yi 等，2010），在比较 ET_0 对各气象要素变化的敏感性时，本研究只采用 FAO 的 Penman - Monteith 方程，结果依然是有说服力的、可信的。

第三，不同气候带的 ET_0（或蒸发蒸腾）对气象要素的敏感性有所变化。Tabari 和 Talaee（2014）调查了四种（湿润、寒冷半干旱、温暖半干旱和干旱）气候类型中参考作物蒸发蒸腾量对气象要素的敏感性。从其结果看，ET_0 对 u 和 T 的敏感性从干旱到湿润的气候类型逐渐降低，而其对 n 的敏感性从干旱到湿润的气候类型逐渐增加；此外，在干旱气候类型下，相应于 u 的±20%变化，ET_0 发生的变化最大（约±9%）。Liu 等（2012）研究表明，ET_0 对气象要素的敏感性随不同气候带的不同流域和河流排水系统而变化。新疆属于干旱和半干旱气候类型（Li 和 Sun，2017），我们的研究结果显示出 ET_0 对 u 并没有太大的敏感性。关于是否气象要素在干旱或湿润的气候中更为敏感，则没有一致的结论。

2.3.5.2 用于 ET_0 敏感性分析的方法

ET_0 对气象要素的敏感性分析可用不同的方法。本章应用于 ET_0 对气象要素敏感性的分析方法已被广泛应用（Attarod 等，2015；Xu 等，2006），而且 ET_0 对气象参数正或负变化的响应可以定量显示。敏感系数被定义为 ET_0 变化率与气象要素变化率的比值（McCuen，1974），它是评估 ET_0 敏感程度的常用指标。ET_0 对最大温度和干燥温度的敏感系数分别为 1.52 和 1.04。Liu 等（2012）使用敏感系数进行了全国 ET_0 敏感性分析，得出的结论是水汽压是西北排水系统中最敏感的气象要素。

其他研究还从原始气象要素去线性趋势并观察计算的 ET_0 如何变化，从而完成 ET_0 对气象要素的敏感性对比。Huo 等(2013)研究表明，u_2 下降导致 ET_0 在西北地区(包括新疆)下降，这和我们的结果一致。但是，我们的研究结果也表明，RH 对 ET_0 有很大影响；新疆地区 RH 实际上并不影响 ET_0 的原因是 RH 的变化趋势很弱而且不显著。

2.3.6 小结

本章循序渐进地分析了新疆地区参考作物腾发量(ET_0)的敏感性如何与多个气象要素相关。为了解不同气候变量对 ET_0 的重要性，对一个、两个和多个气候变量改变情况下的 ET_0 进行了的敏感性分析。利用 Penman - Monteith 方程估计了 1961—2013 年南疆、北疆和全疆的 ET_0。基于改进的 Mann - Kendall 趋势检验方法分析了 6 个气象要素的年变化趋势，并考虑每个气象要素的实际趋势以及 ET_0 和各气象要素之间的 Pearson 相关关系，预设了 19 个代表性的气候变化情景，重新计算 ET_0 值。结果表明，ET_0 对 T_{max}、u_2 和 n 更敏感。ET_0 对 T_{min} 和 T_{max} 同时变化的敏感性比对其他要素组合变化时(如 $T_{max}\&T_{ave}$、$T_{ave}\&T_{max}$、$T_{max}\&(-n)$、$T_{max}\&RH$、$T_{max}\&(-u_2)$ 和 $T_{min}\&T_{ave}$)更大，但是在$(-u_2)\&(-n)$同时变化的情景中，ET_0 比其他（两个气候要素同时变化的）情景降低的更多。T_{max}、T_{min}、T_{ave} 和 RH 的增加以及 u_2 和 n 的降低导致新疆实际的 ET_0 下降。总体上，u_2 和 n 的减少对降低 ET_0 的影响补偿了 T_{max} 的增加对增加 ET_0 的影响。

2.4 新疆地区气象干旱指标的时空变化规律

气象干旱指标的计算涉及不同的气象要素，选择的气象要素不同、影响干旱指标的数值不同，其所反映的干旱信息也不同。本节中，基于 Thornthwaite（1948）及 FAO - 56 Penman - Monteith 公式计算参考作物腾发量 ET_0，基于 Sahin（2012）提出的方法计算比湿，并分别得出降水与不同气象要素的比值，得出几类干燥指数。此外，还进行了标准化干旱指标的计算，包括 SPI 和 SPEI 等。通过对逐月、季度、半年及全年尺度干旱指标的时间动态和空间变化规律分析，探讨两干旱指标的异同及在新疆地区干旱严重程度评价中的适用性，为新疆地区抗旱防灾提供技术和政策方面的参考。

2.4.1 南北疆干旱指标中相关要素的时空变化规律

2.4.1.1 气象要素的时空变化规律

由于北疆和南疆被天山山脉阻隔，形成了南疆、北疆及全疆明显不同的气候特点（图 2 - 13）。图中 T_{min}、T_{ave} 和 T_{max} 分别为最低、平均和最高气温，u_2 为 2m 高处的风速。

由图 2 - 13 可见，各气象要素都随时间有一定的波动规律，基本上北疆、南疆和全疆的气候变化趋势是一致的。长期而言，气温具有增加趋势，而风速和日照时数有降低趋势，相对湿度的变化趋势不明显。其中北疆地区气温和日照时数低于南疆，但湿度、风速和降水高于南疆，因此北疆和南疆的干旱演变趋势和干旱严重程度也有明显差异，全疆气候特征介于南疆、北疆之间。气候要素的线性和非线性趋势在不同分区有一定差别，其中 T_{min}、T_{ave} 和 T_{max} 的线性和非线性趋势在 1978 年前差异大，之后趋于一致。

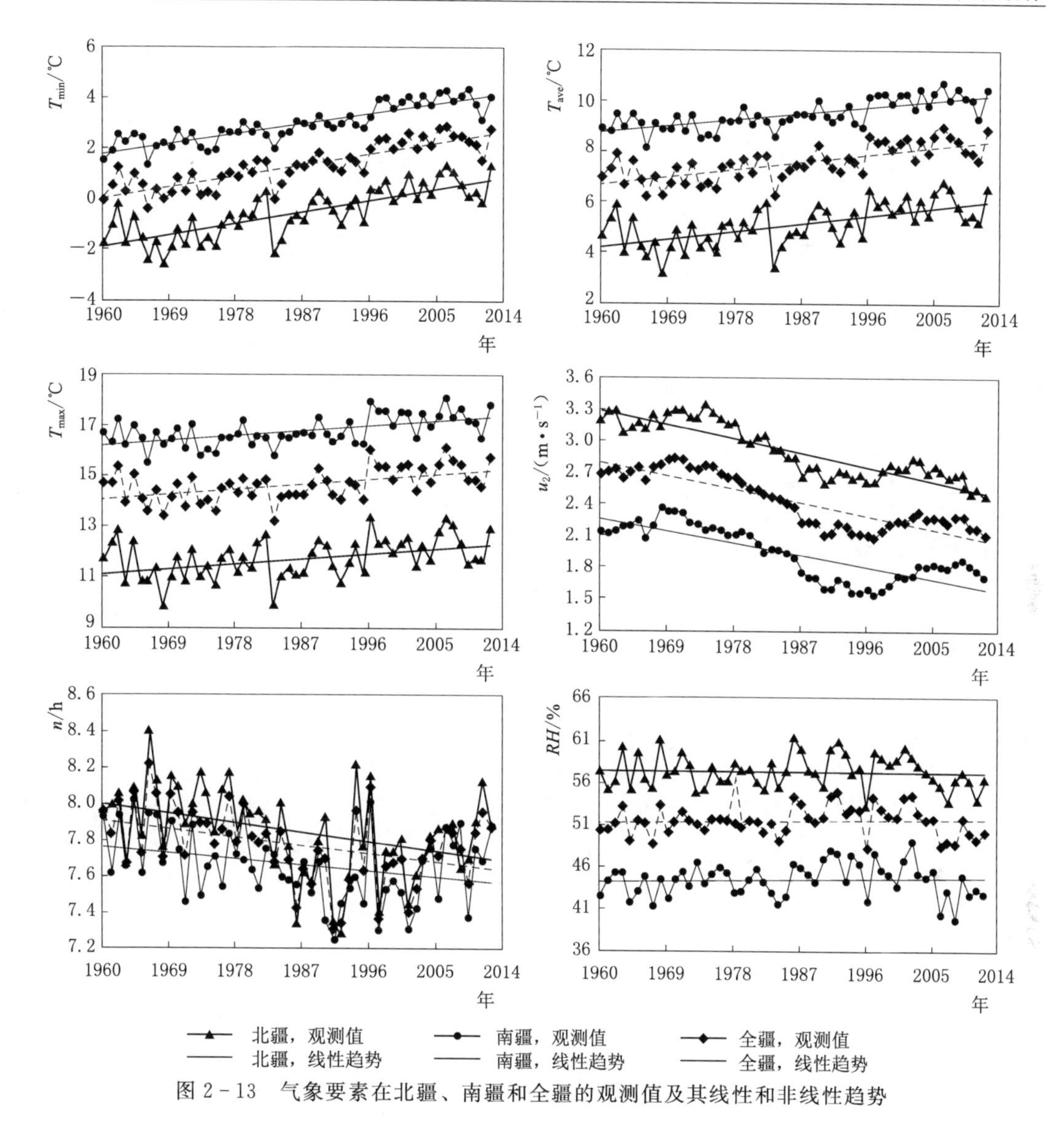

图 2-13 气象要素在北疆、南疆和全疆的观测值及其线性和非线性趋势

表 2-11 列出了北疆、南疆和全疆气象要素和计算得出的 ET_0 及 S_h 等变量的多年平均值及空间变异系数。

表 2-11 气象要素、ET_0 及 S_h 的多年平均值（M）及变异系数 $C_{v,s}$ 值

项目	区域	P_M /mm	RH_M /%	PR_M /hPa	$T_{min,M}$ /℃	$T_{ave,M}$ /℃	$T_{max,M}$ /℃	$u_{2,M}$ /(m·s^{-1})	n_M /h	$ET_{0,M}$ /mm	$S_{h,M}$ /(g·kg^{-1})
多年平均值	北疆	15.5	56.0	903.5	−0.6	5.1	20.1	2.9	7.8	82.8	3.54
	南疆	5.5	45.1	870.7	2.9	9.5	24.0	1.9	8.0	91.2	3.73
	全疆	10.6	50.7	887.4	1.3	7.5	22.0	2.4	7.9	89.5	3.69
$C_{v,s}$	北疆	0.46	0.12	0.09	−7.54	0.67	0.178	0.41	0.06	0.26	0.17
	南疆	0.91	0.31	0.08	2.13	0.50	0.184	0.39	0.08	0.16	0.24
	全疆	0.74	0.22	0.08	3.07	0.53	0.176	0.45	0.07	0.20	0.20

另外，分析不同地区各气象要素的变化规律可知，北疆 P_M、RH_M 和 PR_M 高于南疆，而通常北疆 $T_{min,M}$、$T_{ave,M}$、$T_{max,M}$和 $ET_{0,M}$低于南疆。全疆各要素值处于南、北疆之间。全疆的空间变异系数 $C_{v,s}$变化范围介于0.07和3.07之间，其中 n_M 和 PR_M 属于弱变异性（$C_v<0.1$）；P_M、RH_M、$T_{ave,M}$、$T_{max,M}$、$u_{2,M}$、PR_M、$ET_{0,M}$和 $S_{h,M}$属中等变异性（$0.1\leqslant C_v<1.0$）；而 $T_{min,M}$属强变异性（$C_v\geqslant 1.0$）。气象要素的时空分布将直接影响所得干旱指标的变化特征。

表2-12给出了基于MMK方法的各气象要素及相关干旱指标的趋势显著性检验结果。

表2-12　　基于MMK方法的气象要素及相关干旱指标趋势显著性检验结果

区域	统计量	P /mm	T_{max} /℃	RH	PR /Pa	S_h /(g·kg^{-1})
北疆	$Z(Z_m)$	3.46*	2.88*	0.04	−5.66*	4.81*
北疆	j	12	1	0	10	12
北疆	b	1.16	0.020	0.001	−5.03	0.008
南疆	$Z(Z_m)$	3.07*	3.66*	0.10	0.29	2.45*
南疆	j	11	10	0	0	12
南疆	b	0.468	0.020	0.016	0.167	0.005
全疆	$Z(Z_m)$	4.01*	3.57*	0.08	−5.73*	3.45*
全疆	j	12	10	0	9	12
全疆	b	0.827	0.022	0.010	−2.69	0.007

表2-12说明，在北疆、南疆和全疆的降水 P、温度 T_{max}均有显著上升的趋势，相对湿度 RH 无显著变化趋势，气压 PR 在北疆和全疆具有显著降低趋势，但在南疆的趋势不明显，比湿 S_h 具有显著增加的趋势。时间阶数 j 值因要素和区域变化而不同，其中 P 和 S_h 的 j 值在北疆、南疆和全疆都大于1，说明序列自身存在较强的自相关结构。T_{max} 的 j 值在北疆、南疆和全疆分别为1、10和10，同样说明序列在南疆和全疆具有长程相关性。RH 的 j 值在北疆、南疆和全疆均为0，显示序列整体无自相关性。PR 的 j 值在南疆为零，在北疆和全疆分别为10和9，也说明序列具有长程相关性。除 T_{max}外，各要素的Sen斜率 b 值在南疆、北疆差异较大。基本上各要素的时间变化具有随机性，但整个区域上的趋势和相关结构比较一致。

分析新疆地区多年平均气候要素的空间分布规律和变异系数可知，以天山为界南疆、北疆地区多年平均气象要素的空间分布规律和变异系数差异显著。北疆 P_M、RH_M 和 PR_M 高于南疆，而通常北疆 $T_{min,M}$、$T_{ave,M}$、$T_{max,M}$和 $ET_{0,M}$低于南疆。$T_{min,M}$、$T_{ave,M}$和 $T_{max,M}$的空间分布极为相似，虽然数值范围有所不同。$u_{2,M}$和 n_M 与其他气候要素的分布不同，从东到西基本呈降低趋势。

2.4.1.2　干旱指标中所用气象要素的时间变化

以上从时间、空间两个方面进行了气象要素变化规律分析。在该气候背景，干旱指标也具有一定的变化趋势。干旱指标 I_A、I_m、I_{sh}、SPI、PDSI及SPEI中所有气象要素包括 P、ET_0、T_{max}和 S_h 等。其中 I_A、PDSI和SPEI均涉及 ET_0，因此其计算方法的选择对于干旱指标的准确性非常重要，有必要对两种方法计算的 ET_0 差异进行对比。

图 2-14 显示了南疆、北疆及全疆 3 个子区内各干旱指标计算所用的中间气象要素 P、ET_0、T_{max}和 S_h 在 1961—2013 年的变化过程及线性趋势。

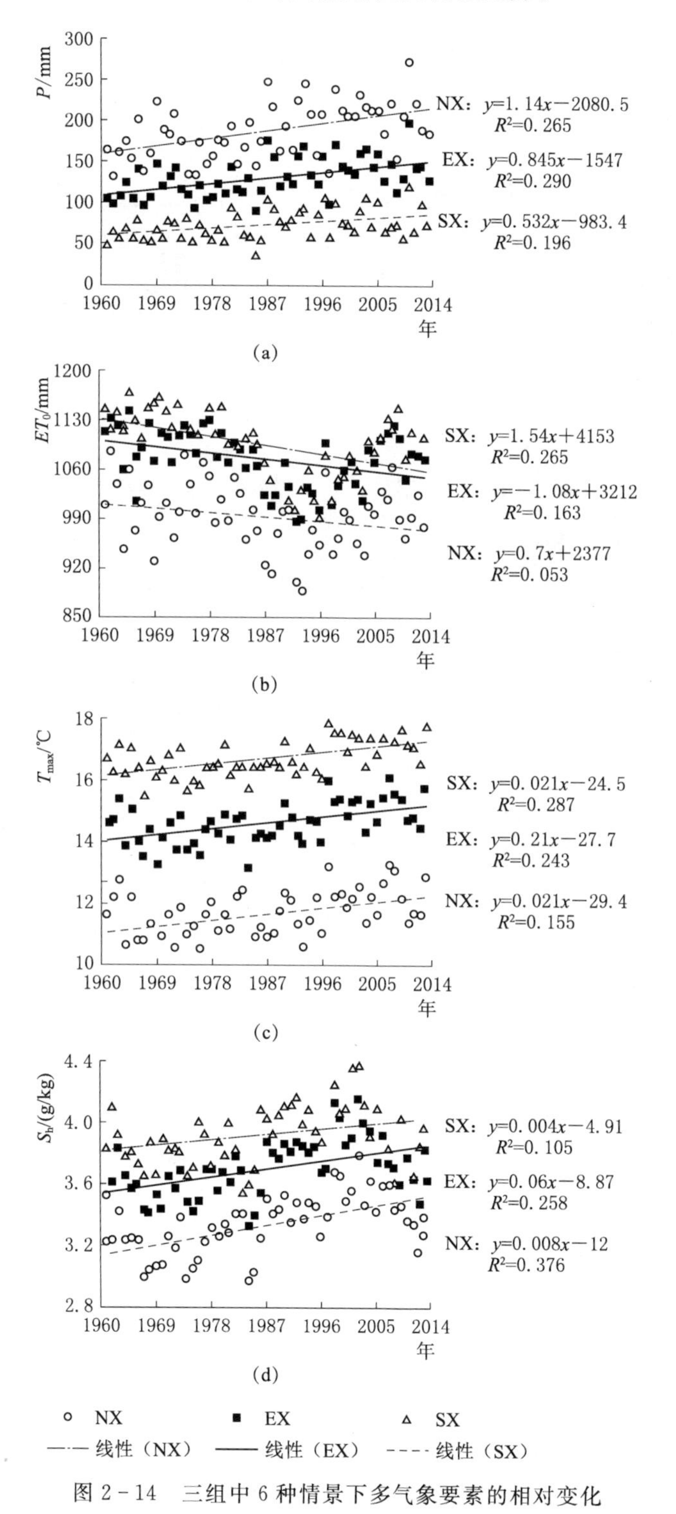

图 2-14　三组中 6 种情景下多气象要素的相对变化

由图 2-14 可知，南疆、北疆之间平均年降水 P 的差异大约为 100mm，年 ET_0 的差异为 101.5mm，年 T_{max} 的差异为 -5℃，年 S_h 的差异为 $-0.7g \cdot kg^{-1}$。P、ET_0、S_h 和 T_{max} 的线性斜率在南疆、北疆和全疆等不同区域内有一定差异，年 P、S_h 和 T_{max} 随年份增加而增加，但 ET_0 随年份增加而减小。降水 P 的增加与 ET_0 的相应减小导致干旱指标如 $SPEI_{PM}$ 和 I_A 等也相应增加。类似地，降水 P 序列的斜率在北疆、南疆及全疆分别为 1.14、0.532 和 0.845，而 T_{max} 序列的斜率在北疆、南疆及全疆均为 0.021，S_h 序列的斜率在北疆、南疆及全疆分别为 0.008、0.004 和 0.006，这些气象要素的相应变化和趋势差异将引起指标 I_m 和 I_{sh} 在北疆、南疆及全疆随年限的延长而增加。年尺度下所有的干旱指标都具有增加趋势（详细趋势分析结果参考 2.4.2）。

本书中的 ET_0 采用了 FAO-56 Penman-Monteith 公式和 Thornthwaite（1948）公式，月尺度和年尺度下两种方法得出的 ET_0 有一定差异。为对比两者差异，定义 $ET_{0,PM}$ 和 $ET_{0,TW}$ 之差为

$$D_{ET} = ET_{0,PM} - ET_{0,TW} \tag{2-56}$$

图 2-15 显示了 1961—2013 年期间 1 个月及 12 个月尺度下 ET_0、P 及 D_{ET} 在北疆、南疆及全疆的时间变化过程。

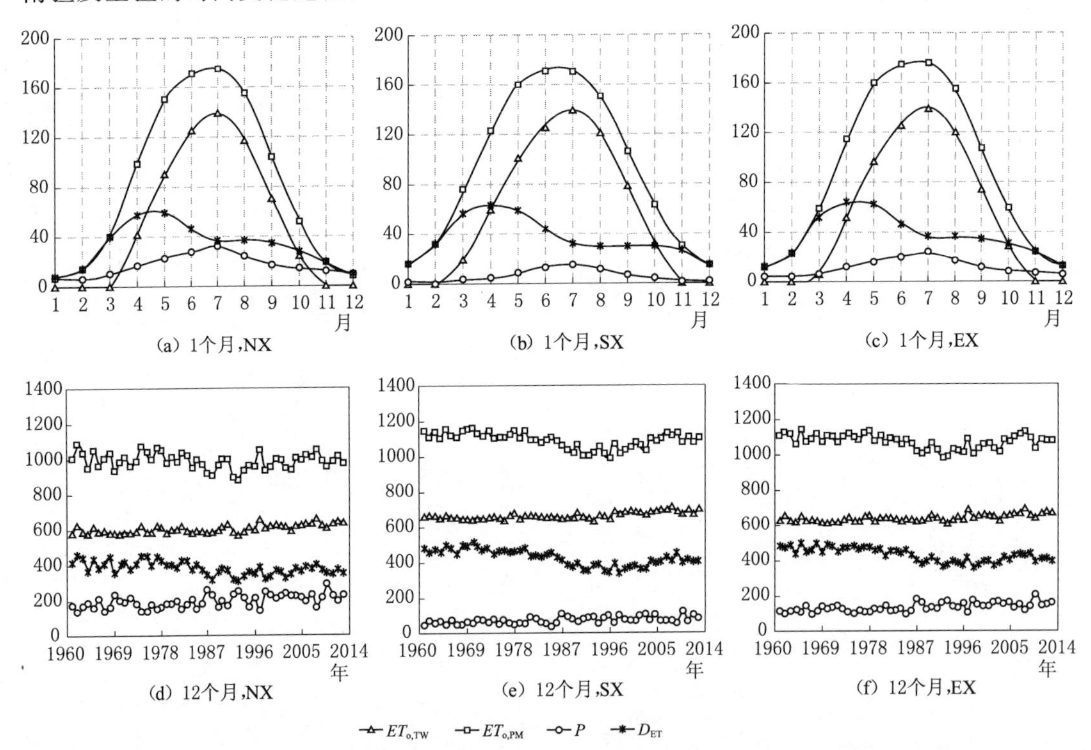

图 2-15　北疆、南疆和全疆 1 个月及 12 个月尺度下 ET_0、P 和 D_{ET} 的时间变化

根据图 2-15（a）、（b）和（c）中多年平均值的变化过程，各月 $ET_{0,TW}$ 均小于 $ET_{0,PM}$，D_{ET} 在 4 月最大，北疆、南疆和全疆的 4 月 D_{ET} 分别为 57mm、63mm 和 62mm。7 月的 $ET_{0,TW}$、$ET_{0,PM}$ 和 P 为全年最大，但 1 月和 12 月则为全年最小。北疆、南疆和全疆的 7 月降水量 P 分别为 31.9mm、14.5mm 和 23.1mm，而 $ET_{0,PM}$ 值分别为 174mm、

168mm 和 176mm。根据图 2－15（d）、（e）和（f）中的年变化过程，北疆、南疆和全疆的多年平均 $ET_{0,TW}$ 值分别为 608mm、669mm 和 644mm，而 $ET_{0,PM}$ 分别为 993mm、1095mm 和 1075mm。与月尺度变化规律相似，北疆和南疆的年 ET_0 和 P 具有明显差异，这在以往的研究中也有体现（Li 和 Zhou，2014）。北疆、南疆和全疆的年平均 D_{ET} 值分别高达 386mm、426mm 和 430mm，这将影响之后得出的 SPEI 值，同时也说明 ET_0 计算方法不同得出的差异在新疆地区整体是非常明显的。此外，全疆年 $ET_{0,PM}$ 的变化规律和 Huo 等（2013）中的年 $ET_{0,PM}$ 变化非常类似。

为便于对比，同时将北疆、南疆及全疆的 MMK 趋势检验结果列于表 2－13，表中的 * 表示趋势显著。

表 2－13　北疆、南疆及全疆的 P、$ET_{0,PM}$、$ET_{0,TW}$、D_{ET}、$D_{i,PM}$ 和 $D_{i,TW}$ 变化趋势统计参数

区域	统计量＼要素	$ET_{0,PM}$ /mm	$ET_{0,TW}$ /mm	D_{ET} /mm	$D_{i,PM}$ /mm	$D_{i,TW}$ /mm
北疆	j	3	6	9	0	0
	$Z(Z_m)$	−1.76	2.22*	−1.6	1.93	1.13
	b	−0.73	0.84	−1.51	1.94	0.42
南疆	j	9	9	11	8	0
	$Z(Z_m)$	−4.05*	1.51	−1.59	2.24*	−1.15
	b	−1.67	0.77	−2.24	2	−0.26
全疆	j	7	8	12	7	0
	$Z(Z_m)$	−2.86*	1.65	−1.37	1.58	0.25
	b	−1.04	0.85	−1.86	1.86	0.06

结合表 2－13 的趋势分析结果，年尺度下北疆、南疆及全疆的降水 P 均呈显著增加趋势，且其 j 值均大于 12，显示出降水具有明显的时间依赖性。全疆年尺度 $ET_{0,TW}$ 呈不显著增加趋势，其 Sen 斜率 b 值为 0.85，而全疆 $ET_{0,PM}$ 呈显著降低趋势，其 Sen 斜率 b 值为−1.04。$ET_{0,TW}$ 和 $ET_{0,PM}$ 都具有时间依赖性，各区域均有 $j\geqslant3$。南疆和北疆的 P 和 ET_0 有一定差异，但趋势与全疆类似，不再赘述。

$ET_{0,TW}$ 和 $ET_{0,PM}$ 的相反趋势导致 D_{ET} 具有降低趋势，但 D_{ET} 的趋势在北疆、南疆和全疆都不显著。尽管 1 个月和 12 个月尺度下的 $ET_{0,TW}$ 与 $ET_{0,PM}$ 变化模式相似，与 FAO－56 Penman－Monteith 方法相比，Thornthwaite（1948）方法明显低估了北疆、南疆和全疆的 ET_0 值。因此，Thornthwaite（1948）公式在新疆并不适用。虽然如此，我们之后的研究仍将对两种方法计算 ET_0 所得出的干旱指标进行对比分析，以便说明其具体差异。

图 2－16 显示了 1961—2013 年期间 1 个月及 12 个月尺度下 D_i 在北疆、南疆及全疆的时间变化过程。图 2－16（a）～（c）表明，1 个月尺度下 1—12 月的多年平均 $D_{i,TW}$ 值在北疆、南疆和全疆都大于相应的 $D_{i,PM}$ 值，但在北疆、南疆和全疆的差异不大。年尺度下的北疆、南疆和全疆 $D_{i,TW}$ 值也比 $D_{i,PM}$ 大。通常，ET_0 估算方法影响各月 $D_{i,TW}$ 和 $D_{i,PM}$ 值之间的差异，这也导致 $D_{i,TW}$ 和 $D_{i,PM}$ 序列的时间动态变化及趋势特点明显不同。

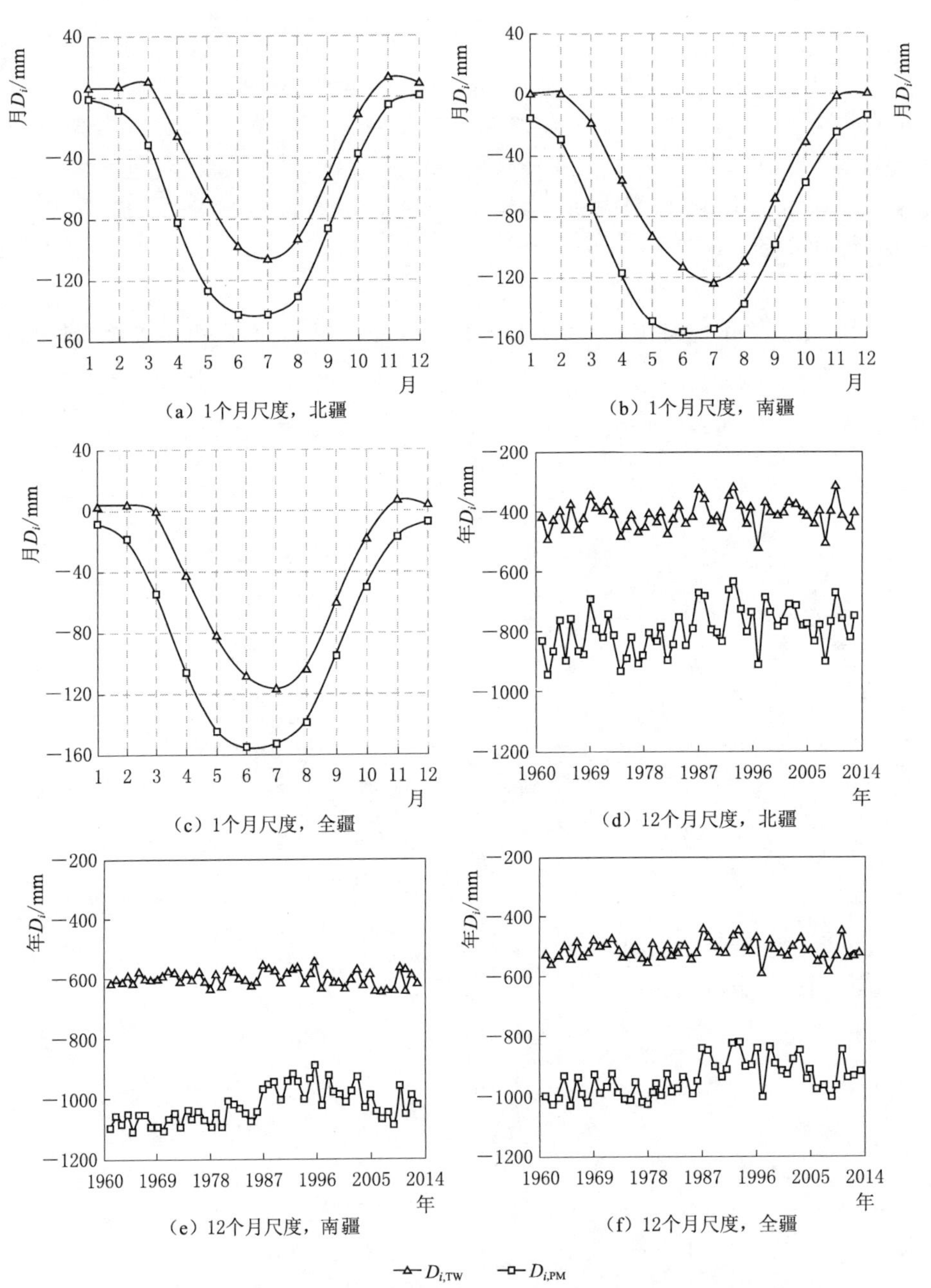

图 2-16　北疆、南疆和全疆 1 个月及 12 个月尺度下 D_i 的时间变化

北疆和全疆的年 $D_{i,PM}$ 具有不显著增加趋势，但南疆的年 $D_{i,PM}$ 呈显著增加趋势。北疆、南疆和全疆 $D_{i,PM}$ 的阶数 j 分别为 0、7 和 8；北疆、南疆和全疆年 $D_{i,PM}$ 的 Sen 斜率 b 值依次为 1.94、2.00 和 1.86。图 2-16（d）～（f）表明，北疆、南疆和全疆的年 $D_{i,TW}$ 均呈不显著增加趋势，但序列都没有自相关性（$j=0$），其 b 值依次为 0.42、-0.26 和 0.06，年 $D_{i,TW}$ 的趋势绝对值比年 $D_{i,PM}$ 小得多。由于前述结果已说明新疆地区降水具有显著增加趋势，同时 ET_0 的时间变化具有降低趋势，因此，相应地 D_i 的变化应具有增加趋势。

总之，年 $D_{i,TW}$的变化及趋势特征并没有完全反映出新疆地区干湿状况的实际规律，但 $D_{i,PM}$的变化特征与新疆地区 P 和 ET_0 的变化趋势契合度很高。

分析新疆地区各干旱指标所用中间变量（ET_0、D_{ET} 和 D_i）及 S_h 的多年月平均值（其中 $D_{i,TW}=P-ET_{0,TW}$，$D_{i,PM}=P-ET_{0,PM}$）的空间分布规律，结果表明：

（1）虽然 $ET_{0,TW}$和 $ET_{0,PM}$大体上具有从北向南逐渐增加的趋势，但其空间分布规律并不同，其中 $ET_{0,TW}$在塔克拉玛干沙漠为中心的区域值更大，西部～北部～东部的部分呈半环状区域 $ET_{0,TW}$值相对较小，而 $ET_{0,PM}$在空间上的变化基本以天山为分界，北部整体较低，南部整体较大，其中东南区比西南区 $ET_{0,PM}$值更高。$ET_{0,TW}$和 $ET_{0,PM}$的变化范围分别是 28～92mm 和 54～160mm，变化区间差异明显。

（2）D_{ET}的空间分布大体与 $ET_{0,PM}$相似，在中南部与其有差异。D_{ET}的变化范围为 6～95mm，东部地区 D_{ET}值普遍较大，其次为南部，北部整体上 D_{ET}小些。

（3）S_h 从东到西基本呈增加趋势，该要素与其他气象要素的分布不同。

（4）D_i 的空间分布与 $ET_{0,PM}$基本相反，基本以天山为界、北大南小。

2.4.2 不同时间尺度干旱指标的时间变化

由于 I_A 和 I_{sh}均属于气象干旱指标中的干燥指数，两者具有一定相似性，因此先进行这两个指标的分析。指标 I_m 对于负的 T_{max}无值，这种情况多出现在月尺度情况下，因此其应用具有局限性，对该指标仅在不同指标进行对比时选择性地进行分析。之后进行标准化指标 SPI 和 $SPEI_{PM}$的分析。

2.4.2.1 两种方法计算 ET_0 对干旱指标 I_A 的影响

由于采用 Thornthwaite（1948）和 Penman - Monteith 公式计算 ET_0 的结果不同，因此得出的非标准化干旱指标 I_A 也相应不同。此处对比了北疆、南疆和全疆干旱指标 $I_{A,TW}$和 $I_{A,PM}$的差异（表 2-14）。表中的符号“—”为 2 月、3 月和 11 月情况下，因其值很小，接近于 0，因此得出较大的 $I_{A,TW}$值，这些值不合理，因此未列出。

由表 2-14 可知，新疆地区存在的较大 D_{ET}导致各月及年尺度下的 $I_{A,TW}$和 $I_{A,PM}$也有所不同。由于 $ET_{0,TW}$小于 $ET_{0,PM}$，因此得出的各月及年 $I_{A,TW}$大于 $I_{A,PM}$。$I_{A,TW}$所表现出的新疆干旱程度比 $I_{A,PM}$轻，导致全疆气候类型划分为半干旱而不是干旱。这种气候类型划分对于新疆地区并不合理，再次说明基于 Thornthwaite（1948）方法的干旱指标在新疆地区应用时出现了一定偏差。$I_{A,TW}$和 $I_{A,PM}$的差异在北疆大，在南疆小得多，全疆的介于两地区之间。全疆年尺度下的 $I_{A,TW}$和 $I_{A,PM}$平均值分别为 0.21 和 0.12，若依据气候类型的划分，前者将新疆地区划分为半干旱地区，而后者划分为干旱地区。但初步认为后者更合理。

表 2-14　北疆、南疆和全疆多年平均月或年 $I_{A,TW}$和 $I_{A,PM}$的差异

月/年	$I_{A,TW}$			$I_{A,PM}$		
	北疆	南疆	全疆	北疆	南疆	全疆
1	—	—	—	0.89	0.13	0.37
2	—	—	—	0.45	0.07	0.19
3	—	0.14	0.97	0.24	0.04	0.10

续表

月/年	$I_{A,TW}$			$I_{A,PM}$		
	北疆	南疆	全疆	北疆	南疆	全疆
4	0.41	0.07	0.20	0.17	0.03	0.09
5	0.26	0.08	0.17	0.16	0.05	0.10
6	0.22	0.10	0.16	0.16	0.08	0.11
7	0.23	0.11	0.17	0.18	0.09	0.13
8	0.20	0.09	0.14	0.15	0.07	0.11
9	0.24	0.09	0.16	0.16	0.06	0.11
10	0.57	0.09	0.28	0.26	0.05	0.14
11	—	0.85	—	0.69	0.06	0.29
12	—	—	—	1.17	0.11	0.47
年	0.33	0.10	0.21	0.20	0.06	0.12

2.4.2.2　干旱指标 I_A、I_m 和 I_{sh} 的时间变化

1961—2013 年北疆、南疆及全疆干旱指标 I_A（基于 PM 公式计算，下同）的逐月变化动态见图 2-17。分图名中的数字 1、3、6 和 12 表示时间尺度（月）。由图 2-17 可知：

（1）指标 I_A 因时间尺度、分区的变化而发生波动。

（2）当时间尺度由 1 个月增加到 3 个、6 个及 12 个月，北疆 I_A 变化区间依次为 [0.03，4.8]、[0.07，2.96]、[0.11，1.14] 和 [0.14，0.33]，波动幅度随尺度增加而依次减小。相应时间尺度下的南疆 I_A 波动区间依次为 [0，0.65]、[0.01，0.30]、[0.01，0.17] 和 [0.03，0.13]，无论其波动幅度还是整体范围都比北疆地区低得多，显示南疆比北疆更趋干旱；1 个、3 个、6 个及 12 个月的全疆 I_A 波动范围依次为 [0.02，2.42]、[0.04，1.53]、[0.08，0.61] 和 [0.09，0.22]，全疆 I_A 代表了整个区域，其干旱程度介于南、北疆之间。

（3）1 个月、3 个月和 6 个月尺度下北疆气候在干旱～严重湿润的类型之间交替变换，但 1 个月尺度下干旱的变化更剧烈；12 个月尺度下，北疆气候在干旱和半干旱间变换。而相应 4 个时间尺度下，南疆气候基本在干旱和半干旱间交替；12 个月尺度下南疆长期属于干旱。全疆在 12 个月尺度下也整体属于干旱。

图 2-18 显示了南疆、北疆及全疆干旱指标 I_{sh} 在 1 个、3 个、6 个及 12 个月尺度下的时间变化动态。分图名中的数字 1、3、6、12 表示时间尺度（月）。

图中，I_{sh} 依时间尺度及不同分区（南疆、北疆、全疆）的变化规律和 I_A 基本相似，但同样区域内的 I_{sh} 在不同时间尺度下的值域更大。当时间尺度由 1 个月增加到 3 个、6 个及 12 个月，北疆 I_{sh} 变化区间依次为 [0.54，29.1]、[1.46，18.96]、[2.40，11.89] 和 [2.72，5.81]，波动幅度随尺度增加而依次减小。相应时间尺度下的南疆 I_{sh} 波动区间依次为 [0，4.56]、[0.09，3.10]、[0.26，2.61] 和 [0.69，2.21]；1 个、3 个、6 个及 12 个月的全疆 I_{sh} 范围依次为 [0.30，14.8]、[0.89，8.37]、[1.33，5.93] 和 [1.78，3.72]。

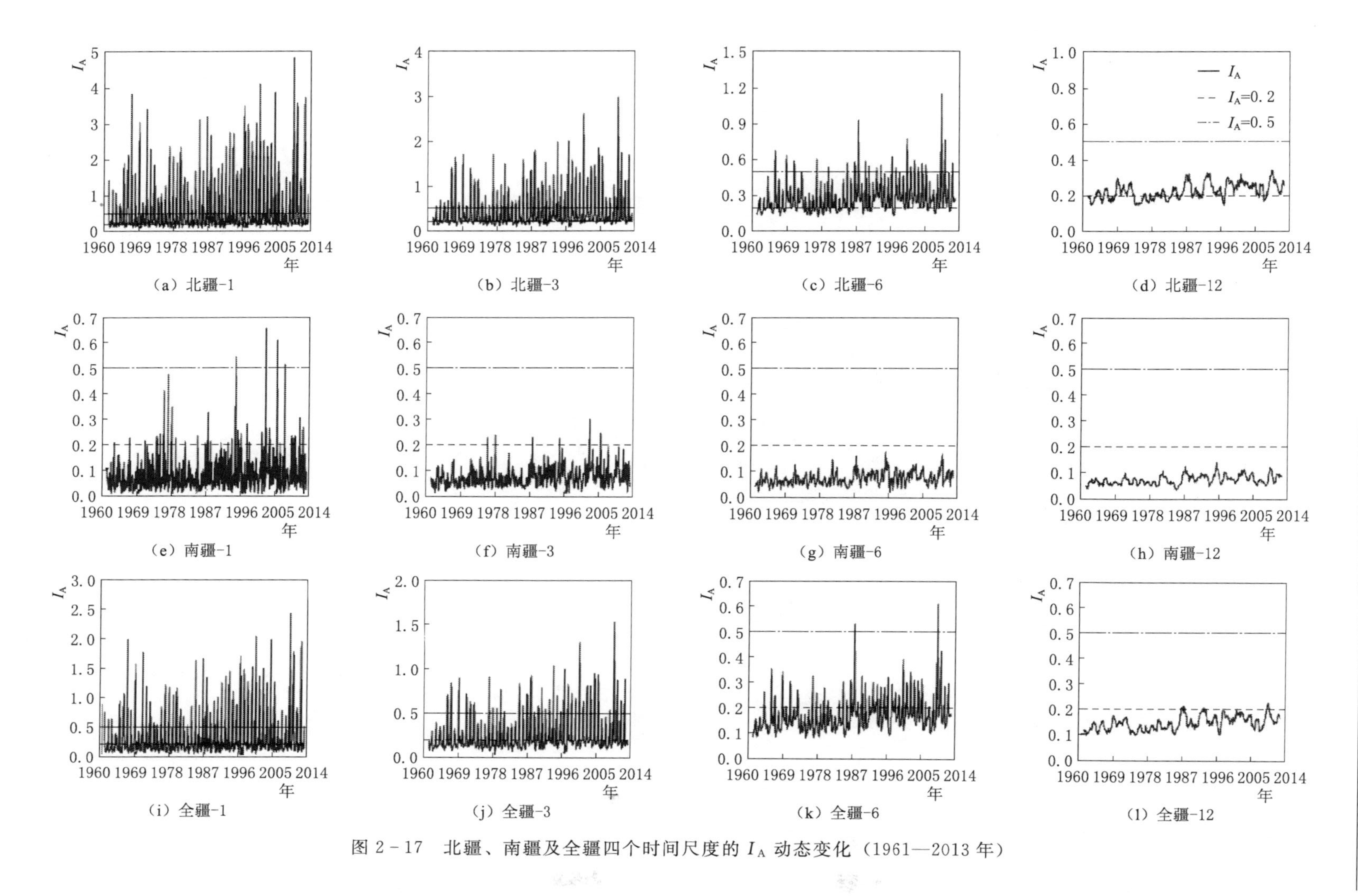

图 2-17 北疆、南疆及全疆四个时间尺度的 I_A 动态变化（1961—2013 年）

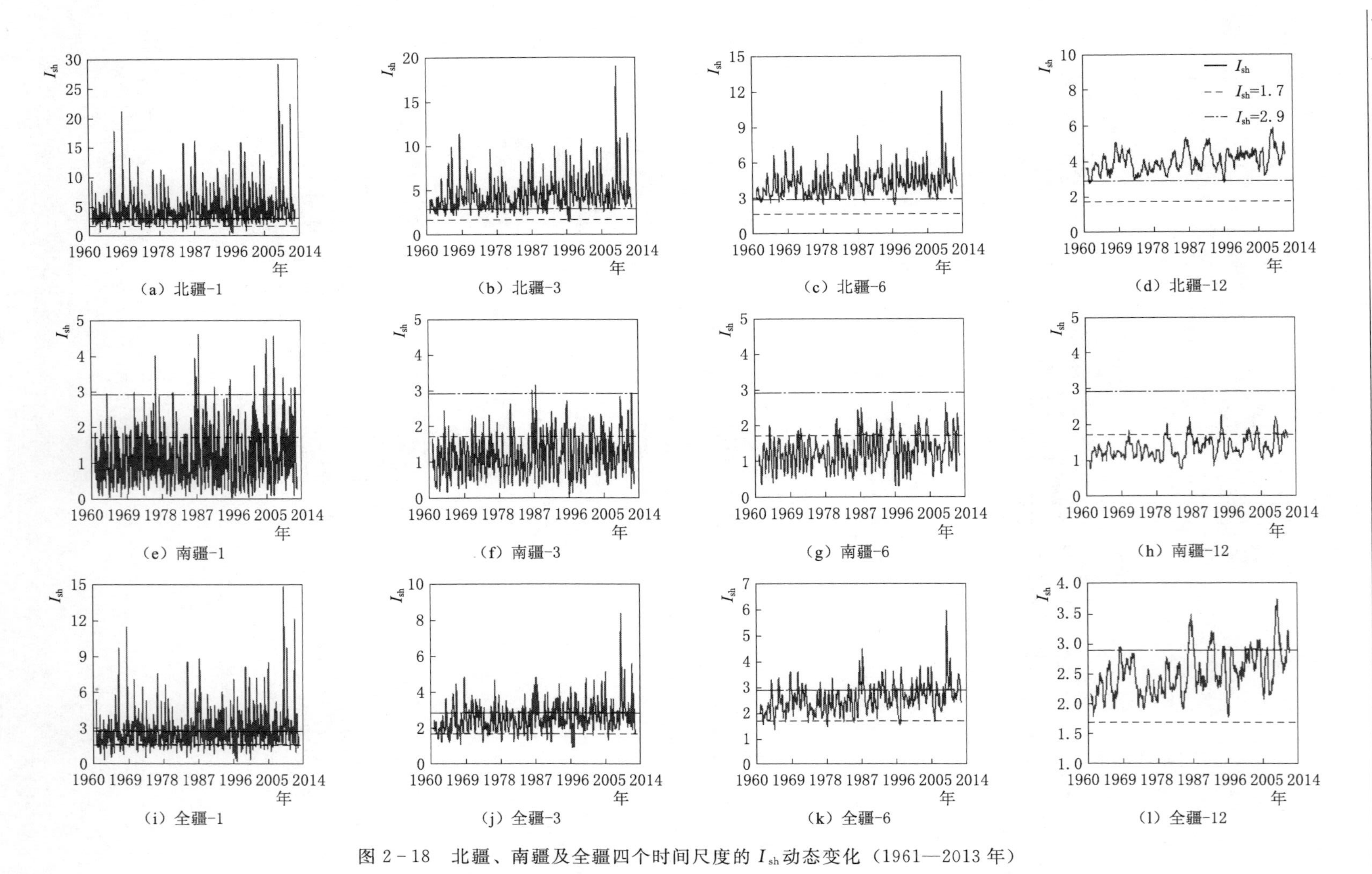

图 2-18　北疆、南疆及全疆四个时间尺度的 I_{sh} 动态变化（1961—2013 年）

基于月尺度计算 I_{sh}，用于进行气候类型的划分时，所得 I_{sh}值均除以 12，因此图中的不同干旱等级分界线与表 2-14 中有所不同，但意义仍然相同。依据 12 个月尺度的 I_{sh}变化过程及表 2-14，北疆气候在干旱～半干旱～半湿润间交替，南疆气候在严重干旱和干旱间交替，全疆气候在严重干旱～干旱～半干旱之间交替变换。

由于部分月份 T_{max}为负值，因此指标 I_m 并非每月都有实际值。I_m 与 I_A 和 I_{sh}的变化趋势类似，但值的变化不同，不再赘述 I_m 在不同尺度下的变化规律。

北疆、南疆及全疆的降水及气象要素分布是有差异的，这也体现在干旱指标在不同区域具有各自的变化规律。年尺度下 T_{max}无负值，因此干旱指标 I_m 无缺值。为对比 12 个月尺度干旱指标 I_A、I_m 和 I_{sh}在 1961—2013 年期间的变化，将北疆、南疆和全疆的干旱指标变化及其线性趋势作图（图 2-19）。由图 2-19 可知：

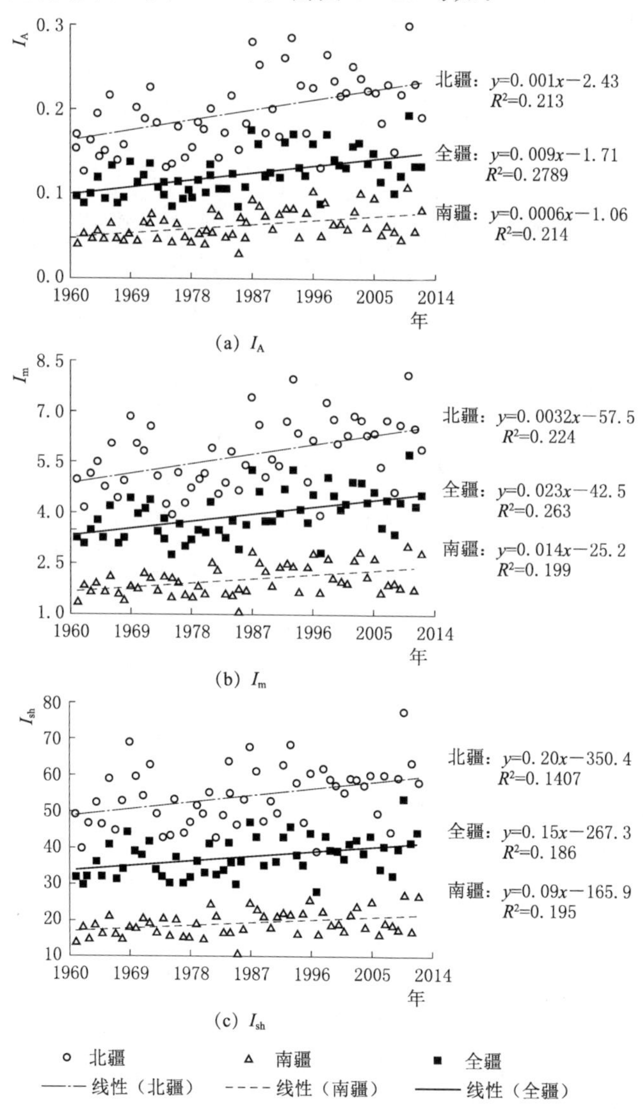

图 2-19 北疆、南疆及全疆干旱指标 I_A、I_m 及 I_{sh}的年变化及线性趋势

(1) 北疆、南疆和全疆的 I_A 分别在 0.13～0.3、0.03～0.11 和 0.09～0.2 范围内变化。I_A 在北疆、南疆及全疆的多年平均值分别为 0.21、0.06 和 0.12。根据 Middleton 和 Thomas (1997)，基于指标 I_A 划分的北疆气候类型为半干旱区，南疆和全疆的气候类型为干旱区。

(2) 北疆、南疆和全疆的 I_m 相应在 3.9～8.1、1.1～3.4 和 2.7～5.6 范围内变化。I_m 在北疆、南疆及全疆的多年平均值分别为 5.7、2.1 和 3.9。根据 Erinç (1965)，指标 I_m 划分的北疆、南疆和全疆的气候类型均为极端干旱区，南疆和全疆的气候类型为干旱区。

(3) 北疆、南疆和全疆的 I_{sh} 相应在 38.7～77.6、11.7～27.5 和 27.8～53.5 范围内变化。I_{sh} 在北疆、南疆及全疆的多年平均值分别为 54.3、19.2 和 37.5。根据 Sahin (2012)，指标 I_{sh} 划分的北疆气候类型为半干旱区，南疆气候类型为极端干旱区，而全疆的气候类型为半干旱区。

(4) 虽然 I_A 和 I_{sh} 在不同时间尺度下的时间变化具有一定的相似性，但在划分气候类型方面仍有一定差异。基于不同的干旱指标 I_A、I_m 和 I_{sh} 对北疆、南疆和全疆划分的气候类型并不一致，这是因为不同指标的分级采用的范围不同，各指标的变化幅度和值域也有所不同。在 3 个干旱指标中，由于 I_A 和 I_{sh} 反映了北疆和南疆的气候差异，因此比指标 I_m 更可信。

(5) 各干旱指标 I_A、I_m 和 I_{sh} 的线性斜率均为正，其中北疆干旱指标大于南疆，全疆干旱指标基本在北疆和南疆之间变动。干旱指标的动态变化和线性趋势一致反映了无论在北疆、南疆还是全疆，干旱整体有缓解趋势。在暖湿背景下，干旱趋势整体缓解意味着水资源管理和用水的紧张有可能缓解。但即使干旱指标整体增加，但仍无法反映区域内极端事件的变化。若需关注极端干旱事件的演变规律，需另做分析或参考其他文献。

2.4.2.3 不同时间尺度下干旱指标 I_A 和 I_{sh} 随月份的变化

为进一步展示不同时间尺度下干旱指标 I_A 和 I_{sh} 的多年平均值（1961—2013 年）在各月的变化，将两干旱指标在北疆、南疆及全疆的月变化规律绘于图 2-20。由图 2-20 可知：

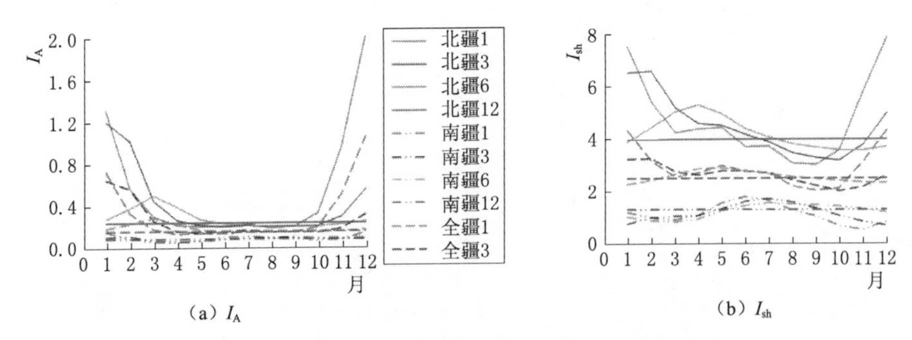

(a) I_A　　(b) I_{sh}

图 2-20　北疆、南疆及全疆干旱指标的月变化规律

注：图例中数字表示时间尺度（月）。

(1) 对比不同时间尺度的 I_A 指标，1 月尺度的 I_A 指标在 1 月、2 月、3 月、4 月、

10月、11月和12月明显更大，表明这几个月无论是北疆还是南疆，其干旱严重程度均比其他月份弱，5—9月 I_A 较小，表明无论北疆还是南疆，在作物生长期间都有更严重的水分亏缺，这对于指导农业生产有一定指示作用。其他时间尺度下 I_A 指标在各月的波动弱于1个月尺度。6个月尺度的上半年（1—6月）比下半年（7—12月）干旱严重程度更弱。而12个月尺度下，各月 I_A 值非常接近。北疆各月干旱严重程度比南疆弱，但 I_A 值并未截然分开。

（2）不同时间尺度的 I_{sh} 指标值按照北疆、全疆、南疆顺序自上而下截然分开，显示出12月的南疆干旱比北疆严重得多。与 I_A 类似，I_{sh} 的月波动幅度同样随时间尺度的增加而趋于平缓。此外，同区域同时间尺度下5—9月的 I_{sh} 比其他月低，显示出作物主要生长期间的干旱严重程度比其他月更重。

2.4.2.4　不同时间尺度下干旱指标SPI、$SPEI_{TW}$ 和 $SPEI_{PM}$ 的变化规律

如前所述，SPI、$SPEI_{TW}$ 和 $SPEI_{PM}$ 都是标准化干旱指标，且 $SPEI_{TW}$ 和 $SPEI_{PM}$ 的计算与SPI非常相似，因此SPI和SPEI具有一定的可比性，但又有差异性。全疆不同时间尺度标准化干旱指标的时间变化过程对比见图2-21。

相应于1个、3个、6个及12个月尺度下，SPI值的变化范围依次为－3.5～3.2、－2.9～4.0、－2.6～3.2和－2.9～3.7，$SPEI_{TW}$ 值的变化范围依次为－2.9～3.7、－3.9～3.9、－3.2～2.9和－3.6～2.5，$SPEI_{PM}$ 值的变化范围依次为－5.5～2.5、－2.8～2.6、－2.5～2.5和－2.6～2.2。虽然图2-21中显示随计算的时间尺度增大，3个干旱指标的波动都趋于平缓，但干旱指标的变化范围并未因尺度增大而一致趋于缩小。就个别指标而言，$SPEI_{PM}$ 值的下限在6个月和12个月尺度比1个月和3个月尺度有明显增加。此外，不同时间尺度下，SPI和 $SPEI_{PM}$ 都比 $SPEI_{TW}$ 的干旱严重度低，尤其近20年。这表明，$SPEI_{TW}$ 并未真实地反映新疆地区干旱程度的实际变化。例如在1993年后，SPI和 $SPEI_{PM}$ 没有显示严重干旱，而 $SPEI_{TW}$ 则显示出1996年发生了极端干旱（$SPEI_{TW}<-2.0$），这和图2-17和图2-18，以及以往基于其他干燥指数的研究成果不相符（Li和Zhou，2014）。此外，对于2006—2008年这一时段，$SPEI_{TW}$ 也显示出极端干旱，但当与SPI和 $SPEI_{PM}$ 进行对比时，计算结果也不相符。这些对比结果表明，$SPEI_{TW}$ 在表达新疆地区干旱事件时有一定的误判。

SPI指标于1993年被提出以后在世界很多区域都得到较好的应用，能够反映区域的真实干旱情况，因此在用 $SPEI_{TW}$ 和 $SPEI_{PM}$ 表征干旱演变规律时，若要判断究竟哪个指标更好，一方面可以与SPI的接近程度进行比较；另一方面，可与新疆地区已有的历史干旱资料进行对比。

为直观对比南疆、北疆及全疆干旱指标的差异，图2-22对比了1961—2013年期间12个月尺度SPI、$SPEI_{TW}$ 和 $SPEI_{PM}$ 的时间变化。由图2-22可知，53年间（1961—2013年）南疆、北疆的干旱严重程度有所不同，其中 $SPEI_{TW}$ 指标表征的干旱更明显。SPI和 $SPEI_{PM}$ 对南疆、北疆干旱演变趋势展示出较好的一致性。根据SPI和 $SPEI_{PM}$，1987年之前的连续干旱年比之后的连续干旱年明显更多，其中 $SPEI_{PM}$ 所展示的1987年之前若干年的干旱严重程度比SPI展示的更强烈，而1987年之后的干旱发生次数更少。$SPEI_{TW}$ 则显示在1961—2013年期间，无论是南疆、北疆还是全疆，干旱严重程度并未以1987年为分界

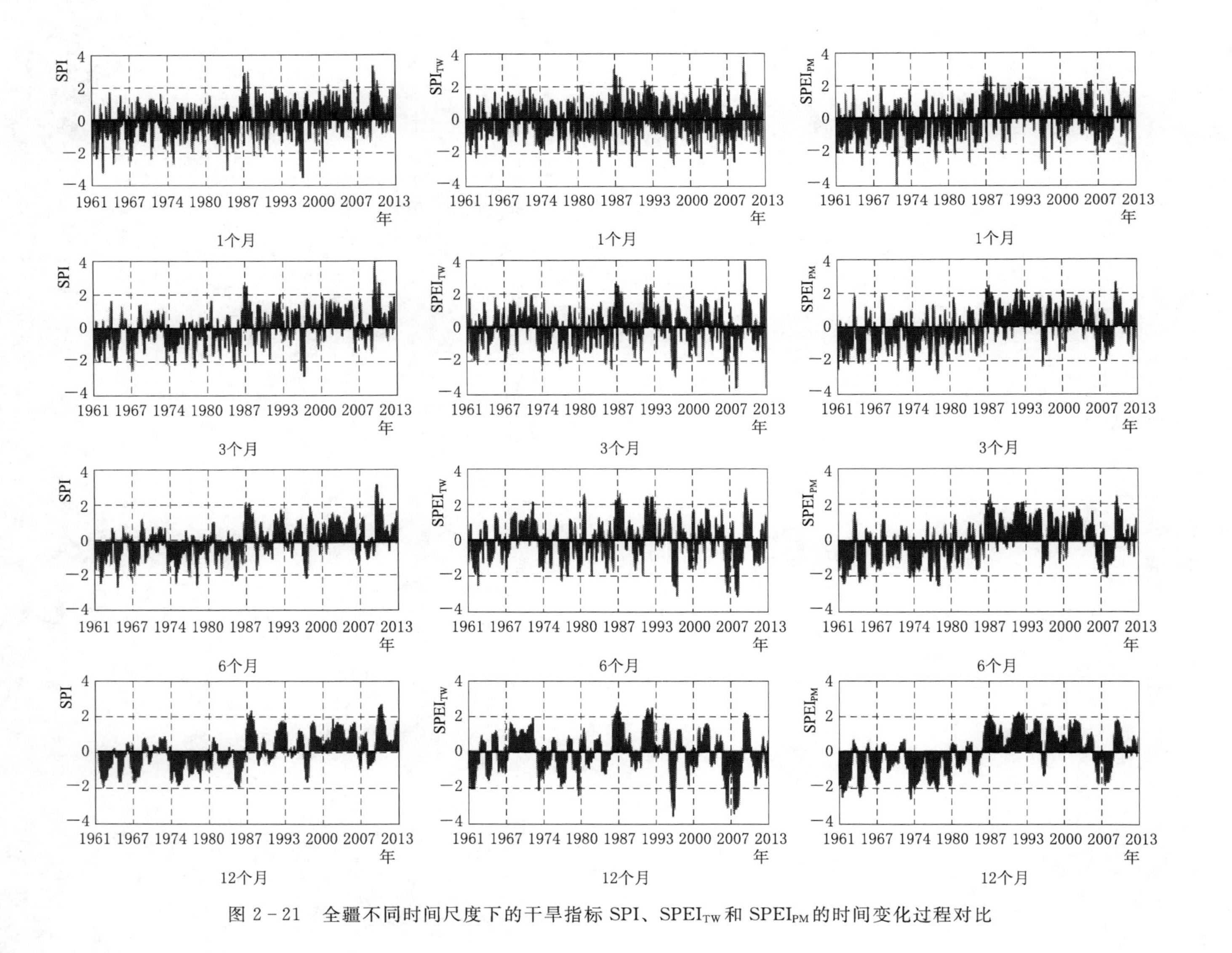

图 2-21　全疆不同时间尺度下的干旱指标 SPI、SPEI$_{TW}$ 和 SPEI$_{PM}$ 的时间变化过程对比

而变轻，而是更严重，在2007年前后南疆和全疆甚至发生了研究期内最严重的干旱。这与实际情况不符。

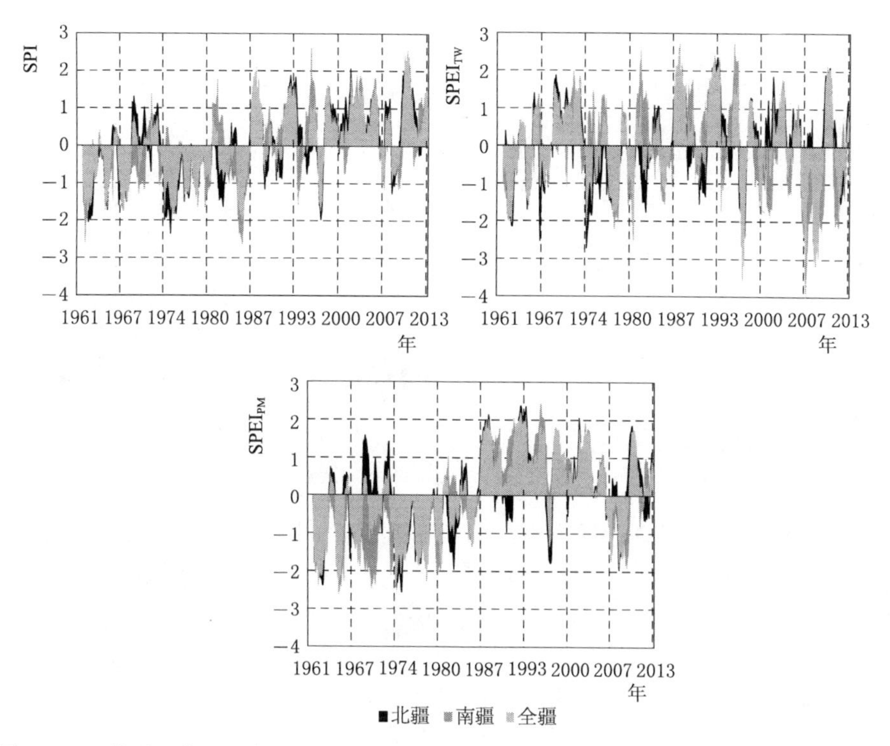

图 2-22 北疆、南疆及全疆12个月时间尺度下 SPI、$SPEI_{TW}$和 $SPEI_{PM}$的时间变化过程

3个研究区不同干旱指标的对比同样说明，$SPEI_{TW}$指标在新疆地区的适用性不如$SPEI_{PM}$指标好，但不同指标之间的相关性及适用性仍需进一步分析，详见2.4.2.5。

2.4.2.5 不同干旱指标之间的相关性

1. 1个月尺度

为了对比不同干旱指标之间的联系，对1个月尺度下$SPEI_{PM}$、I_A、I_m、I_{sh}进行相关性分析，分析结果见图2-23，图中R^2为决定系数。由图2-23可见，标准化指标$SPEI_{PM}$与其他3个非标准化指标I_A、I_m、I_{sh}之间的相关性普遍不高，但在南疆、北疆、全疆的表现有差异。I_A、I_m、I_{sh}指标中，I_m与其他指标的相关性也普遍不好，这是因为I_m指标是基于降水与最高温度的比值计算出来的，波动幅度较大，且在负温情况下无计算值。4个指标中，相关性最好的是I_A和I_{sh}。此外，标准化和非标准化指标之间的相关性整体上不大，北疆地区非标准化指标I_A和I_{sh}之间的决定系数最高，其值为0.792，这种普遍的低相关性和月尺度数据波动幅度较大有直接关系。

南疆、北疆及全疆1个月时间尺度下SPI、$SPEI_{TW}$和$SPEI_{PM}$等指标之间的相关性见图2-24。由图2-24可知，3个标准化指标之间的相关性依北疆、全疆、南疆的顺序逐渐降低，其中北疆和全疆地区SPI-$SPEI_{PM}$的相关性在同一区域两两相关关系中最好。

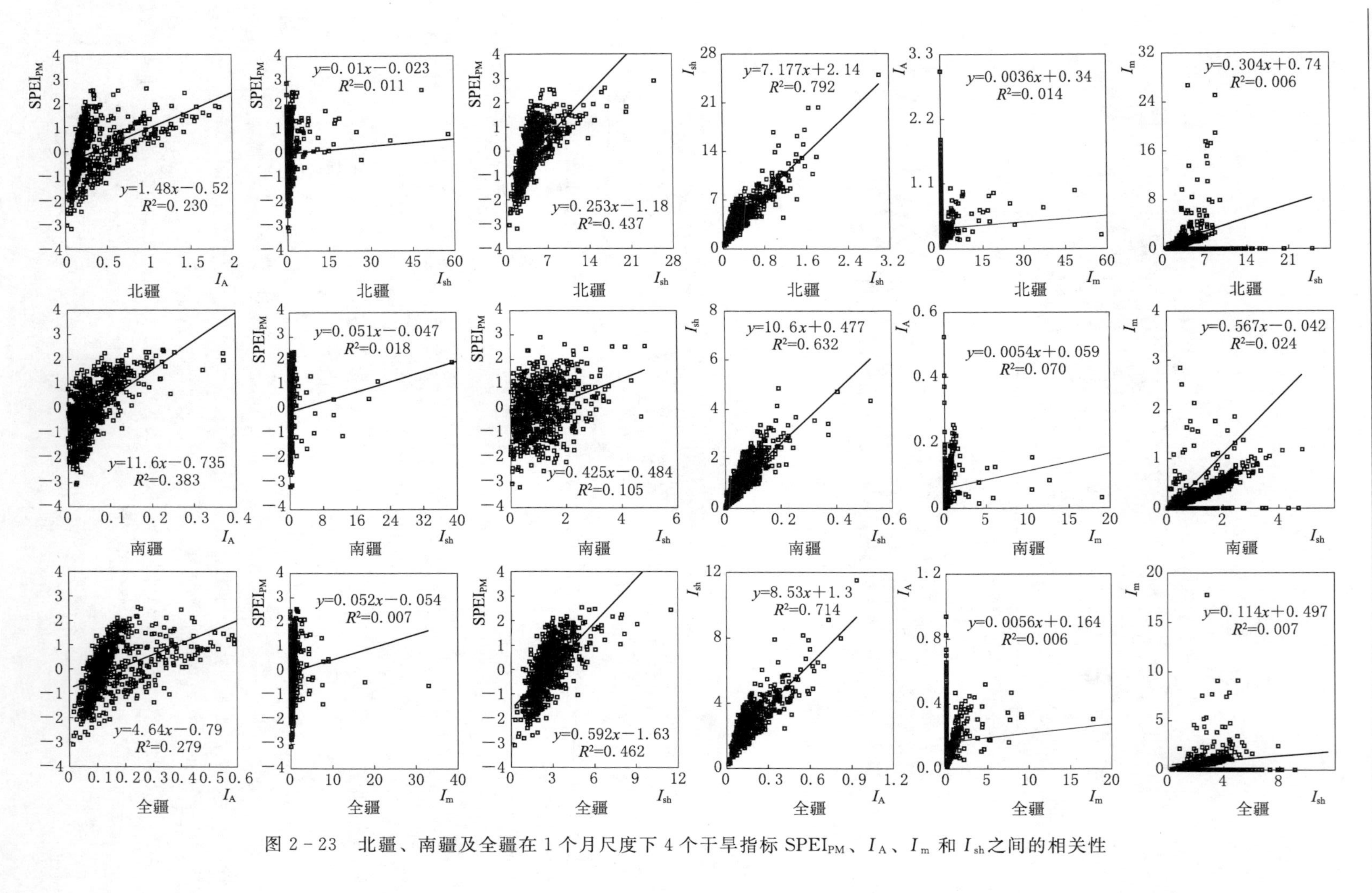

图 2-23　北疆、南疆及全疆在 1 个月尺度下 4 个干旱指标 $SPEI_{PM}$、I_A、I_m 和 I_{sh} 之间的相关性

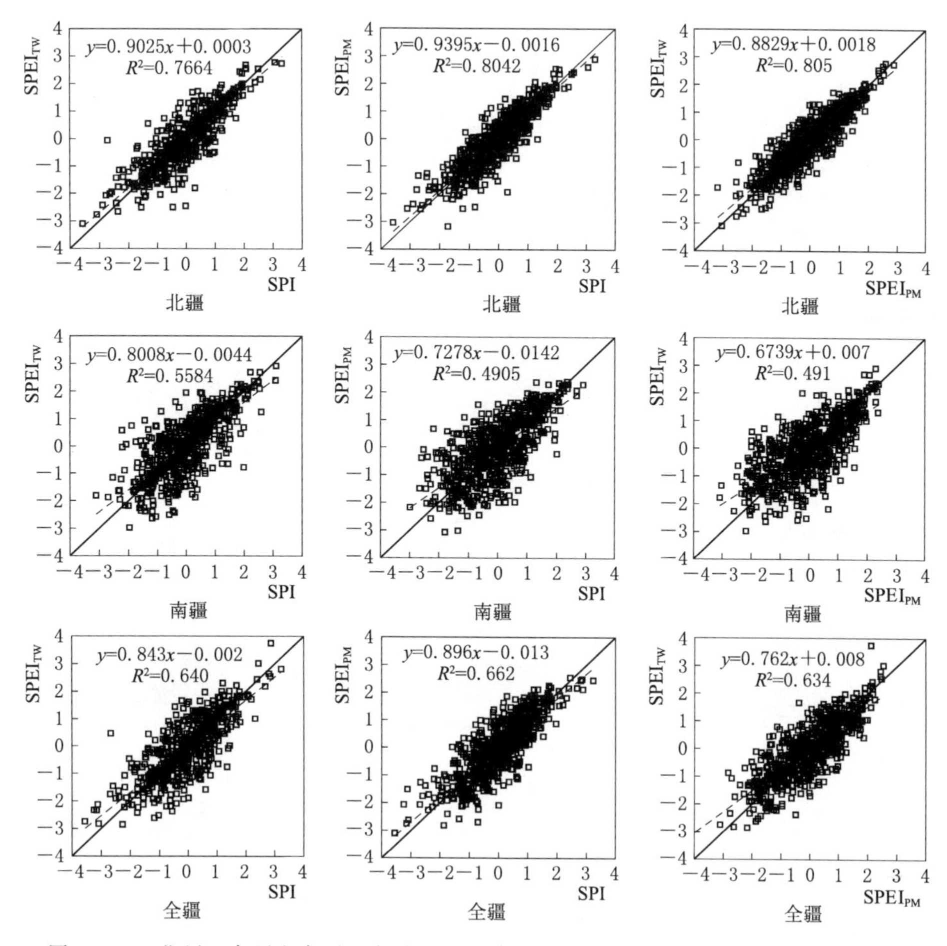

图 2-24　北疆、南疆和全疆 1 个月时间尺度下 SPI、$SPEI_{TW}$ 和 $SPEI_{PM}$ 之间的相关性

结合图 2-23 可知，干旱指标之间的相关性因区域变化存在差异，且标准化指标与非标准化指标之间的相关性不强，因此 SPI 和 $SPEI_{TW}$ 与 I_A、I_m 和 I_{sh} 之间的相关性也不高。

2. 12 个月尺度

与 1 个月时间尺度相类似，笔者在图 2-25 中对南、北及全疆 12 个月时间尺度下 $SPEI_{PM}$、I_A、I_m、I_{sh} 之间的相关性进行了对比。

由于年尺度下 T_{max} 为负值情况较少，加上 12 个月尺度下 I_A、I_m、I_{sh} 的波动幅度比 1 个月尺度下小得多（图 2-18 和图 2-19），因此 $SPEI_{PM}$、I_A、I_m、I_{sh} 之间的两两相关性普遍较 1 个月尺度的好，但仍因区域变化而有差异。标准化指标 $SPEI_{PM}$ 与非标准化指标 I_A、I_m、I_{sh} 之间的相关性依北疆、全疆、南疆的顺序逐渐降低，其中北疆的 $0.806<R^2<0.901$，全疆的 $0.668<R^2<0.780$，南疆的 $0.281<R^2<0.625$。此外，$SPEI_{PM}$ 与 I_A 的相关性最好，这可能是因为两种指标都是基于降水及 ET_o 计算的，在反映干旱严重程度方面比较一致。北疆、全疆、南疆之间各非标准化指标之间的相关性差异不大，整体比与非标准化指标的相关性高得多（$0.861<R^2<0.945$）。但 I_A、I_m、I_{sh} 当中的指标变化时相关性差异明显，其相关性在南疆比北疆更好。此外，$I_A \sim I_m$ 及 $I_m \sim I_{sh}$ 的相关性比 $I_{sh} \sim$

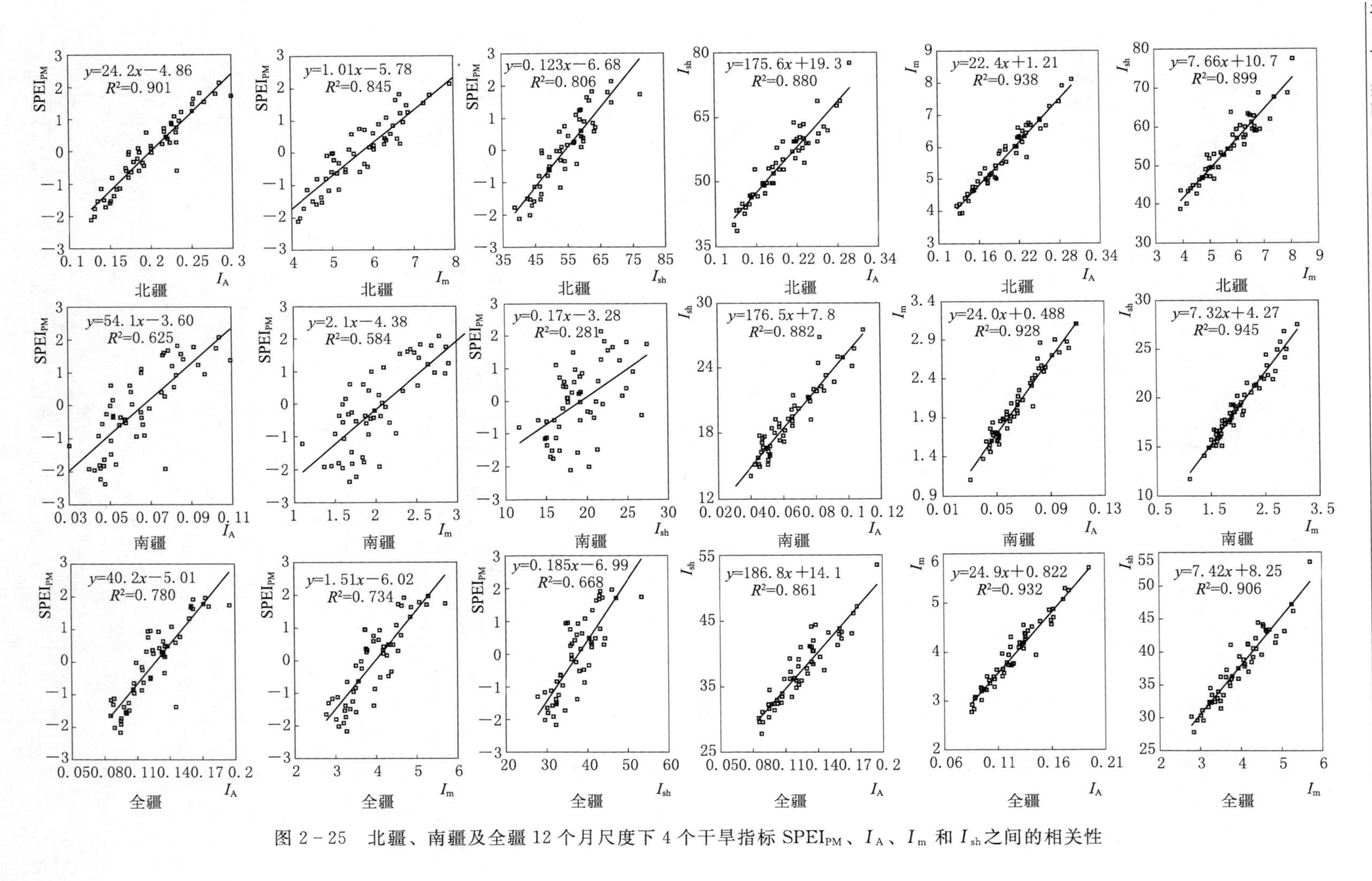

图2-25　北疆、南疆及全疆12个月尺度下4个干旱指标 $SPEI_{PM}$、I_A、I_m 和 I_{sh} 之间的相关性

I_A 的更好。

由于不同指标计算过程所用的气象要素不同，因此其对干旱的指示作用具有各自的特殊性，不同指标均从不同角度反映了干旱时空演变特征。虽然各指标之间相关性差异较大，但反映的规律仍具有一定的一致性。

图 2-26 显示了北疆、南疆及全疆 1 个月时间尺度下 SPI、$SPEI_{TW}$和 $SPEI_{PM}$等指标之间的相关性，相关性越强，说明不同标准化指标之间的一致性越好。由该图可见，与图 2-24 中 1 个月尺度下的 3 个指标相关性相比，SPI、$SPEI_{TW}$和 $SPEI_{PM}$之间的相关性依北疆、全疆、南疆的顺序降低得更明显。南疆地区 12 个月尺度下 3 个指标的两两相关性比 1 个月尺度下的相关性更弱，但北疆和全疆的 SPI-$SPEI_{TW}$及北疆的 $SPEI_{TW}$-$SPEI_{PM}$在 12 个月尺度下的相关性比 1 个月尺度下的相关性更强。显然本研究说明不同指标之间的一致性依区域变化差异很大，南疆整体一致性不高的原因可能是因为降水普遍较北疆低，而温度普遍较高，因而使得 $SPEI_{PM}$的值与北疆明显不同。同时也说明不同标准化干旱指标在干旱、半干旱及湿润地区是不同的。由于计算不同干旱指标所采用的气象要素不同，因此不同干旱指标在新疆地区的适用性有差异。

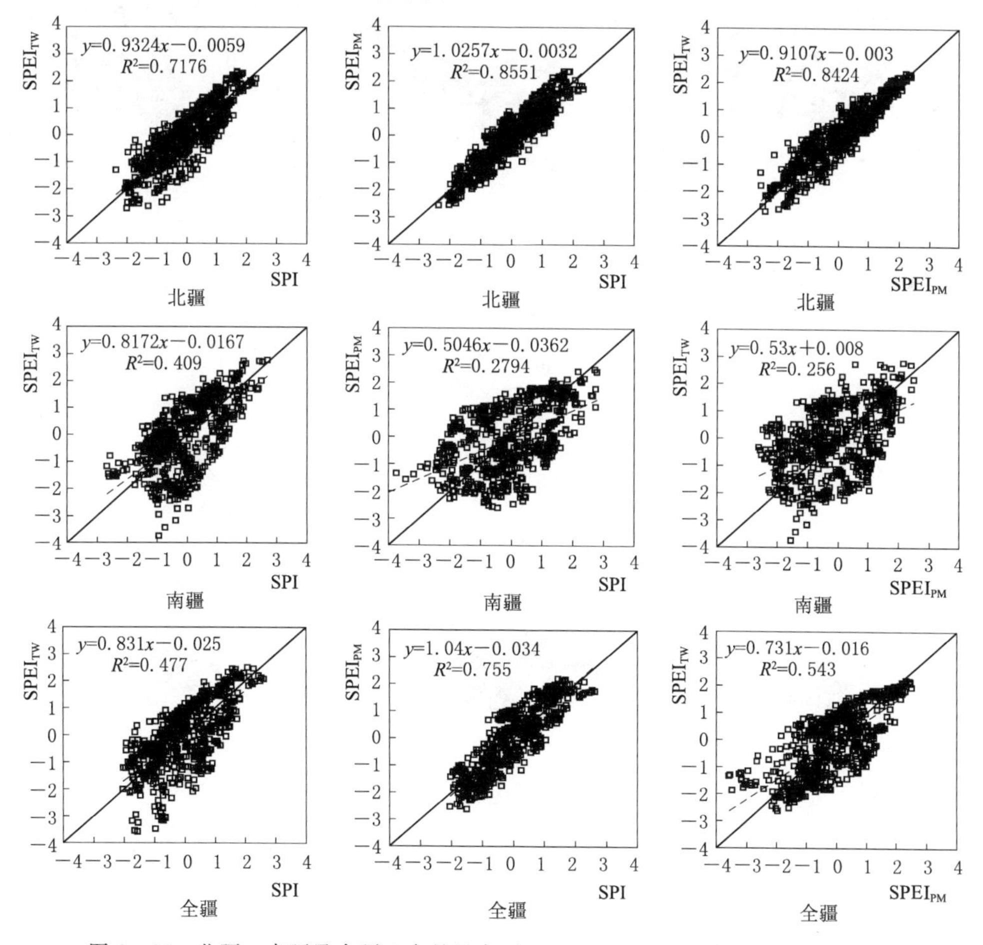

图 2-26 北疆、南疆及全疆 1 个月尺度下 SPI、$SPEI_{TW}$和 $SPEI_{PM}$之间的相关性

3. 全疆 4 个时间尺度

为对比不同时间尺度下干旱指标的相关性，做出全疆 1、3、6 及 12 个月尺度下 SPI、$SPEI_{TW}$和 $SPEI_{PM}$的两两相关关系散点图（图 2-27）。由该图可知，随着时间尺度的增大，SPI-$SPEI_{TW}$和 $SPEI_{PM}$-$SPEI_{TW}$的相关性逐渐减弱，而 SPI-$SPEI_{PM}$之间的相关性逐渐增强。各指标之间的决定系数 R^2 都小于 0.8，表明虽然都为标准化的干旱指标，但不同指标之间的差异是非常明显的。

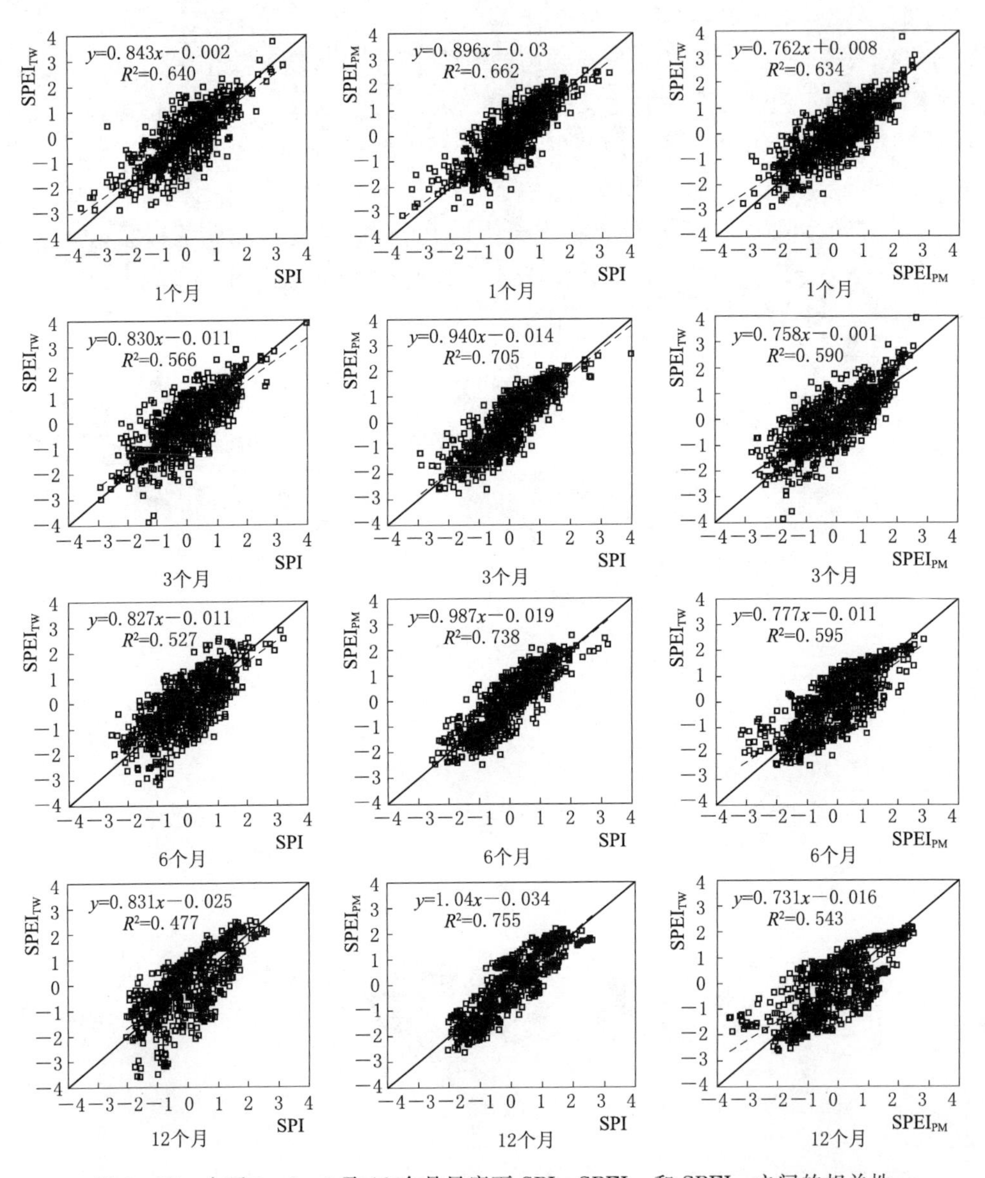

图 2-27　全疆 1、3、6 及 12 个月尺度下 SPI、$SPEI_{TW}$和 $SPEI_{PM}$之间的相关性

不同干旱指标之间的相关性反映了其在反映干旱演变过程中的一致性和契合度，这种相关性因地域、时间尺度而变化。由于不同指标的计算基于不同的气象要素，因此其反映

的干旱特征有各自的内涵，需要根据其涉及的不同因素进行全面分析，以便优选出新疆地区最适宜的干旱指标。

2.4.2.6 不同干旱指标的时间变异性

为了对比不同干旱指标之间的联系，统计1个月尺度下北疆、南疆及全疆 $SPEI_{PM}$、I_A、I_m、I_{sh}的最大值、平均值及最小值，并计算其时间变异系数 $C_{v,s}$，分析结果见图2-28。由该图可知：

（1）由图2-28（a）～（d）的 $SPEI_{PM}$指标特征，尽管南疆、北疆和全疆在年内各月都有可能发生极端干旱，但10月发生最严重干旱的可能性最大。$SPEI_{PM}$因为标准化指标，其平均值为0。$SPEI_{PM}$的最大值在1月比其他月更大，但南北疆存在差异。$SPEI_{PM}$的时间变异系数 $C_{v,t}$在某些月份绝对值非常大，这是因为计算时采用 $SPEI_{PM}$平均值，而该值接近于零所致。这种情况下的 $C_{v,t}$没有意义。

（2）由图2-28（a）～（d）图的 I_A 指标特征，最小值、平均值和最大值依“北疆>全疆>南疆”的顺序变化，其中平均值和最大值在4—9月比年内其他各月小，但南疆的 $C_{v,t}$值通常比北疆和全疆大。$C_{v,t}$在0.3～1.2范围内变化，通常小于1，基本为中等变异。6月的 $C_{v,t}$较小，1月和12月的 $C_{v,t}$较大。

（3）指标 I_m 仅对于4—9月适用［图2-28（i）～(l)］。当 T_{max}为稍大于0℃的较小正值时，计算的3月、10月和11月 I_m 值很大，显示了实际并未发生的干旱，其值不应作为干旱严重程度的参考。3月 I_m 变化范围为0～95，其变异比其他各月都强，但因为低的 T_{max}值的存在，不具有参考价值［图2-28（l)］。4—9月的 I_m 变化范围为0～7。

（4）指标 I_{sh}的变化范围为0～23，在4—9月其值比 I_m 高，且变化范围更大［图2-28（m）～（p）］。I_{sh}的时间变异系数 $C_{v,t}$显示 I_{sh}通常为弱到中等程度变异。同一子区域、相同月份的 I_s 比 I_m 大。

（5）总体上，$SPEI_{PM}$、I_A、I_m 和 I_{sh}的统计特征显示了区域差异性。I_A、I_m 和 I_{sh}3个指标的最小、平均和最大值依北疆>全疆>南疆的顺序变化，一致表明北疆比南疆湿润。然而，由于北疆 $SPEI_{PM}$、I_A、I_m 和 I_{sh}的 $C_{v,t}$值通常大于南疆，因此北疆干旱特征同时也具有变异性更强的特点。

为对比站点之间时间分布规律的差异性，在新疆地区53个站点中选择了8个典型站点进行了时间变异系数的分析（图2-29）。所选的典型站点分别为且末、民丰、莎车、乌恰、富蕴、哈巴河、巴音布鲁克和昭苏。图2-29中同时显示了各站点多年平均降水量。其中且末、民丰、莎车的降水量较接近（均小于5mm），而乌恰、富蕴、哈巴河的接近于15.9mm，巴音布鲁克和昭苏的降水量更高。虽然8个站点时间变异系数的月变化存在数值上的差异性，但各站点对于同一指标 $C_{v,t}$值的变化规律非常类似，尤其是 I_A。如 $SPEI_{PM}$的 $C_{v,t}$值整体很大；I_A 的 $C_{v,t}$值在3—10月非常小，而其他各月大，表明其他月的变异性更强；I_m 的 $C_{v,t}$值大多小于3，I_{sh}的 $C_{v,t}$值最大接近5，民丰、且末和莎车的全年都比其他5个站变异性强，表明干湿状况的变化在降水量偏小的站点变异性更强。

2.4.3 不同时间尺度下干旱指标的空间分布及变异性

标准化干旱指标SPI、$SPEI_{TW}$和 $SPEI_{PM}$的多年平均值为零，因此空间分析不涉及这

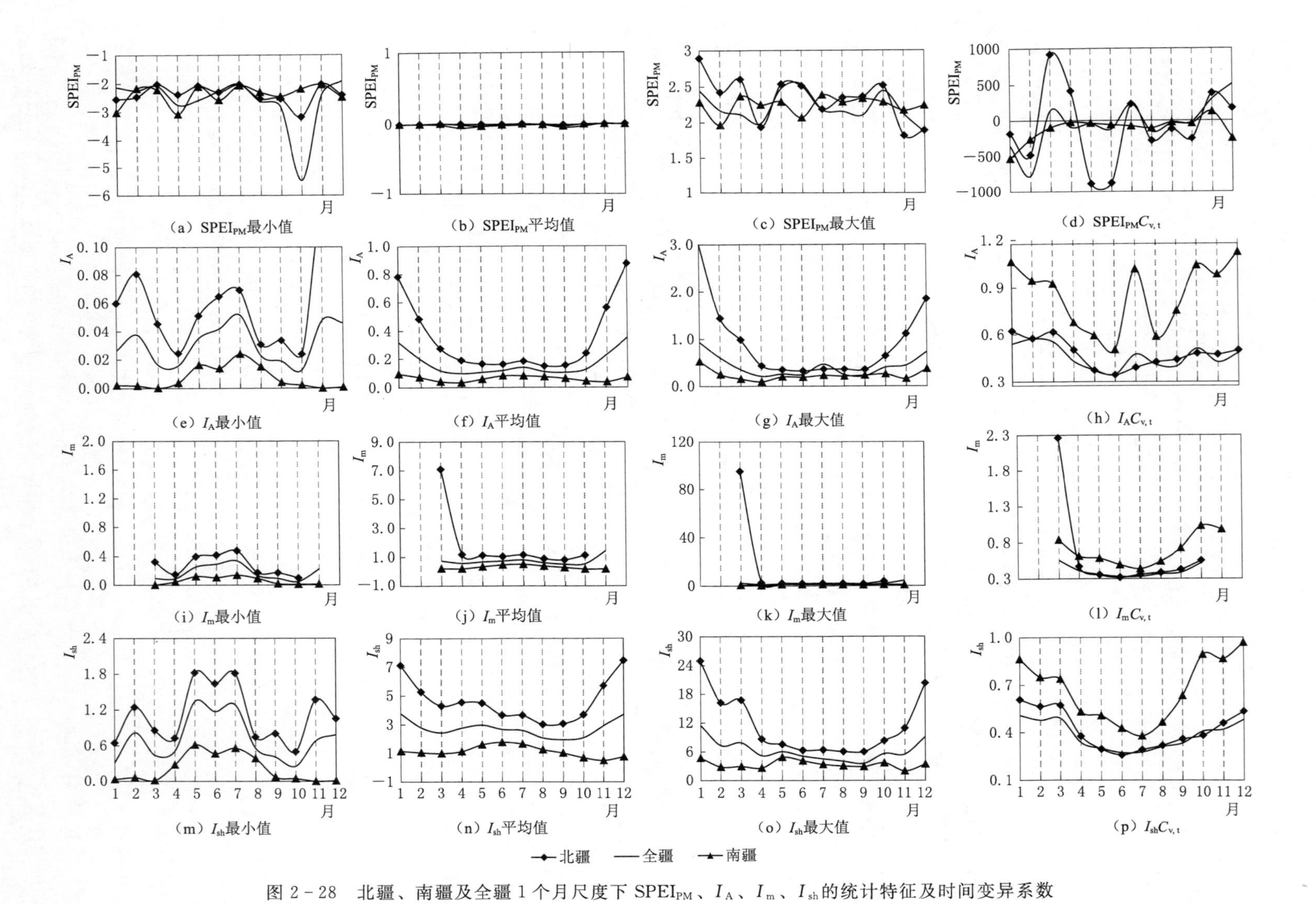

图 2-28　北疆、南疆及全疆 1 个月尺度下 $SPEI_{PM}$、I_A、I_m、I_{sh} 的统计特征及时间变异系数

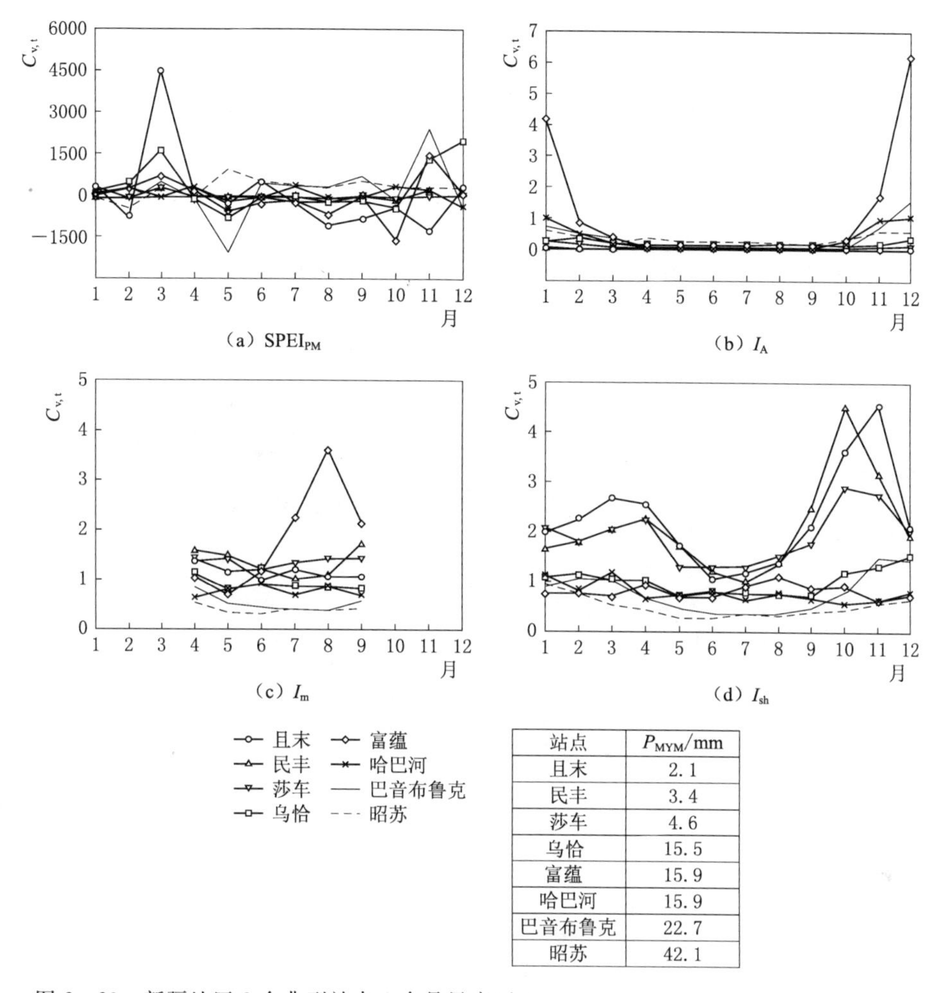

站点	P_{MYM}/mm
且末	2.1
民丰	3.4
莎车	4.6
乌恰	15.5
富蕴	15.9
哈巴河	15.9
巴音布鲁克	22.7
昭苏	42.1

图 2-29　新疆地区 8 个典型站点 1 个月尺度下 SPEI$_{PM}$、I_A、I_m、I_{sh}的时间变异系数

几个指标。以下依次分析新疆地区干旱指标 I_A、I_{sh}和 I_m 的空间分布特征，其中在月尺度下当存在负 T_{max}时，指标 I_m 不适用。对于新疆地区而言，这段存在负 T_{max}的时间包括当年 10 月—次年 3 月。指标 I_m 的应用局限使得该指标在低温寒冷地区应用时存在很大的限制。

2.4.3.1　1 个月尺度下干旱指标 I_A、I_{sh}和 I_m 的空间分布

对 1 个月尺度干旱指标进行计算，并得出多年 1—12 月的干旱指标序列。提取各月干旱指标序列，并计算多年平均值，得到 1 个月尺度下多年平均 I_A 在 1—12 月的空间分布，用于探讨干旱的空间分布规律。1 个月尺度下多年平均 I_A 在 1—12 月的空间分布结果表明：①全部 12 个月 I_A 值均表现出南疆低、北疆高的特点，但全疆干旱严重程度在各月的变幅区间差别较大，且 I_A 值在不同区域的月变化差别很大。②就空间上 I_A 变幅而言，1 月、11 月及 12 月 I_A 的空间变幅最大，最小值接近 0，但最大值均大于 3（依次为 4.64、3.16 和 9.79），在新疆东北部小范围内有明显的湿润区域。其他月份 I_A 的空间变幅小得多，最大值均小于 0.85。其中 2 月、3 月及 10 月北疆整体比南疆偏湿。4—9 月天山及以

西北的部分地区比其他地区偏湿。全年南疆都偏干。

I_{sh}的空间分布与I_A有一定相似性，各月I_{sh}也以天山为界表现出北湿南干的特点。3月、9月及10月的干旱程度比其他9个月更严重，这主要是由于降水量P低所引起。在1月、5月、6月、7月、8月和12月北疆I_{shM}最大值都大于12，与其他月份相比表现出相对较湿润的状况，当然这种情况是因为降水量相对较高。大部分南疆的站点全年都受到干旱的威胁，具有很强的干旱脆弱性。

干旱指标I_m的空间分布结果表明，4—7月I_m的空间分布规律与I_{sh}极为相似。与I_A和I_{sh}类似的是，在年内各月，天山山区以南、尤其塔克拉玛干沙漠及以南的区域干旱指标都为空间上偏低者，一致表明南疆处于长期干旱状态。干旱指标I_m也显示出北疆的干湿状况在4—9月变动较大，其中4—6月天山西北部比天山东北部更湿润，而7—9月则天山以北的干湿分布与前3个月的情况基本相反。即便如此，干旱指标在空间上的变异性仍是长期存在的。

各月I_A、I_{sh}和I_m的空间分布具有不同程度的空间变异性。新疆各月I_A和I_{sh}的空间变异系数见表2-15。就I_A而言，1月、2月、4月、5月、6月、11月和12月I_A在空间上呈强变异，而其他月份为中等程度变异。I_{sh}的月变异系数除3月、4月、5月和10月不小于1外，其他各月均介于0.1～1.0。

表2-15　新疆各月I_A、I_{sh}和I_m的空间变异系数

指标	月份											
	1	2	3	4	5	6	7	8	9	10	11	12
I_A	1.44	1.10	1.00	1.05	1.07	1.05	0.92	0.96	0.89	1.00	1.44	1.81
I_{sh}	0.87	0.95	1.04	1.06	1.14	0.86	0.57	0.56	0.84	1.0	0.75	0.78
I_m	—	—	—	0.93	0.94	0.82	0.61	0.84	0.64	—	—	—

类似表2-14，基于不同气象要素得出的干旱指标SPI、$SPEI_{PM}$、I_A、I_m和I_{sh}也具有一定变化趋势。其趋势检验结果列于表2-16。

表2-16　干旱指标的趋势检验结果

区域	统计量	SPI	$SPEI_{PM}$	I_A	I_m	I_{sh}
北疆	$Z(Z_m)$	2.30*	2.95*	2.03*	3.28*	2.71*
	j	6	1	6	10	0
	b	0.029	0.03	0.001	0.033	0.22
南疆	$Z(Z_m)$	2.39*	4.30*	2.81*	3.05*	2.92*
	j	7	10	7	7	7
	b	0.022	0.05	0.0005	0.013	0.087
全疆	$Z(Z_m)$	2.48*	3.72*	3.80*	3.77*	3.12*
	j	7	7	12	12	0
	b	0.032	0.04	0.0009	0.025	0.167

表2-16中的自相关阶数j反映了时间序列的自相关程度，该值越大，表明序列自相

关持续性越强。在改进的 Mann－Kendall 检验中，自相关阶数 j 越大，越影响最终的统计量 Z_m 值，而这通常会降低所评价序列的趋势显著性。虽然 5 种计算指标 SPI、$SPEI_{PM}$、I_A、I_m 和 I_{sh} 在 1961—2013 年期间的自相关性各不相同，具有不同的自相关阶数 j，但各指标在研究期内都具有显著的增加趋势，表明南疆、北疆和全疆的干旱程度在近 53 年期间具有降低趋势，全疆整体上具有增湿和干旱缓解趋势。

2.4.3.2　新疆地区 3 个月及 6 个月尺度干旱指标 I_A 和 I_{sh} 的空间变化

第一季度为 1—3 月，其他季度所指月份以此类推。新疆地区 3 个月尺度干旱指标 I_A 和 I_{sh} 的空间分布结果表明：①无论对于指标 I_A 还是 I_{sh}，南干北湿的分布特征非常明显。②第一季度 I_A 在空间上的变幅比其他季度节大，但冬季 I_A 偏湿地区的范围比其他季度大，第三季度 I_A 干旱区域比其他季度更大，这与 1 个月尺度的结果部分相似。③第二和第三季度 I_{sh} 的空间变幅比第二和第四两季度更大，但其偏湿地区面积比其他两季度小。④I_A 的空间分布格局与 I_{sh} 具有高度相似性，第一到第四季度的 I_A 变异系数依次为 1.33、0.96、0.94 和 0.94，I_{sh} 变异系数相应为 1.07、0.78、0.80 和 0.86，均表明第一季度干旱严重程度在空间上的差异更大，其他季度的干旱为中等变异程度。

同样，6 个月尺度下新疆地区干旱指标 I_A 与 I_{sh} 的空间变化结果表明，上半年指 1—6 月，下半年为 7—12 月。虽然全疆干旱指标分布的范围在上、下半年差别不大，但无论是 I_A 还是 I_{sh} 指标，上半年北疆比南疆偏湿情况均很明显。上半年 I_A 与 I_{sh} 所示的干旱空间分布规律极相似，其变异系数分别为 0.98 和 0.80，均为中等程度变异。下半年 I_A 与 I_{sh} 的空间分布在北疆有一定差别，I_A 显示的偏干旱地区更多。

2.4.3.3　新疆地区 12 个月尺度干旱指标 I_A 和 I_{sh} 的空间变化规律

新疆地区 12 个月尺度 I_A 和 I_{sh} 的空间分析结果表明，12 个月尺度的 I_A 和 I_{sh} 在新疆地区的分布较接近，尤其在南疆表现更明显。北疆比南疆偏湿基本以天山为分界。I_A 和 I_{sh} 的变异系数分别为 0.87 和 0.75，均为中等程度变异。对不同尺度干旱分析均表明，北疆和南疆干旱等级有所差异，南疆各站点的干旱严重度空间分布基本接近，而北疆的干湿变化在不同尺度及年内各月差异较大。由于不同时间尺度下干旱指标 I_A 和 I_{sh} 的空间分布都极为相似，因此对比了各时间尺度两干旱指标间的 Pearson 相关系数。结果表明，不同尺度下的相关系数均大于 0.68，97%的站点上和 I_{sh} 的相关系数都大于 0.85，表明指标 I_{sh} 和指标 I_A 之间具有非常高的一致性。

当考察 12 个月尺度时，季节性的影响已经移除。3 个指标在空间上的分布较相似。多年平均 I_{AM} 的空间变化范围为 0.01～0.67，空间平均值为 0.14；年 I_{mM} 变化范围为 0.3～17，空间平均值为 3.7；而 I_{shM} 变化范围为 3.7～125，空间平均值为 36。I_{AM}、I_{mM} 和 I_{shM} 的空间变异系数 $C_{v,s}$ 值分别为 1.1、5.7 和 7.0，均属于强度空间变异性。与逐日指标的空间分布相一致的是，北疆比南疆的干旱轻。依据 I_A 指标值和 UNEP（1993）分类标准，昭苏被划分为干旱半湿润气候类型，北疆 16 个站点被划分为半干旱区，其他站点属于干旱区。依据 I_m 指标值及 Erinç（1965）的分类标准，仅新疆西北很小的区域被划分为干旱或者半干旱气候，大部分地区被划分为严重干旱气候。依据 I_{sh} 指标值和 Sahin（2012）的分类标准，南疆大部分地区被划分为干旱或严重干旱气候类型，北疆的气候类型则多变，其中大部分站点为干旱区，而昭苏和巴音布鲁克被划分为半干旱区。显然，与其他已有的研究结果相比，Erinç（1965）和 Sahin（2012）对新疆的气候类型划分不够合理（毛炜峄等，2008）。

I_{AM}、I_{mM}和 I_{shM}空间序列在新疆地区的相关性较好，分别表示为

$$I_{shM}=8.33I_{mM}-1.92, R^2=0.941 \tag{2-57}$$

$$I_{shM}=193.5I_{AM}+7.23, R^2=0.901 \tag{2-58}$$

$$I_{mM}=25.6I_{AM}+2.82, R^2=0.935 \tag{2-59}$$

而 Sahin（2012）最初提出的 I_{sh}、I_m 和 I_A 在土耳其具有如下关系（取该参考文献表格中的下限值进行拟合，但因为指标划分有差异，未包括干旱半湿润气候类型）：

$$I_{sh}=2.11I_m+5.40, R^2=0.993 \tag{2-60}$$

$$I_{sh}=101.7I_A+13.2, R^2=0.850 \tag{2-61}$$

$$I_m=47.5I_A+4.00, R^2=0.970 \tag{2-62}$$

上述公式与图 2-25 中描述新疆地区 12 个月尺度指标 I_A、I_m 和 I_{sh}之间的相关关系较相似，但与 Sahin（2012）描述土耳其的公式差别较大。本研究表明，指标 I_A、I_m 和 I_{sh}在新疆的相关关系具有较高的时空稳定性。Erinç（1965）和 Sahin（2012）基于 I_{mM}和 I_{shM}的气候类型划分在新疆地区应用时需要进行修正。基于本研究结果，推荐采用 I_{AM}作为气候类型划分标准。

2.4.4　不同时间尺度下 SPI 和 $SPEI_{PM}$趋势的变化规律

依据图 2-27，全疆在 1、3、6 及 12 个月时间尺度下 SPI、$SPEI_{TW}$及 $SPEI_{PM}$之间的两两相关关系中，SPI 与 $SPEI_{PM}$比 SPI 与 $SPEI_{TW}$的相关性更好，且其回归的线性关系更接近于 1∶1 直线。这说明整体上，$SPEI_{PM}$对新疆地区干旱规律的揭示比 $SPEI_{TW}$更好（基于 SPI 已成为被广泛接受的标准化干旱指标）。因此 $SPEI_{PM}$和 SPI 比 $SPEI_{TW}$更可靠，后文的分析将不再涉及 $SPEI_{TW}$。由于标准化干旱指标的多年平均值为 0，因此其空间分析没有意义。但 $SPEI_{PM}$和 SPI 趋势的大小及趋势变化仍对于干旱分析具有重要的指示作用。分析 1961—2013 年期间在 1、3、6 及 12 个月时间尺度下新疆地区 SPI 和 $SPEI_{PM}$的 Sen 斜率（$b\times10^3$）及趋势显著性空间分布特征，其中站点 SPI 和 $SPEI_{PM}$的变化趋势基于 MMK 趋势检验方法得出。分析可知，53 个站点中，有 51 个站点的 SPI 在 1、3、6 及 12 个月 4 个时间尺度下都具有上升趋势，仅位于东疆的铁干里克和七角井 2 个站点的 SPI 在各时间尺度下呈下降趋势。SPI 序列呈不显著上升趋势的站点数随时间尺度的增加而增加，这种不显著与自相关函数的阶数增加有关，因为由于引入自相关系数的限制而使得运用 MMK 方法时，部分结果会由 MK 方法检验出的“显著”趋势转为“不显著”。对于 $SPEI_{PM}$，同样有相当多的站点显示出不显著的上升或下降趋势。0 个站点的 $SPEI_{PM}$具有显著上升趋势。新疆地区 SPI 变化趋势在各尺度下较相似，$SPEI_{PM}$也是如此，但 Sen 斜率值 b 有所不同。当时间尺度一致时，SPI 变化趋势与 $SPEI_{PM}$的差异较大。

表 2-17 列出了具有不同趋势及自相关阶数的站点数。表中 $SN_{j\geqslant1}$为自相关函数的阶数 $j\geqslant1$ 的站点数。$j\geqslant1$ 时所研究的时间序列具有时间依赖性和自相关结构。

根据表 2-17，在 1、3、6 及 12 个月时间尺度下，21、26、29 和 49 个站点的 SPI 具有自相关结构（$j\geqslant1$），40、41、43 和 53 个站点的 $SPEI_{PM}$具有自相关结构。这说明具有

表 2-17　　不同时间尺度下新疆地区 SPI 和 $SPEI_{PM}$ 具有不同趋势和自相关函数阶数的站点数

干旱指标	时间尺度（月）	显著增加	不显著增加	显著降低	不显著降低	$SN_{j\geq1}$
SPI	1	27	24	0	2	21
SPI	2	32	19	1	1	26
SPI	6	28	23	0	2	29
SPI	12	18	33	1	1	49
$SPEI_{PM}$	1	8	34	0	11	40
$SPEI_{PM}$	2	11	34	0	8	41
$SPEI_{PM}$	6	6	39	0	8	43
$SPEI_{PM}$	12	4	35	0	14	53

SPI 和 $SPEI_{PM}$ 序列自相关结构的站点越多，SPI 和 $SPEI_{PM}$ 序列呈不显著趋势的站点也越多。通常北疆具有 $SPEI_{PM}$ 和 SPI 显著趋势的站点比南疆多，尤其对 SPI 而言更是如此。结合 1961—2013 年期间在 1、3、6 及 12 个月时间尺度下新疆地区 SPI 和 $SPEI_{PM}$ 的 Sen 斜率（$b\times10^3$）及趋势显著性空间分析结果可知，SPI 的 Sen 斜率 b 的范围在 1 个月尺度下为 $-4.2\times10^{-3}\sim1.62\times10^{-3}$，而 12 个月尺度则偏移到 $-1.87\times10^{-2}\sim3.66\times10^{-2}$；$SPEI_{PM}$ 的 Sen 斜率 b 值范围在 1 个月尺度下为 $-3.73\times10^{-2}\sim3.92\times10^{-2}$，而 12 个月尺度则为 $-4.19\times10^{-2}\sim5.91\times10^{-2}$。不管应用 SPI 还是 $SPEI_{PM}$ 指标，更多的站点显示出上升趋势，一致表明新疆地区干旱严重程度具有缓解趋势。

2.4.5　各干旱指标与历史干旱之间的契合度

为对比新疆地区研究期 1961—2013 年内的干旱指标与历史干旱事件的契合情况，依据温克刚和史玉光（2006）将干旱年筛选出来，并与相关气候和干旱指标进行比较。所分析的要素和指标包括降雨 P、ET_0、$P-ET_0$、$P-P_M$、基于年降水的距平 A_P 及 $SPEI_{PM}$、I_A、I_m 和 I_{sh} 4 个干旱指标，依据 $SPEI_{PM}$ 值从小到大的顺序列出。其中 $A_P=(P-P_M)/P_M\times100\%$。分析结果详见表 2-18，级别 1、2、3 分别指 $SPEI_{PM}$ 相应于 $-2.5\sim-1.5$、$-1.5\sim-0.5$ 和 $-0.5\sim1.0$ 的不同范围。

表 2-18 说明，新疆地区局部干旱非常普遍。显然，伴随着级别的增加，干旱严重程度减轻，降水量 P 依次增加，A_P 和 ET_0 依次减少，而 $P-ET_0$ 也明显增加，干旱指标 $SPEI_{PM}$、I_A、I_m 和 I_{sh} 一致增加。另外，发生干旱的年份中，降水量并不是历年最少（如 2008 年，2 级），但 ET_0 值相对较大，这体现了 ET_0 在干旱指示中的作用。在研究期内，温克刚和史玉光（2006）的著作中记录的任何县域或局部地方，未发生过干旱或牲畜及作物产量未受干旱影响的年份只有 1966 和 1969 年。1962、1974、1983、1989 及 1991 年发生了全区范围内的严重干旱，超过 2200 万公顷的面积受到了影响；根据 4 个干旱指标值的气候类型划分，其中 1962 年和 1974 年为严重干旱，而其他 3 年为中度干旱。温克刚和史玉光（2006）记录的遭受中度干旱的年份中 1964、1984 和 1990 年，几个干旱指标上也有所反映。但有趣的是，表 2-18 中大部分根据干旱指标 $SPEI_{PM}$ 划分为严重干旱的年份（级别为 1），在该书中并没有被记录为严重干旱。这一方面说明这些干旱指标在新疆

地区的应用有一定偏差，还需要更多的检验；另一方面，气象干旱的发生和强度也受到农业部门、经济发展和人口增长等的需水等因素的影响，具有复杂性。总体上，表2-18说明即使气象干旱的严重程度近年来有所减轻，但其对农业的影响依然是增加的。

表2-18　　历史干旱事件中的相应干旱指标值

级别	年	$SPEI_{PM}$	I_A	I_m	I_{sh}	P /mm	$P-P_M$ /mm	A_P /%	ET_0 /mm	$P-ET_0$ /mm
1	1965	−2.17	0.09	3.28	32.3	107.8	−25.4	−19.0	1143.2	−1035.5
1	1962	−2.02	0.09	3.08	29.6	100.6	−32.5	−24.4	1130.0	−1029.4
1	1978	−1.92	0.09	3.20	31.6	107.0	−26.1	−19.6	1132.2	−1025.2
1	1977	−1.80	0.09	3.02	30.3	106.5	−26.6	−20.0	1127.0	−1020.5
1	1968	−1.73	0.10	3.25	34.5	106.9	−26.2	−19.7	1124.5	−1017.6
1	1975	−1.65	0.09	2.77	30.2	95.0	−38.1	−28.6	1109.4	−1014.4
1	1963	−1.58	0.10	3.50	31.4	111.6	−21.5	−16.2	1123.0	−1011.4
1	1974	−1.53	0.10	3.23	32.4	111.3	−21.8	−16.4	1120.9	−1009.6
2	2008	−1.48	0.10	3.36	32.4	114.6	−18.5	−13.9	1122.3	−1007.7
2	1961	−1.38	0.10	3.24	32.3	108.8	−24.3	−18.3	1112.3	−1003.5
2	1997	−1.30	0.09	2.83	27.8	96.7	−36.4	−27.3	1097.2	−1000.5
2	1980	−1.25	0.10	3.42	33.0	114.0	−19.1	−14.4	1112.4	−998.4
2	1985	−1.17	0.09	2.92	29.6	93.5	−39.6	−29.8	1088.5	−995
2	1967	−1.12	0.09	3.05	31.1	96.7	−36.4	−27.3	1090.0	−993.2
2	1973	−0.96	0.11	3.45	34.0	119.9	−13.2	−9.9	1106.5	−986.6
2	1970	−0.87	0.11	3.97	39.3	126.2	−7.0	−5.2	1109.2	−983.1
2	1982	−0.84	0.11	3.50	32.5	117.0	−16.1	−12.1	1098.9	−981.9
2	1983	−0.65	0.11	3.29	33.5	116.5	−16.6	−12.5	1090.9	−974.4
2	2006	−0.63	0.12	3.57	33.4	126.7	−6.4	−4.8	1100.4	−973.7
3	1976	−0.25	0.11	3.65	37.3	124.8	−8.3	−6.2	1082.7	−957.9
3	1979	−0.15	0.11	3.51	36.2	122.7	−10.4	−7.8	1076.8	−954.1
3	1986	−0.02	0.11	3.64	36.2	116.8	−16.4	−12.3	1065.1	−948.4
3	1990	0.26	0.12	3.77	35.9	132.8	−0.3	−0.2	1068.7	−935.9
3	1964	0.32	0.12	3.79	36.3	125.3	−7.8	−5.9	1058.2	−933
3	1984	0.36	0.12	3.76	41.0	130.5	−2.6	−1.9	1061.4	−930.9
3	1991	0.76	0.12	3.95	35.9	125.1	−8.0	−6.0	1035.7	−910.6
3	1989	0.94	0.12	3.74	34.8	123.5	−9.6	−7.2	1023.5	−900
3	1995	0.96	0.12	3.73	35.3	126.9	−6.2	−4.7	1026.1	−899.2

表2-18中还反映出，当$SPEI_{PM}$在1、2、3级变化时，其值由−2.17变为0.96，显示出由严重干旱到无干旱的转变，但其他干旱指标I_A、I_m和I_{sh}的变化幅度并没有$SPEI_{PM}$的大，根据指标I_A、I_m和I_{sh}的气候类型划分也并未出现如此明显的级别差异。

这是由不同干旱指标所含的气象信息所决定的，同时也说明标准化指标 $SPEI_{PM}$ 在指示干旱严重程度时比其他指标更灵敏。

为研究特定条件下的干旱状况严重程度，特定义极端干旱为相应于 $SPEI_{PM}<-2.0$ 的干旱事件。表 2-19 中对比了当北疆出现极端干旱时，1961—2013 年期间 1 个月尺度下北疆、南疆及全疆 I_A、I_m 和 I_{sh} 的相应值。“—”指由于存在负温 I_m 没有计算值。根据表 2-19 中的 $SPEI_{PM}$ 值，一年内任何月份都有可能发生干旱。当北疆发生极端干旱时，南疆通常也发生了干旱，但严重程度不及北疆。类似地，当南疆发生极端干旱，北疆通常也发生了干旱。近 53 年期间北疆发生了 15 次极端干旱，南疆发生了 9 次，全疆范围内发生了 10 次。当 $SPEI_{PM}$ 值显示北疆发生极端干旱时，干旱指标 I_A、I_m 和 I_{sh} 值也较小，但严重程度不一定达到“严重干旱”程度。以 1973 年 12 月北疆发生的极端干旱为例，该月的 $SPEI_{PM}$ 值为 -2.41；而南疆的 $SPEI_{PM}$ 值仅为 0.07，南疆并未发生干旱，全疆 $SPEI_{PM}$ 值为 -1.92，也没有发生极端干旱。该年该月的北疆、南疆和全疆 I_A 值分别为 0.11、0 和 0.05，根据气候类型划分标准，全部为“干旱”类型。这说明不同干旱指标对于干旱的指示作用是有一定差异的。同样，用指标 I_m 和 I_{sh} 与 $SPEI_{PM}$ 相比较时，也会出现这种差异。因此，$SPEI_{PM}$ 在表征极端干旱情况时与指标 I_A、I_m 和 I_{sh} 有不一致的现象，这是因为气象数据具有较大的变异性。这也说明指标 I_A、I_m 和 I_{sh} 无法辨别极端干旱事件。

表 2-19　　新疆地区 1961—2013 年间 1 个月尺度的极端干旱时间

年，月	北疆				南疆				全疆			
	$SPEI_{PM}$	I_A	I_m	I_{sh}	$SPEI_{PM}$	I_A	I_m	I_{sh}	$SPEI_{PM}$	I_A	I_m	I_{sh}
1963，1月	-2.55	0.06	—	0.65	-0.12	0	—	0.05	-2.07	0.03	—	0.31
1963，2月	-2.47	0.20	—	2.36	-1.09	0.01	0.07	0.24	-2.10	0.08	0.66	1.18
1971，10月	-3.18	0.07	0.38	1.80	-0.58	0.01	0.07	0.33	-5.47	0.04	0.21	1.00
1973，11月	-2.04	0.19	1.03	2.29	-1.82	0.01	0.03	0.10	-2.40	0.08	0.34	1.17
1973，12月	-2.41	0.11	—	1.05	0.07	0	0.07	0.06	-1.92	0.05	—	1.22
1974，5月	-2.08	0.08	0.59	2.86	-1.80	0.03	0.20	1.03	-2.59	0.06	0.38	1.89
1974，7月	-2.04	0.09	0.59	2.28	-0.57	0.08	0.47	1.62	-1.72	0.08	0.53	1.91
1976，1月	-2.17	0.17	—	1.46	0.66	0.06	—	2.00	-1.25	0.10	—	2.00
1977，6月	-2.19	0.08	0.55	2.17	-0.24	0.08	0.42	1.57	-1.59	0.08	0.47	1.77
1978，9月	-2.53	0.07	0.40	1.89	-0.94	0.06	0.28	1.19	-2.70	0.07	0.33	1.53
1983，3月	-2.02	0.08	0.57	1.72	0.88	0.06	0.29	1.35	-1.10	0.07	0.38	1.55
1984，8月	-2.54	0.03	0.17	0.75	-1.97	0.01	0.09	0.38	-2.62	0.02	0.13	0.56
1990，6月	-2.30	0.06	0.42	1.64	-1.02	0.03	0.18	0.75	-2.15	0.05	0.29	1.17
1997，4月	-2.38	0.02	0.15	0.73	-1.18	0.01	0.04	0.28	-2.75	0.02	0.09	0.51
1997，10月	-3.03	0.02	0.10	0.50	0.15	0	0.01	0.04	-3.11	0.01	0.05	0.25

表 2-20 列出了 12 个月时间尺度下的极端（$SPEI_{PM}<-2$）或严重（$-1.5<SPEI_{PM}<-2$）干旱事件。表中的数据说明，与 1 个月尺度相比，12 个月尺度下新疆极端和严重干旱发生的次数少得多。这是因为 12 个月尺度下，气象要素的极端值不如 1 个月尺度的多。

根据$SPEI_{PM}$值，12个月尺度下极端或严重干旱在近53年期间只发生了5次，分别是1962年、1965年、1970年、1974年及1975年，其中北疆1970年未发生极端或严重干旱，南疆仅1965年和1970年发生了极端或严重干旱，全疆这5年均属干旱，但也只是4年为极端或严重干旱，1970年不属于极端或严重干旱。所有极端或严重干旱事件均发生于研究期的前25年期间，后半段时期未发生任何极端或严重干旱时间。全疆在1975年发生了最后一次严重干旱之后，再无严重干旱事件发生，近25年时间内，干旱严重程度有所减轻。

表2-20　新疆12个月尺度下1961—2013年的极端干旱事件

区域	指标＼年	1962	1965	1970	1974	1975
北疆	$SPEI_{PM}$	−2.1	−1.5	0.1	−2.0	−1.5
	I_A	0.13	0.15	0.20	0.13	0.14
	I_m	4.2	4.8	6.0	4.2	3.9
	I_{sh}	40	47	59	43	43
南疆	$SPEI_{PM}$	−0.6	−2.4	−2.2	−0.1	−0.9
	I_A	0.05	0.05	0.05	0.07	0.04
	I_m	1.9	1.7	1.8	2.1	1.5
	I_{sh}	18	17	18	20	16
全疆	$SPEI_{PM}$	−2.0	−2.2	−0.9	−1.5	−1.6
	I_A	0.09	0.09	0.11	0.10	0.09
	I_m	3.1	3.3	4.0	3.2	2.8
	I_{sh}	30	32	39	32	30

类似于1个月尺度，北疆（或南疆）发生极端干旱时，南疆（或北疆）并不一定同时发生极端干旱事件，但会伴随着级别稍轻的干旱。另外，三个指标I_A、I_m和I_{sh}并不完全与$SPEI_{PM}$的变化模式契合。由于不同干旱级别用于划分干旱或者气候类型具有不同的范围，因此对于极端干旱或者严重干旱的描述上，指标I_A、I_m和I_{sh}与$SPEI_{PM}$只有部分一致也是合理的。由于干旱指标I_A、I_m和I_{sh}在最初提出时用于其他不同气候类型区，而指标$SPEI_{PM}$在全球范围内具有普遍适用性，本研究也表明$SPEI_{PM}$可作为新疆地区可优先采纳的干旱指标。

2.4.6 干旱指标的区别及适用性

就I_A、I_m和I_{sh}等非标准化指标而言，I_A是基于降水和ET_0的比值得出，其中ET_0的计算采用Penman-Monteith公式，因涉及6个气象要素以及地理信息数据，加上计算过程的繁琐，使得该方法在一些气象资料观测不完整的区域应用时有所限制（Li和Sun，2017；Li等，2017）。虽然仅用温度或者辐射方法也可以估算ET_0，但其准确性却受到质疑。由于估算ET_0数据的要求高、程序繁琐，导致I_A指标的适用性受到局限。指标I_m基于降水和T_{max}的比值得出，如前述分析，其适用性因负的T_{max}而受到限制，尤其月尺度下更为明显。I_{sh}指标采用降水和比湿的比值获得，其中比湿的计算所需数据比 ET_0 少得多，加上比湿指标本身也具有和 ET_0 类似的反映升温效应的作用，此外，本研究表明 I_{sh}指标对于表征新疆地区干旱严重程度方面和 I_A 指标具有基本一致的规律，因此该指标在新疆地区的应用是适宜的。虽然在采用多年平均值划分干旱类型方面，两指标对于南疆的分类不同，但因其对气候类型的划分标准不同，因此这并不影响两指标在干旱评价中的价值。

与非标准化干旱指标相比，标准化干旱指标在反映不同时间尺度的干旱演变规律时具有很大的灵活性。虽然本研究未涉及大于 12 个月时间尺度，但标准化指标的时间尺度可以比 12 个月尺度更长。在本章所采用的标准化指标中，SPI 指标仅采用降水数据计算得出，而 $SPEI_{TW}$和 $SPEI_{PM}$是基于降水和 ET_0 指标得出，相比之下，SPEI 指标可在一定程度上反映气候变暖的效应，加上该指标也较符合新疆地区历史干旱情况，因此比较可信。

2.4.7　小结

进行了干旱指标 SPEI、I_A、I_m 和 I_{sh}在新疆地区时空变化的对比分析。天山不仅是一个南、北疆地理上的分界，而且是气候类型的分界。南疆、北疆的这种气候差异影响这两个地区的干旱波动和演变规律。

就时间变化动态而言，由于降水 P 具有增加趋势，而 ET_0 具有降低趋势，因此南疆、北疆及全疆的所有干旱指标都具有增加趋势，一致表明新疆干旱具有缓解趋势。1 个月时间尺度下，各干旱指标之间的相关性总体不好，但有差异；而 12 个月尺度下，各干旱指标的相关性整体较好。这肯定了所研究的干旱指标在年尺度下的适用性。当时间尺度由 1 个月增加到 3、6 及 12 个月，指标 SPEI、I_A、I_m 和 I_{sh}的波动幅度逐渐减小；但各类指标的变化范围有一定差异。多年平均 I_A、I_m 和 I_{sh}用于划分北疆、南疆和全疆的气候类型具有不完全的一致性，在新疆地区应用具有一定偏差。

在应用非标准化指标 I_A、I_m 和 I_{sh}表征干旱严重程度的空间分布规律方面，无论采用哪种干旱指标，南干北湿的分布特征非常明显。在 1 个月尺度下，I_m 和 I_m 通常为中等程度空间变异，而 I_{sh}为强变异。指标 I_m 因基于 T_{max}得出，因此在负温时不适用，这种情况多发生在 1 个月尺度，因此该指标的应用具有一定限制。由于 I_{sh}的计算比 I_A 更简单，且所需气象数据更少，而两者在表征新疆地区干旱严重程度的时空演变规律方面具有较高的一致性，因此建议优先采用 I_{sh}指标进行新疆地区干旱严重程度评价。

2.5　玛纳斯河流域水文干旱指标的时间变化规律

径流与降水的关系密切，前文已经从基于降水的不同干旱指标时空分布规律方面从不同角度分析了干旱演变规律，为干旱分析提供了一定的参考。本节仅从水文干旱指标对比分析的角度来探讨 SRI 在玛纳斯河流域的适用性，并基于 SRI 计算结果，分析不同时期干旱的时间变化规律。

2.5.1　水文干旱指标的计算

采用玛纳斯河流域的长时间系列月平均流量资料，利用 SRI 和 RZI 对比分析了两种典型气候下区域旱涝的分布及其变化规律。选择了代表性水文站肯斯瓦特站作为实例说明，两地区月平均流量的观测时期分别为1975—2010年和1954—2007年。所采用的数据、玛纳斯河流域简介、水文干旱指标的计算原理参见2.2。

2.5.2　结果与分析

2.5.2.1　水文干旱的时间变化

图2-30显示了肯斯瓦特站3个月尺度下SRI与SZI的时序变化过程。由图2-30可以看出，不同时期SRI与RZI的一致性均很好，说明推导出的SRI比较合理。由斜率k_1、k_2可知增湿的具体幅度，其中第一季度有明显增湿趋势，20世纪90年代初以前偏旱，21世纪以后偏涝。第二季度也略显增湿，且增湿相对较快，在20世纪50年代中期到60年代中期和80年代初到90年代中期偏旱，90年代中后期到21世纪初偏涝。第三季度，20世纪60年代中后期到90年代中期偏旱，90年代后期到21世纪初偏涝。第四季度，20世纪50年代后期到60年代中期以及90年代中后期以后均偏涝，70年代初期到90年代初期偏旱。

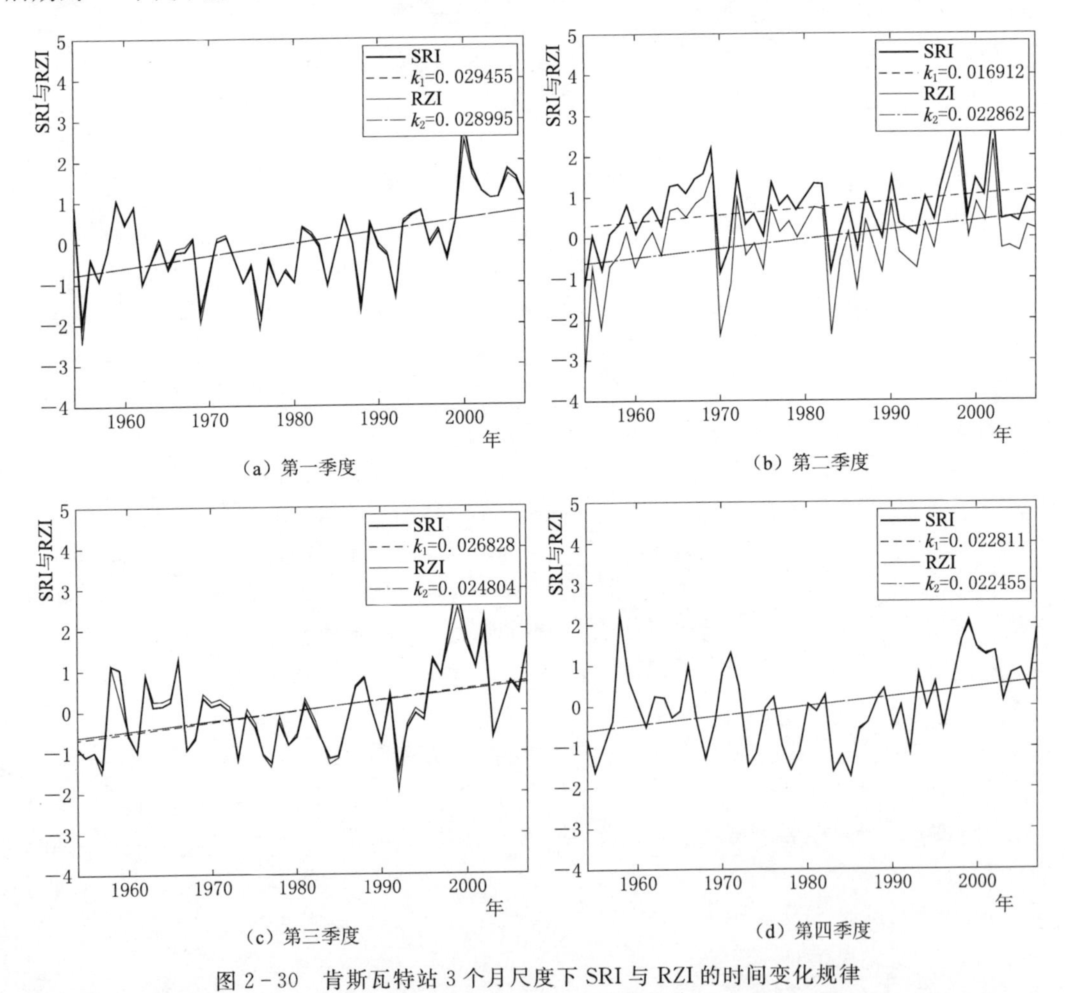

图2-30　肯斯瓦特站3个月尺度下SRI与RZI的时间变化规律

图2-31显示了肯斯瓦特站半年尺度下SRI与RZI的时间变化。由图2-31可知，上

半年，20 世纪 50 年代中期到 60 年代初期和 80 年代初期到 90 年代初期偏旱，60 年代中期到后期以及 90 年代中后期以后均偏涝；下半年，20 世纪 60 年代后期到 80 年代中期偏旱，90 年代中后期以后偏涝。

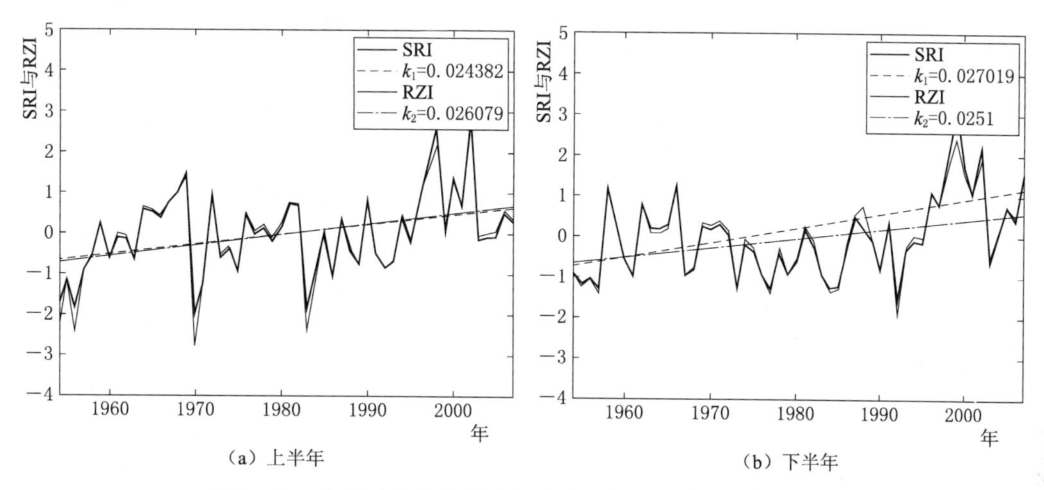

图 2-31　肯斯瓦特站半年尺度下 SRI 与 RZI 的时间变化规律

图 2-32 显示了肯斯瓦特站年尺度 SRI 与 RZI 的时间变化。年尺度时肯斯瓦特站增湿比较明显，20 世纪 90 年代后期到 21 世纪初涝情比较严重。从曲线的波动形态可以看出，旱涝的发生表现出一年或连续数年旱或涝交替发生的特征且总体趋势呈现出一定的周期性。

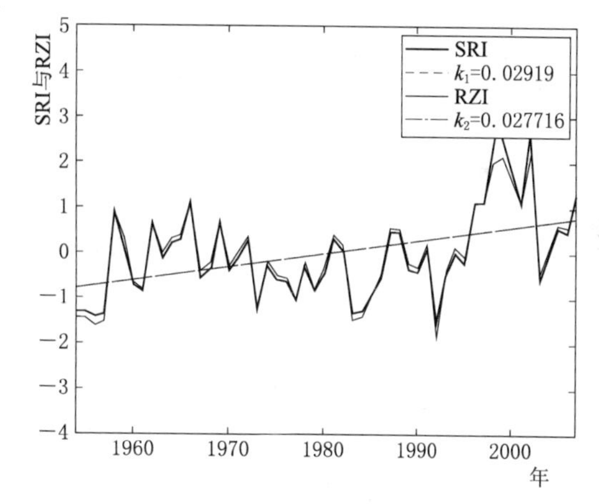

图 2-32　肯斯瓦特站年尺度下 SRI 与 RZI 的变化

2.5.2.2　旱涝时间分布的对比分析

从不同时期各级别干旱分布的频次、频率以及不同等级的旱涝在 1 个月、3 个月（季度）、6 个月（半年）及 12 个月（年）等不同时间尺度下各个时期的分布率 3 个方面来研究区域性旱涝在不同时期的分布规律，并将不同气候区的分布情况作对比分析。

表 2-21 所示为肯斯瓦特站基于 SRI 结果的月、季度、半年及年尺度下干旱频率对比。由表 2-21 可见：

(1) 在 1 个月尺度下，肯斯瓦特各月发生特、重旱的频率均不高，12 个月中有发生特旱的月份只占一半，但各月均有可能发生重旱。干旱频率基本上依特旱、重旱、中旱、轻旱、正常的顺序逐渐增加，1/3 以上的概率不发生干旱事件。

(2) 3 个月尺度下的结果显示出，第一季度发生轻旱的频率大，未发生特旱；第二季度发生特旱的概率较低，发生轻旱的频率在一年中最大；第三季度发生轻旱和中旱的频率大，未发生特旱；第四季度有一定频率重旱发生，轻旱频率也较高，未发生特旱。四个季度中只有第二季度可能发生特旱，但重旱、中旱、轻旱、正常的情况在年内各季均有可能发生。

（3）在 6 个月尺度下，上半年有小概率发生特旱，下半年发生特旱的可能性非常低；上半年重旱、轻旱的频率比下半年高，而发生中旱和正常情况的频率比下半年低。

表 2-21　肯斯瓦特站不同时间尺度的干旱频率　　%

时间尺度	干旱等级 / 时期	特旱	重旱	中旱	轻旱	正常
月	1	1.9	1.9	9.3	24.1	33.3
	2	1.9	1.9	14.8	11.1	40.7
	3	1.9	5.6	5.6	16.7	38.9
	4	1.9	1.9	11.1	20.4	31.5
	5	0	7.4	9.3	14.8	44.4
	6	1.9	3.7	7.4	13	48.1
	7	1.9	1.9	11.1	18.5	40.7
	8	0	3.7	7.4	27.8	33.3
	9	0	3.7	13	18.5	35.2
	10	0	11.1	7.4	11.1	37
	11	0	7.4	9.3	22.2	33.3
	12	0	1.9	0	7.4	33.3
季	第一季度	0	7.4	9.3	13	44.4
	第二季度	1.9	5.6	3.7	18.5	42.6
	第三季度	0	1.9	16.7	16.7	38.9
	第四季度	0	7.4	11.1	14.8	37
半年	上半年	1.9	5.6	5.6	20.4	37
	下半年	0	1.9	14.8	18.5	40.7
年	年	0	1.9	14.8	16.7	42.6

（4）在 12 个月尺度下，干旱频率与其他尺度类似，基本上依特旱、重旱、中旱、轻旱、正常的顺序逐渐增加，其中特旱发生概率为 0，轻旱频率比其他等级的干旱频率高。

2.5.3　小结

基于 SRI 和径流 Z 指数的计算，对新疆玛纳斯河流域的肯斯瓦特站水文干旱指标时空变化规律进行了分析。结果表明，SRI 和径流 Z 指数对旱涝的评价结果一致性较好，将其评价结果与文献资料记载的历史水情作对比分析，发现两者基本吻合，但 SRI 的计算稳定性和适用性比 Z 指数更好，表明推导出的 SRI 是合理的。不同时间尺度下肯斯瓦特站在不同时期均是增湿的，且干旱的时间变化具有一定的周期性，交替变化。

参 考 文 献

毛炜峄，南庆红，史红政. 新疆气候变化特征及气候分区方法研究 [J]. 气象，2008 (10)：67-73.

邵进，李毅，宋松柏. 基于 SPI 模型的江汉平原旱涝分布及其变化规律的研究［J］. 水文，2012，32（2）：34－39.

温克刚，史玉光. 中国气象灾害大典：新疆卷［M］. 北京：气象出版社，2006.

徐羹慧，毛炜峄，陆帼英. 重要战略机遇期新疆防灾减灾对策综合研究［J］. 气象软科学，2006（1）：33－39.

ALI M H，ADHAM A K M，RAHMAN M M，et al. Sensitivity of Penman－Monteith estimates of reference evapotranspiration to errors in input climatic data［J］. Journal of Agrometeorology，2009，11（1）：1－8.

ALLEN R，PEREIRA L，RAES D，et al. Crop Evapotranspiration：Guidelines for Computing Crop Water Requirements，FAO Irrigation and Drainage Paper 56［M］. Roma，Italia：FAO，1998.

ASKARI M，MUSTAFA M A，SETIAWAN B I，et al. A combined sensitivity analysis of seven potential evapotranspiration models［J］. Journal Teknologi，2015，76（15）.

ATTAROD P，KHEIRKHAH F，SIGAROODI S K，et al. Sensitivity of Reference Evapotranspiration to Global Warming in the Caspian Region，North of Iran［J］. Journal of Agricultural Science and Technology，2015，17（4）：869－883.

BIROT P. Précis de géographie physique générale［J］. The Geographical Journal，1960，126（3）：356.

BUDYKO M I. Climate and life［M］. Orlando：Academic Press，1974.

COLEMAN G，DECOURSEY D G. Sensitivity and model variance analysis applied to some evaporation and evapotranspiration models［J］. Water Resources Research，1976，12（5）：873－879.

COSTA A C，SOARES A. Local spatiotemporal dynamics of a simple aridity index in a region susceptible to desertification［J］. Journal of Arid Environments，2012，87：8－18.

DE MARTONNE E. Areisme et indice d' aridite［R］. Comptes Rendus del' Academie des Sciences 1926：1395－1398.

DOGAN S，BERKTAY A，SINGH V P. Comparison of multi－monthly rainfall－based drought severity indices，with application to semi－arid Konya closed basin，Turkey［J］. Journal of Hydrology，2012，470：255－268.

ERINÇ S. An attempt on precipitation efficiency and a new index［M］. Istanbul University Institute Release：Baha Press，1965.

ESTEVEZ J，Gavilan P，Berengena J. Sensitivity analysis of a Penman－Monteith type equation to estimate reference evapotranspiration in southern Spain［J］. Hydrological Processes，2009，23（23）：3342－3353.

FU Q，FENG S. Responses of terrestrial aridity to global warming［J］. Journal of Geophysical Research－Atmospheres，2014，119（13）：7863－7875.

GAUSSEN H. Théorie et classification des climats et microclimats［C］// Processing of the VⅡ ème Congrès International de Botanique，Paris 1954.

GILL A E. Atmosphere－Ocean Dynamics［M］. New York：Academic Press，1982.

GONG L，XU C，CHEN D，et al. Sensitivity of the Penman－Monteith reference evapotranspiration to key climatic variables in the Changjiang（Yangtze River）basin［J］. Journal of Hydrology，2006，329（3）：620－629.

GOYAL R K. Sensitivity of evapotranspiration to global warming：a case study of arid zone of Rajasthan（India）［J］. Agricultural Water Management，2004，69（1）：1－11.

HAMON W R. Computation of direct runoff amounts from storm rainfall［J］. International Association of Scientific Hydrology Publication，1963，63：52－62.

HARGREAVES G H，SAMANI Z. Reference crop evapotranspiration from temperature［J］. Applied Engineering in Agriculture, 1985, 1 (2): 96-99.

HOLDRIDGE L R. Determination of world plant formation from simple climate data [J]. Science, 1947, 105 (2727): 367-368.

HUO Z, DAI X, FENG S, et al. Effect of climate change on reference evapotranspiration and aridity index in arid region of China [J]. Journal of Hydrology, 2013, 492: 24-34.

HUPET F, VANCLOOSTER M. Effect of the sampling frequency of meteorological variables on the estimation of the reference evapotranspiration [J]. Journal of Hydrology, 2001, 243 (3): 192-204.

KENDALL M G. Rank auto correlation methods [M]. Charles Griffin, London, 1975.

LI Y, SUN C. Impacts of the superimposed climate trends on droughts over 1961-2013 in Xinjiang, China [J]. Theoretical and Applied Climatology, 2017, 129: 977-994.

LI Y, YAO N, SAHIN S, et al. Spatiotemporal variability of four precipitation-based drought indices in Xinjiang, China [J]. Theoretical and Applied Climatology, 2017, 129 (3): 1-18.

LI Y, ZHOU M. Trends in Dryness Index Based on Potential Evapotranspiration and Precipitation over 1961-2099 in Xinjiang, China [J]. Advances in Meteorology, 2014, 2014: 1-15.

LIANG L, LI L, ZHANG L, et al. Sensitivity of penman-monteith reference crop evapotranspiration in Tao'er River Basin of northeastern China [J]. Chinese Geographical Science, 2008, 18 (4): 340-347.

LIU C, ZHANG D, LIU X, et al. Spatial and temporal change in the potential evapotranspiration sensitivity to meteorological factors in China (1960-2007) [J]. Journal of Geographical Sciences, 2012, 22 (1): 3-14.

LIU H, LI Y, JOSEF T, et al. Quantitative estimation of climate change effects on potential evapotranspiration in Beijing during 1951-2010 [J]. Journal of Geographical Sciences, 2014, 24 (1): 93-112.

MAKKINK G F. Testing the Penman formula by means of lysimeters [J]. Journal of the Institution of Water Engineers, 1957, 11: 277-288.

MANN H B. Non-parametric Tests Against Trend [J]. Econometrica, 1945, 13: 245-259.

MCCUEN R H. A sensitivity and error analysis CF procedures used for estimating evaporationl [J]. Journal of the American Water Resources Association, 1974, 10 (3): 486-497.

MCKEE T B, DOESKEN N J, KLEIST J. The relationship of drought frequency and duration to time scales [C] // Proceedings of the 8th Conference on Applied Climatology, Boston, MA: American Meteorological Society, 1993, 17 (22): 179-183.

MCKENNEY M S, ROSENBERG N J. Sensitivity of some potential evapotranspiration estimation methods to climate change [J]. Agricultural and Forest Meteorology, 1993, 64: 81-110.

MCVICAR T R, RODERICK M L, DONOHUE R J, et al. Global review and synthesis of trends in observed terrestrial near-surface wind speeds: Implications for evaporation [J]. Journal of Hydrology, 2012, 416: 182-205.

MIDDLETON N, THOMAS D. World atlas of desertification [M]. Arnold: Hodder Headline, PLC, 1997.

MORID S, SMAKHTIN V, MOGHADDASI M. Comparison of seven meteorological indices for drought monitoring in Iran [J]. International Journal of Climatology, 2006, 26 (7): 971-985.

NIELSEN D R, BOUMA J. Soil spatial variability [C] // Proceedings of a Workshop of the International Soil Science Society and the Soil Science Society of America, Las Vegas (USA), 1985.

PENMAN H L. Natural evaporation from open water, bare soil and grass [J]. Proceedings of The Royal Society A: Mathematical, Physical and Engineering Sciences, 1948, 193 (1032): 120-145.

PRIESTLEY C H B, TAYLOR R J. On the Assessment of Surface Heat Flux and Evaporation Using Large-Scale Parameters [J]. Monthly Weather Review, 1972, 100 (2): 81-92.

QUAN C, HAN S, UTESCHER T, et al. Validation of temperature - precipitation based aridity index: Paleoclimatic implications [J]. Palaeogeography Palaeoclimatology Palaeoecology, 2013, 386: 86 - 95.

SAHIN S. An aridity index defined by precipitation and specific humidity [J]. Journal of Hydrology, 2012, 444 - 445: 199 - 208.

SAXTON K E. Sensitivity analyses of the combination evapotranspiration equation [J]. Agricultural Meteorology, 1975, 15 (3): 343 - 353.

SEN, KUMAR P. Estimates of the Regression Coefficient Based on Kendall's Tau [J]. Journal of the American Statistical Association, 1968, 63 (324): 1379 - 1389.

TABARI H, TALAEE P H. Sensitivity of evapotranspiration to climatic change in different climates [J]. Global and Planetary Change, 2014, 115: 16 - 23.

THORNTHWAITE C W. An approach toward a rational classification of climate [J]. Geographical Review, 1948, 38 (1): 55 - 94.

TURC L. Evaluation des besoins en eau d' irrigation, évapotranspiration potentielle [J]. Annales Agronomiques, 1961, 12: 13 - 49.

UNEP. World atlas of desertification [M]. London: The United Nations Environment Programme (UNEP), 1993.

UNESCO. Map of the world distribution of arid regions. Paris, 1979.

VICENTE - SERRANO S M, AZORIN - MOLINA C, SANCHEZ - LORENZO A, et al. Temporal evolution of surface humidity in Spain: recent trends and possible physical mechanisms [J]. Climate Dynamics, 2014, 42 (9 - 10): 2655 - 2674.

VICENTE - SERRANO S M, BEGUERÍA S, LÓPEZ - MORENO J I. A Multiscalar Drought Index Sensitive to Global Warming: The Standardized Precipitation Evapotranspiration Index [J]. Journal of Climate, 2010, 23 (7): 1696 - 1718.

WU Z, HUANG N E. Ensemble empirical mode decomposition: a noise - assistant data analysis method [J]. Advances in Adaptive Data Analysis, 2009, 01 (01): 1 - 41.

WU Z, HUANG N E, CHEN X. The multi - dimensional ensemble empirical mode decomposition method [J]. Advances in Adaptive Data Analysis, 2009, 1 (03): 339 - 372.

XU C, GONG L, TONG J, et al. Decreasing Reference Evapotranspiration in a Warming Climate—A Case of Changjiang (Yangtze) River Catchment During 1970 - 2000 [J]. Advances in Atmospheric Sciences, 2006, 23 (4): 513 - 520.

YI L, HORTON R, REN T, et al. Prediction of annual reference evapotranspiration using climatic data [J]. Agricultural Water Management, 2010, 97 (2): 0 - 308.

YIN Y, WU S, CHEN G, et al. Attribution analyses of potential evapotranspiration changes in China since the 1960s [J]. Theoretical and Applied Climatology, 2010, 101 (1): 19 - 28.

YUE S, PILON P, CAVADIAS G. Power of the Mann - Kendall and Spearman's Rho Tests For Detecting Monotonic Trends in Hydrological Series [J]. Journal of Hydrology, 2002, 259: 254 - 271.

YUE S, WANG C Y. Regional streamflow trend detection with consideration of both temporal and spatial correlation [J]. International Journal of Climatology, 2002, 22 (8): 933 - 946.

ZAMBAKAS J. General climatology [D]. Athens: National & Kapodistrian University of Athens, 1992.

ZUO D, XU Z, YANG H, et al. Spatiotemporal variations and abrupt changes of potential evapotranspiration and its sensitivity to key meteorological variables in the Wei River basin, China [J]. Hydrological Processes, 2012, 26 (8): 1149 - 1160.

第3章 气候变化对新疆地区干旱严重程度的影响

干旱指标的计算涉及降水和其他气象要素，因此气象要素值及趋势的变化影响干旱指标的估算。气候变化对干旱指标的影响研究在我国其他地区有相关报道（Sun 和 Ma，2015），但未见涉及新疆地区。另外，关于降水误差校正方面对干旱指标的影响也少有研究。本章将从这两方面对新疆地区的干旱指标及其演变规律进行重估分析。

3.1 研究方法

3.1.1 站点的选择与数据可靠性

所选的研究站点与 2.1.4 相同，不再详述。本节分析不针对具体站点，而是基于北疆、南疆和全疆等不同子区域，采用多站气象要素的平均值进行分析。

首先对比了气象要素平均值与反常值的差近似性，以便说明本研究采用区域平均值进行分析的可靠性。通常认为，由于所选择的新疆地区各站点海拔不同，因此大的气象要素值将影响全区的算数平均值。若采用反常值，则结果与数学平均值有差异。采用 CRUTEM4（Osborn 和 Jones，2014）的反常值计算方法进行新疆地区各气象要素反常值的计算。其中反常值的基准期为 1981—2010 年。

3.1.2 干旱指标的计算

考虑干旱指标的特点及研究者对指标的熟悉程度，选择自校验 Palmer 干旱指标 *sc - PDSI*、I_A、I_m 及 I_{sh}等 4 个干旱指标进行对比分析。其中干燥指数 I_A 由平均年降水和 $ET_{0,PM}$的比值求得，I_m 由平均年降水和最高气温 T_{max}的比值求得；I_{sh}由平均年降水和比湿 S_h 的比值求得，详细计算参考 2.2.1.1 部分。

PDSI 根据 Palmer（1965）提出的方法进行计算，计算公式如下：

$$PDSI_i = bPDSI_{i-1} + cZ_i \quad (i=1,2,\cdots,n) \tag{3-1}$$

式中：b 和 c 为历时因子；下标 i 和 $i-1$ 表示本月和上个月；Z 为月距平指标，定义为

$$Z = Kd \tag{3-2}$$

式中：K 为气候特征参数；d 为水分偏差。Wells 等（2004）提出了自校验 *PDSI*（*sc - PDSI*）。

此处采用刘巍巍等（2004）提出的方法计算 *sc - PDSI* 并用于干旱分析。基于 *sc - PDSI* 的干旱等级见表 3-1。

表 3-1　　基于 *sc-PDSI* 的干旱分级

干旱等级	极端干旱	严重干旱	中等干旱	轻度干旱	初期干旱	正常
sc-PDSI	≤−4.0	−3.00～−3.99	−2.00～−2.99	−1.00～−1.99	−0.50～−0.99	0.49～−0.49

3.1.3 气象要素去趋势情景的预设

气象要素及干旱指标的趋势检验采用改进的 Mann - Kendall 方法（Hamed 和 Rao，1998），该方法同样考虑了序列的自相关性影响，但不同于 2.2.5.2 部分的趋势检验 MMK 方法。Yue 和 Wang（2002）的改进 Mann - Kendall 方法考虑了有效取样数及自相关性对序列趋势的影响。之后，Yue 和 Wang（2004）发现，当所研究的序列不存在趋势时，Yue 和 Wang（2002）方法是有效的，但序列存在趋势时，存在的趋势会"污染"样品序列自相关的大小，因此 Yue 和 Wang（2002）方法不再适用。基于此方面的考虑，以及大部分所研究的序列具有趋势的事实（参见第 2 章相关分析），本节采用 Hamed 和 Rao（1998）提供的方法对序列进行趋势及显著性检验，此处不再详述。为便于对比，将原始的 Mann - Kendall 方法简称为 MK 方法，同时将改进的 Mann - Kendall 方法简称为 M - MK 方法。

由于所选择的指标分别涉及最低气温（T_{min}）、平均气温（T_{ave}）、最高气温（T_{max}）、2m 高处的风速（u_2）和降水（P）之中的一个或多个要素，因此分别对这些要素进行去趋势分析，并分别将去趋势后的气象要素用于不同的去趋势情景对各干旱指标进行重估。去非线性趋势采用 EEMD 法对气象要素进行去趋势，详见 2.2.5.1 部分。

4 个干旱指标的气象要素情景组合详列于表 3-2。表中的"观测"和"去趋势"显示了是否用于不同干旱指标计算的气象要素被去趋势。干旱指标 *sc-PDSI* 和 I_{sh} 主要涉及平均气温和降水，2 个指标均有 4 个气象要素的组合情景。I_m 涉及降水和最高温度 T_{max} 两个气象要素，也设定了 4 个气象要素的组合情景。指标 I_A 涉及 T_{ave}、T_{max}、2m 的风速 u_2 和降水 P 等要素，共设定了 6 个气象要素的组合情景。

表 3-2　　4 个干旱指标的气象要素情景组合

干旱指标	情景	T_{min}/℃	T_{ave}/℃	T_{max}/℃	u_2/(m·s^{-1})	P/mm
sc-PDSI	Ⅰ		观测			观测
sc-PDSI	Ⅱ		去趋势			观测
sc-PDSI	Ⅲ		观测			去趋势
sc-PDSI	Ⅳ		去趋势			去趋势
I_m	Ⅰ		观测			观测
I_m	Ⅱ		去趋势			观测
I_m	Ⅲ		观测			去趋势
I_m	Ⅳ		去趋势			去趋势
I_{sh}	Ⅰ			观测		观测
I_{sh}	Ⅱ			去趋势		观测
I_{sh}	Ⅲ			观测		去趋势

续表

干旱指标	情景	T_{min}/℃	T_{ave}/℃	T_{max}/℃	u_2/(m·s^{-1})	P/mm
I_{sh}	Ⅳ			去趋势		去趋势
I_A	Ⅰ	观测	观测	观测	观测	观测
I_A	Ⅱ	观测	去趋势	观测	观测	观测
I_A	Ⅲ	观测	观测	观测	观测	去趋势
I_A	Ⅳ	观测	去趋势	观测	观测	去趋势
I_A	Ⅴ	去趋势	去趋势	去趋势	观测	去趋势
I_A	Ⅵ	观测	观测	观测	去趋势	观测

3.1.4　变幅的计算

由于干旱指标的较小值代表严重或极端干旱状况，此处提出1个标准化指标，即变幅（Variation amplitude，简称V_a），用于比较情景Ⅱ～Ⅵ中的严重或极端干旱值与情景Ⅰ的差异。V_a计算公式为

$$V_a=\frac{\sum_{ik=1}^{KK}\left(\frac{y_{ik,L}-y_{ik,I}}{|y_{ik,I}|}\right)\times 100\%}{KK} \tag{3-3}$$

式中：$y_{ik,L}$为情景L(L=Ⅱ，Ⅲ，Ⅳ，Ⅴ，Ⅵ）中低于临界值的第ik个干旱指标值；$y_{ik,I}$为情景Ⅰ中低于临界值的第ik个干旱指标值；KK为低于临界值的干旱指标的总数。

对于$sc-PDSI$，相应于中度干旱的上限值，临界值为−2；对于I_m，临界值取为15；I_{sh}临界值为35；I_A临界值取为0.2。此处的15、35及0.2为干旱指标I_m、I_s和I_A被划分为“干旱”气候类型时的上限。此处选择干旱指标最小值用于分析V_a，这样可降低气候要素去趋势对干旱指标的影响评价中存在的不确定性。

3.1.5　基于PCA方法的气象要素数据重建

在比较大的区域，同一气候变量的观测结果往往在一个网格（或站点）与另一个网格（或站点）之间高度相关（Asong等，2015；2016）。因此，一项具有挑战性的任务是找到一种方法，通过消除冗余并找到最重要的模式来解释气候变量的变化，同时又不损害大部分已解释的变化，从而将原始数据的数量减少到一个可管理的数量。主成分分析（Principal Component Analysis，简称PCA）是解决该问题的一种技术方法，被广泛应用（Barnett和Preisendorfer，1987；Clarke等，2018；Von Storch等，1995）。虽然小波分解或经验模态分解可以去除气候变量中的噪声，但是在本研究中，这些方法被认为是备选的。

当面对一个非常大的气候数据集时，人们试图通过最小化信息损失和保存数据的底层结构来减少冗余，以促进对主要模式的理解。这样的数据集可以看作是在pp个站测得的Ns个观测值。例如，对于研究区51个观测站中53年的逐月降水量，Ns为636，pp则为51。通常，在pp个站点的观测结果是高度相关的，特别是当这些站点距离很近的时候。因此，可以选择几个不相关的模式$m<pp$来表达原始$Ns\times pp$矩阵（Z）中包含的大部分信息。在本研究中，PCA被用来分离一组pp变量中线性组合的少数模式m（在原

始数据中，这些模式连续地解释了最大的变化量），然后利用重构的变量来计算 I_A。Wilks（2011）和 Jolliffe（2002）的研究以详细描述了如何利用 PCA 重构气候变量的过程。对于一个 n 行 p 列的矩阵 Z，每一行是数据点，每一列是一个变量（特征），通过 Z 的转化可以得到矩阵 U，U 能够解释 Z 中变量之间的方差，做转换 $V=ZU$。

$$\mathrm{var}(V)=\frac{V'V}{p-1}=\frac{(ZU)'ZU}{p-1}=\frac{U'Z'ZU}{p-1} \tag{3-4}$$

式中：$Z'Z/(p-1)$ 为协方差矩阵 S，上式可以转换为 $\mathrm{var}(V)=U'SU$，于是问题转换为使得 V 方差最大的求极值解。限制 U 为 $U'U=1$，通过拉格朗日乘数算法，上式可以进一步转换为

$$\mathrm{var}(V)=f(U)=U'SU-\lambda(U'U-I)_{\max} \tag{3-5}$$

因为求最大极值，有条件$\partial f(U)/\partial U=0$，代入上式得到$|S-\lambda I|U=0$，类比$|A-\lambda I|E=0$ 可以认为 U 中的每一列是 S 的特征向量（主成分），λ 为对应的特征值（解释程度），特征值越大，对应特征向量能够解释更多的原始信息。但是往往可以找到很多个主成分，应该保留多少又成了问题。现假定 p 行 k 列矩阵 Q，k 即是保留下来的主成分个数，将特征值最大的特征向量放在第一列。本文假定可以用 Q 中的主成分来解释原始数据 Z。因此可以对原始数据降维 $W=QZ$。由于 Q 中前三个主成分可以解释 68%以上的原始数据，对 Z 矩阵做上述转换。最终重建数据集表示为 $\hat{Z}=WQ=ZQQ'$。因此重建后的变量表示为

$$\text{PCA 重建变量}=\text{PC 得分}\times\text{保留的特征向量转置}+\text{均值} \tag{3-6}$$

在重建数据之前，使用最大方差旋转方法（Richman，1986）对 m 个保留的主成分进行进一步旋转，以简化结构并放松对未旋转成分的正交约束。对于每个气候变量，前 3 个主要主成分解释了原始数据方差的 68%以上。之所以选择这个百分比（68%）作为阈值，是因为前 3 种 PCA 模式明显优于其他模式，我们检查了几个标准以确保这种选择具有足够的代表性。标准包括“Scree Test”（Cattell，1966）和“Kaiser Criterion”（Kaiser，1958）。因此，使用 68%作为最小阈值来识别重构原始数据的主成分数量。这些重建场作为参考蒸散发（ET_0）和 I_A 方程的输入。我们进一步评估了重构数据相对于原始数据对计算出的 ET_0 和 I_A 的影响。例如，主成分分析重建的 $T_{\min}$与观测 $T_{\min}$之间的差异为：

$$D_{\mathrm{Tmin}}=T_{\min,\mathrm{Rec}}-T_{\min,\mathrm{Obs}} \tag{3-7}$$

式中：D_{Tmin}为温度差异值，下标 Rec 和 Obs 分别指重建的和观测的序列。对 D_{Tave}、D_{Tmax}、$D\mathrm{n}$、D_{U}、D_{RH}、D_{P}、D_{ET}、D_{IA}进行近似式估计。

4 个时间尺度，即 1 个月、3 个月、6 个月和 12 个月的时间尺度，分别代表不同干旱期的月、季度、半年和年的时间尺度。按季度计算，第一、二、三、四期分别为 1—3 月（JFM）、4—6 月（AMJ）、7—9 月（JAS）和 10—12 月（OND）。第一个半年包括 1—6 月（JFMAMJ），第二个半年包括 7—12 月（JASOND）。12 个月的时间范围包括 1—12 月。利用每个位点的观测数据和重建的 PCA 数据，比较 P、ET_0 和 I_A 的时间序列。北疆和南疆的 P 值、ET_0 值和 I_A 值分别取 25 和 26 个站的平均值。干旱指数的变异性用变异系数（C_v）来量化，Nielsen 和 Bouma（1985）提出：

$$C_v = \frac{\sigma}{\overline{x}} \tag{3-8}$$

式中：σ 为序列 x 的标准偏差；$\overline{x}$ 为序列 x 的平均值。

3.2　结果与分析

3.2.1　采用区域气象要素算术均值进行分析的合理性

图3-1显示了气象要素平均值、距平值及其非线性趋势在北疆、南疆和全疆的对比。基于直观对比表明，气象要素的平均值和距平值变化趋势在北疆、南疆和全疆都非常接近，其波动模式非常近似。同样，两者的非线性趋势也差异不大。

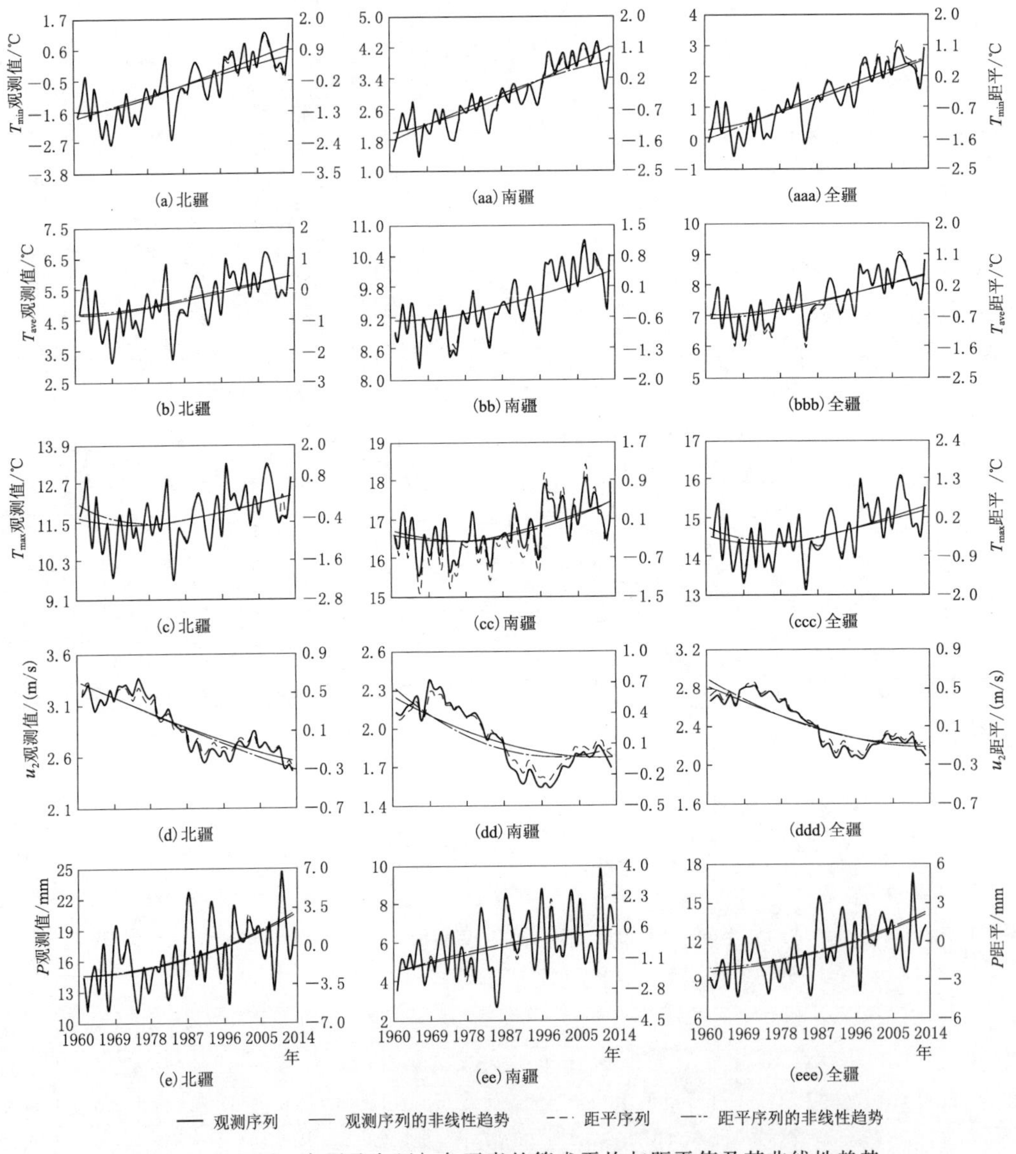

图3-1　北疆、南疆及全疆气象要素的算术平均与距平值及其非线性趋势

将北疆、南疆及全疆1961—2013年期间平均气象要素算术平均值与距平值之间的皮尔逊相关系数（r_1）及两者非线性趋势的相关系数（r_2）列于表3-3。根据表3-3的数据进行分析可知，各组数据之间的相关系数均较高，其中30对数据组中有28对的相关系数值均大于0.97。

表3-3　气象要素算术平均值与距平值以及两者非线性趋势之间的皮尔逊相关系数

区域 气象要素	r_1			r_2		
	全疆	北疆	南疆	全疆	北疆	南疆
T_{min}/℃	1.0	0.999	0.999	0.992	0.991	0.984
T_{ave}/℃	1.0	0.999	0.999	1.0	1.0	1.0
T_{max}/℃	1.0	0.999	0.999	0.974	0.918	0.989
u_2/(m·s^{-1})	0.999	0.992	0.997	0.995	0.999	0.982
P/mm	1.0	0.997	0.993	1.0	1.0	0.997

因此，综合图3-1和表3-3的结果，认为采用算数平均值进行北疆、南疆和全疆干旱指标的去趋势效应分析是合理的。

3.2.2 气象要素及干旱指标的变化趋势及相关性

表3-4列出了各气象要素在不同区域的趋势检验结果。表中Max为最大值，Min为最小值，Z为MK检验的统计量，Z_M为M-MK检验的统计量（Hamed和Rao，1998），j为阶数，b为Sen斜率，b_M为Hamed和Rao（1998）方法得出的修正Sen斜率，p_{sl}为MK检验方法的显著性水平，$p_{sl,M}$为基于M-MK趋势检验方法的p_{sl}，*表示通过了95%的显著性检验，LS为基于最小二乘法得出的线性斜率。

表3-4　基于MK和MMK方法的趋势检验结果

气象要素	区域	Max	Min	Z	b	p_{sl}	j	Z_M	b_M	$p_{sl,M}$	LS
T_{min}/℃	北疆	1.19	−2.74	6.21*	0.056	0	10	7.33*	0.053	0	0.052
	南疆	4.35	1.35	7.29*	0.047	0	14	5.87*	0.044	0	0.046
	全疆	2.86	−0.50	7.02*	0.053	0	11	8.56*	0.050	0	0.050
T_{ave}/℃	北疆	6.69	3.11	4.68*	0.038	0	10	5.49*	0.035	0	0.034
	南疆	10.7	8.17	5.59*	0.030	0	10	7.02*	0.029	0	0.029
	全疆	8.93	6.14	5.40*	0.036	0	10	6.59*	0.033	0	0.032
T_{max}/℃	北疆	13.2	9.69	3.12*	0.024	0.002	1	3.12*	0.023	0.002	0.019
	南疆	18.1	15.5	4.02*	0.022	0	10	4.07*	0.021	0	0.019
	全疆	16.1	13.1	3.86*	0.024	0	10	4.65*	0.023	0	0.020
u_2/(m·s^{-1})	北疆	3.37	2.55	−6.90*	−0.015	0	15	−4.47*	−0.015	0	−0.016
	南疆	2.38	1.54	−5.73*	−0.014	0	15	−2.85*	−0.013	0.004	−0.017
	全疆	2.83	2.07	−6.04*	−0.015	0	16	−3.21*	−0.014	0.001	−0.017
P/mm	北疆	24.0	11.5	3.63*	1.16	0	12	3.80*	1.226	0	0.102
	南疆	9.87	2.90	3.18*	0.468	0.001	11	6.03*	0.446	0	0.050
	全疆	17.0	7.80	3.97*	0.827	0	12	4.69*	0.859	0	0.077

根据表3-4，气象要素 T_{min}、T_{ave}、T_{max}、u_2 和 P 在北疆和南疆具有不同的变化范围，且差异明显，全疆气象要素变化范围介于北疆和南疆之间，特别是南北疆降水的差异较大。无论是采用MK趋势检验方法还是M-MK方法，气象要素 T_{min}、T_{ave}、T_{max}、u_2 和 P 在南疆、北疆和全疆都具有显著趋势。但不同之处为：①统计量 Z 和 Z_M，以及 b 和 b_M 的具体数值有差异；②各要素的趋势不同，其中北疆、南疆和全疆的 T_{min}、T_{ave}、T_{max} 和 P 具有显著增加趋势，而 T_{min}、T_{ave}、T_{max}、u_2 和 P 具有显著降低趋势。

此外，除降水之外，北疆、南疆和全疆各气象要素的线性斜率与Sen斜率基本接近。这些气象要素的变化趋势影响干旱指标的值及变化趋势。

以降水 P 为例，表3-4中的MK和M-MK趋势检验结果与表2-12的MMK趋势检验结果相比，3种方法得出的统计量 Z 值不同。基于MK、MMK和M-MK方法得出的统计量 Z 基本上具有 $Z_{M\text{-}MK}>Z>Z_{MMK}$ 的顺序，说明M-MK方法大多增加了序列趋势的显著性，而方法大多将显著趋势变为不显著趋势。虽然经过不同方法的修正，但原始序列的趋势均一致表现为显著上升。因此从应用角度而言，原MK趋势检验方法用于常规趋势检验即已足够。若考虑序列的自相关性或序列是否存在趋势等问题，则所得的趋势检验结果更严谨。

类似地，将基于原始观测气象要素计算的北疆、南疆及全疆干旱指标 *sc*-*PDSI*、I_A、I_m 及 I_{sh} 的MK和M-MK趋势检验结果列于表3-5。根据表中的数据，北疆、南疆和全疆的 *sc*-*PDSI*、I_A、I_m 及 I_{sh} 无一例外地呈现出显著上升的变化趋势，而且不论是MK还是M-MK方法，结论都一致。与前述干旱指标趋势分析结果相比（表2-16），不论采用哪种趋势检验方法，或采用哪一类干旱指标（SPI、$SPEI_{PM}$、*sc*-*PDSI*、I_A、I_m 及 I_{sh}），都非常一致地得出了新疆地区干旱严重程度趋于缓解的结论。

表3-5　北疆、南疆及全疆干旱指标趋势检验结果

指标	区域	Z	b	p_{sl}	j	Z_M	b_M	$p_{sl,M}$	LS
sc-*PDSI*	北疆	2.83*	0.080	0.005	1	2.83*	0.080	0.005	0.088
	南疆	3.34*	0.047	0.001	7	4.54*	0.043	0	0.063
	全疆	2.92*	0.050	0.003	0	3.36*	0.062	0.001	0.066
I_m	北疆	2.16*	0.076	0.031	0	2.25*	0.074	0.025	0.076
	南疆	2.52*	0.023	0.012	7	4.63*	0.021	0	0.031
	全疆	3.26*	0.051	0.001	0	3.40*	0.046	0.001	0.047
I_{sh}	北疆	2.49*	0.219	0.013	0	2.60*	0.228	0.009	0.181
	南疆	2.51*	0.076	0.012	7	5.01*	0.075	0	0.094
	全疆	2.92*	0.141	0.003	0	3.04*	0.154	0.002	0.101
I_A	北疆	3.44*	0.0015	0.001	6	4.19*	0.001	0	0.0015
	南疆	3.23*	0.0005	0.001	10	3.76*	0	0	0.0007
	全疆	3.94*	0.001	0	7	4.61*	0.001	0	0.001

干旱指标与所涉及气象要素的相关性可反映出该干旱指标受哪个或哪些气象要素的影响更多，从而可对涉及多个气象要素的干旱指标进行不同气象要素重要性影响的比较和排

序，在一定程度上可以解释干旱成因和各要素的贡献。表3-6列出了情景Ⅰ中（气象要素全部都未被去趋势）3个干旱指标（*sc*-*PDSI*、I_m及I_{sh}）与相关气象要素的Pearson相关系数（r）和显著性水平（p_{sl}）。表中，对于*sc*-*PDSI*和I_{sh}，T为T_{ave}；对于I_m，T为T_{max}。

表3-6　　情景Ⅰ中干旱指标与气象要素的Pearson相关系数

干旱指标	*sc*-*PDSI*			I_m			I_{sh}		
区域	北疆	南疆	全疆	北疆	南疆	全疆	北疆	南疆	全疆
T/℃	-0.035	0.184	0.043	-0.478	-0.139	-0.272	-0.225	0.063	-0.086
p_{sl}	0.804	0.188	0.761	0.0003	0.319	0.048	0.105	0.652	0.541
P/mm	0.890	0.947	0.788	0.934	0.991	0.973	0.946	0.980	0.961
p_{sl}	<0.0001	<0.0001	<0.0001	<0.0001	<0.0001	<0.0001	<0.0001	<0.0001	<0.0001

由表3-6可知，降水P比气温T对于干旱指标*sc*-*PDSI*、I_m及I_{sh}的影响大的多，降水P的影响对于干旱严重度的变化具有绝对贡献，这对于北疆、南疆和全疆都适用。显然这符合干旱判断的一般规律。也正是因为降水P对干旱具有决定性影响，其在北疆、南疆和全疆的显著增加趋势也是新疆地区干旱缓解的重要原因。

由于I_A指标根据降水和ET_0的比值计算得出，而ET_0的计算又包含T_{min}、T_{ave}、T_{max}、u_2及RH等要素，因此与干旱指标*sc*-*PDSI*、I_m和I_{sh}相比，I_A受更多气象要素的影响。表3-7显示了情景Ⅰ中I_A与相关气象要素的相关系数r及相应的显著性水平p_{sl}。与干旱指标*sc*-*PDSI*、I_m及I_{sh}类似的是，降水P比其他要素与I_A的相关系数极高，也反映出I_A变化规律与降水的极紧密联系。但与干旱指标*sc*-*PDSI*、I_m及I_{sh}不同的是，气温（尤其是T_{min}）及u_2与干旱指标I_A的相关系数也较高，其中前者与I_A为正相关关系，而后者与I_A是负相关关系。此外，不同的温度指标与I_A的相关关系有区别，其中T_{min}、T_{ave}、T_{max}与I_A分别为正、正或负（地区不同）、及负相关关系，体现了不同温度参数对干旱的影响因区域而不同。就全疆而言，影响I_A的气象要素重要性排序为：$P>u_2>T_{min}>T_{ave}>T_{max}$。

表3-7　　情景Ⅰ中I_A与相关气象要素的Pearson相关系数

区域	T_{min}/℃	p_{sl}	T_{ave}/℃	p_{sl}	T_{max}/℃	p_{sl}	u_2/(m·s^{-1})	p_{sl}	P/mm	p_{sl}
北疆	0.23	0.098	-0.002	0.987	-0.216	0.121	-0.489	0.0002	0.989	<0.0001
南疆	0.412	0.002	0.184	0.186	-0.018	0.896	-0.483	0.0002	0.992	<0.0001
全疆	0.416	0.002	0.201	0.149	-0.011	0.938	-0.523	<0.0001	0.945	<0.0001

3.2.3 情景Ⅰ干旱指标的时间变化规律及其非线性趋势

情景Ⅰ基于观测的气象数据计算干旱指标。北疆、南疆及全疆情景Ⅰ中4类干旱指标*sc*-*PDSI*、I_m、I_{sh}及I_A的时间变化规律及其非线性趋势见图3-2。图3-2显示出：

（1）*sc*-*PDSI*变化趋势在北疆、南疆及全疆基本相似，其中北疆和南疆的非线性趋势很接近，三者都具有增加的长期趋势。*sc*-*PDSI*值具有北疆>全疆>南疆的区域特

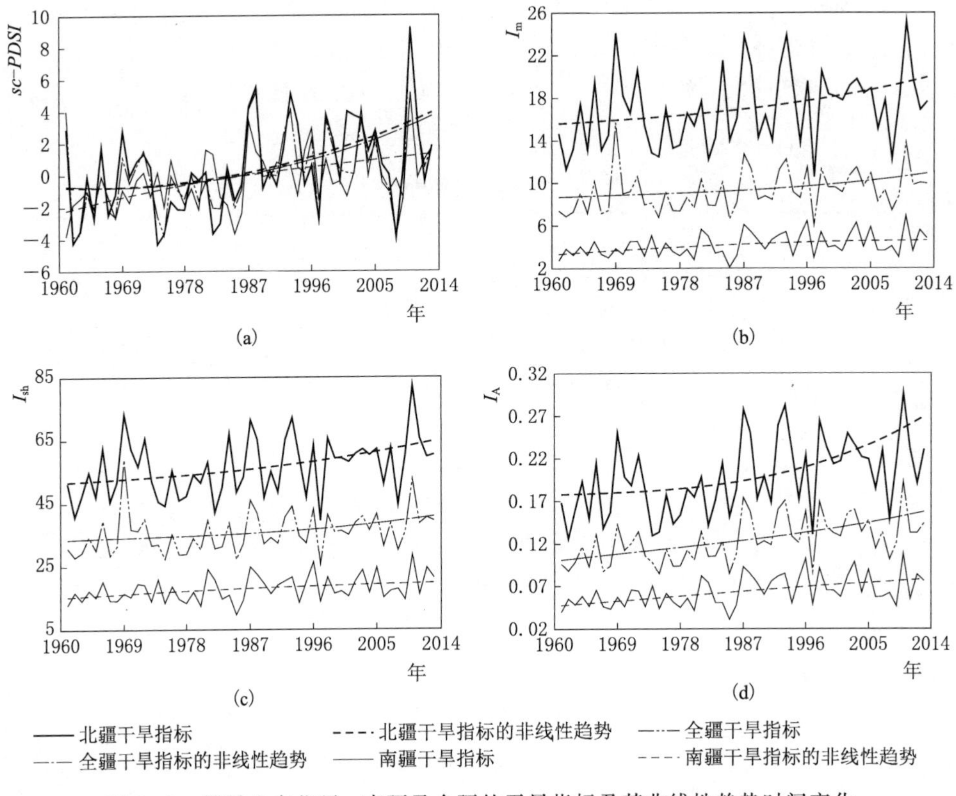

图3-2　情景Ⅰ中北疆、南疆及全疆的干旱指标及其非线性趋势时间变化

点。1962—1963年、1973—1974年、1984—1984年及2007—2008年等时间段，北疆、南疆及全疆发生了不同严重程度的干旱，而在1969年前后、1987—1990年、1998—2007年、2009—2013年等时间段，新疆地区干旱严重程度不大。

（2）整个研究期1961—2013年期间，干旱指标I_m、I_{sh}及I_A在数值上差异较大，但在同一区域（北疆、南疆或全疆）具有极高的相似性，其非线性趋势比较一致地说明三个干旱指标都具有上升趋势，尤其北疆干旱指标的上升趋势更明显。同样，3个指标也具有北疆＞全疆＞南疆的区域特点。

3.2.4　不同气候情景中干旱指标的时间变化规律

在不同去气象要素非线性趋势的情景中进行干旱指标的计算。图3-3对比了1961—2013年期间情景Ⅰ～Ⅳ中北疆、南疆及全疆干旱指标*sc*-*PDSI*、I_m和I_{sh}的时间变化规律。由图3-3可知：

（1）图3-3（a）中，北疆情景Ⅱ中的*sc*-*PDSI*值在1961—1980年期间比情景Ⅰ的*sc*-*PDSI*值低，但1990—2013年期间比情景Ⅰ稍大；情景Ⅲ中的*sc*-*PDSI*值在1961—1980年期间比情景Ⅰ的*sc*-*PDSI*值稍高，而1990—2013年期间比情景Ⅰ的*sc*-*PDSI*值低得多；情景Ⅳ中的*sc*-*PDSI*值在1961—1980年期间比情景Ⅰ的*sc*-*PDSI*值高，而1990—2013年期间比情景Ⅰ的*sc*-*PDSI*值低，但其比情景Ⅰ增加或减少的幅度比情景Ⅲ的小。相较情景Ⅰ而言，情景Ⅱ、Ⅲ及Ⅳ中的*sc*-*PDSI*值在1980—1990年期间变化幅度不大。由于降水具有普遍增加趋势，导致干旱整体具有缓解趋势，同时由于T_{ave}增加，导致1961—2013年期间干旱严重度有所增加，因此降水P和温度T_{ave}同时增加对干旱的影响是相反的。情景Ⅳ比情景Ⅲ中的*sc*-*PDSI*值有所增加，这揭示了去趋势的相互作用，表明降水P增加对增加*sc*-*PDSI*值的影响远远大于T_{ave}增加对降低*sc*-*PDSI*值的影响，这也可以从对比情景Ⅱ和Ⅲ看出。结合表3-4的单要素变化趋势分析结果可知，降水P的趋势比T_{ave}的趋势更强，因此对P去趋势的效果强于对T_{ave}去趋势的效果。图3-3（b）中，对于南疆，不同情景中*sc*-*PDSI*值仅有微小变化，这与北疆不同，尤其对1978—2005年这一时间段更明显。降水P增加对增加*sc*-*PDSI*值的影响并不大。图3-3（c）中，各情景下*sc*-*PDSI*值的差异较大。

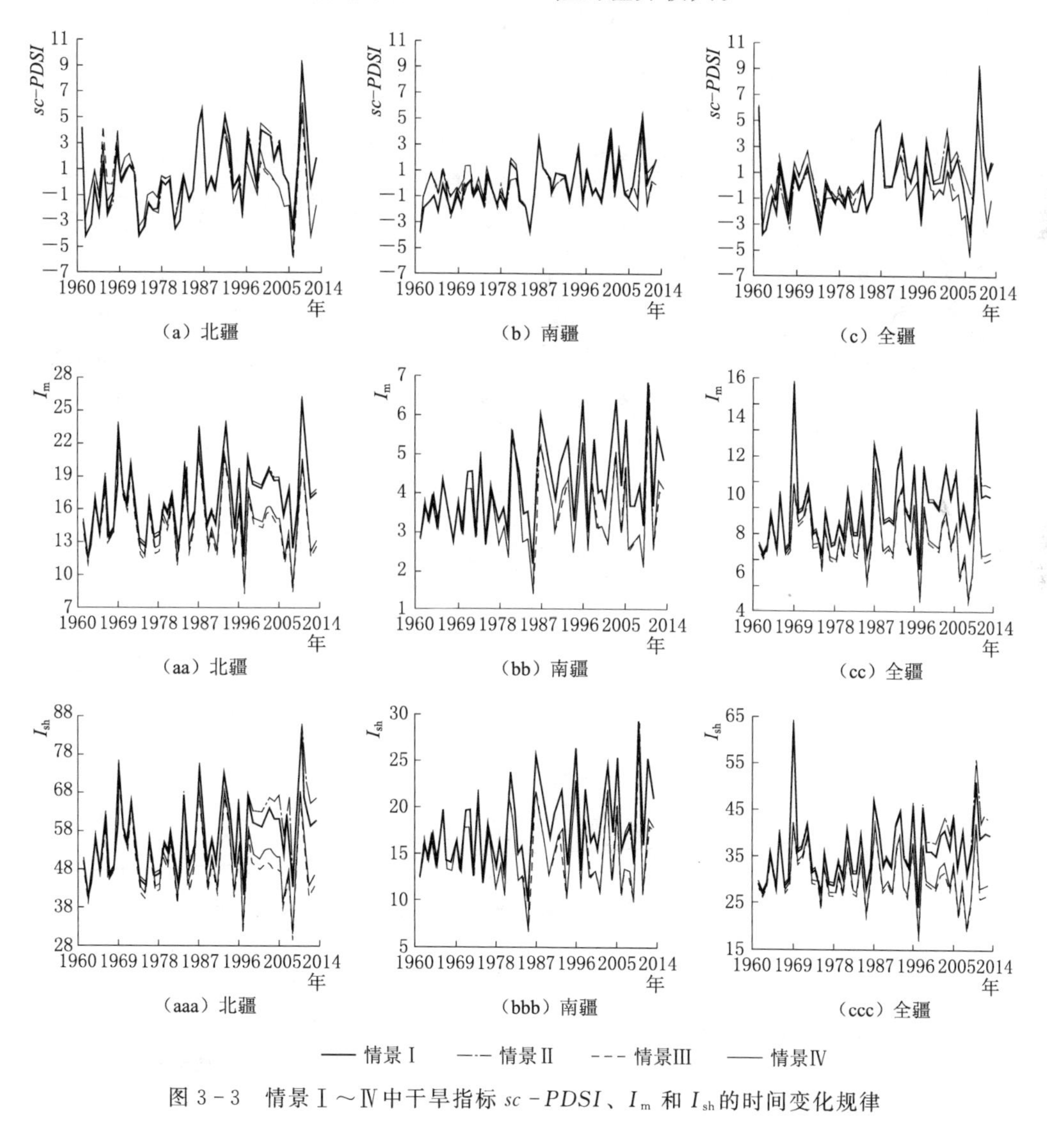

图3-3 情景Ⅰ～Ⅳ中干旱指标*sc*-*PDSI*、I_m和I_{sh}的时间变化规律

（2）图3-3（aa）中，与情景Ⅰ相比，北疆干旱指标I_m在1973—1987年期间有所减少，1987年后增加明显，但其他时间段变化不大。与情景Ⅰ相比，情景Ⅲ和情景Ⅳ中

的 I_m 值在1973年后减少的很明显。不同情景下的 I_m 值在1973年之前与情景Ⅰ差别不大。情景Ⅰ与情景Ⅱ之间、情景Ⅲ与情景Ⅳ之间的 I_m 值差别不大，这反映了降水 P 对 I_m 值的影响比 T_{max} 的大。这也可以依据 I_m 与 P 的相关系数 r（0.934，$p_{sl}<0.0001$）及 I_m 与 T_{max} 相关系数 r（-0.478，$p_{sl}=0.0003$）（表3-6）进一步解释。总体上，若 T_{max} 序列不存在增加趋势，北疆干旱将轻微缓解；若 P 序列不存在增加趋势，北疆干旱将严重得多。在南疆及北疆的各情景干旱指标 I_m 的时间变化规律也具有和北疆类似的特点，但其情景Ⅰ与情景Ⅱ之间、情景Ⅲ与情景Ⅳ之间的 I_m 值差别甚至比北疆的更小，这一结果与 I_m 与 P 及 T_{max} 相关系数也具有一致性，不再赘述。

(3) 图3-3（aaa）中，与情景Ⅰ相比，情景Ⅱ、Ⅲ、Ⅳ中的北疆干旱指标 I_{sh} 在1961—1975年期间有轻微增加，1975年后，情景Ⅱ的 I_{sh} 增加明显，但情景Ⅲ、Ⅳ中的 I_{sh} 值比情景Ⅰ的低，这表明1975年后，P 和 T_{ave} 的增加趋势明显改变了干旱严重程度，其中 P 对 I_{sh} 值的影响比 T_{ave} 更明显。对于图3-3（bbb）的南疆，同样展示出情景Ⅲ、Ⅳ中去除 P 的增加趋势具有降低 I_{sh} 值的作用，但情景Ⅱ中去除 T_{ave} 的增加趋势对增加 I_{sh} 值的作用不大。这个结果比较合理，因为 I_{sh} 值为降水 P 和 S_h 的比值，与 T_{ave} 为间接关系。全疆 I_{sh} 在各情景中的变化规律与北疆的类似，不再赘述［图3-3（ccc）］。I_{sh} 和 P 之间的相关系数在北疆、南疆及全疆分别为0.946、0.980和0.961（$p_{sl}<0.0001$），I_{sh} 和 T_{ave} 之间的相关系数在北疆、南疆及全疆分别为-0.225、0.063和-0.086（p_{sl} 分别为0.105、0.652和0.653），显然前者比后者大得多且前者显著性更好，这也说明了降水对于干旱指标 I_{sh} 的影响比更强，降水 P 的显著增加对于新疆地区干旱缓解具有重要影响。

图3-4所示为1961—2013年期间情景Ⅰ～Ⅵ中北疆、南疆及全疆干旱指标 I_A 的时间变化规律。由图3-4可知：

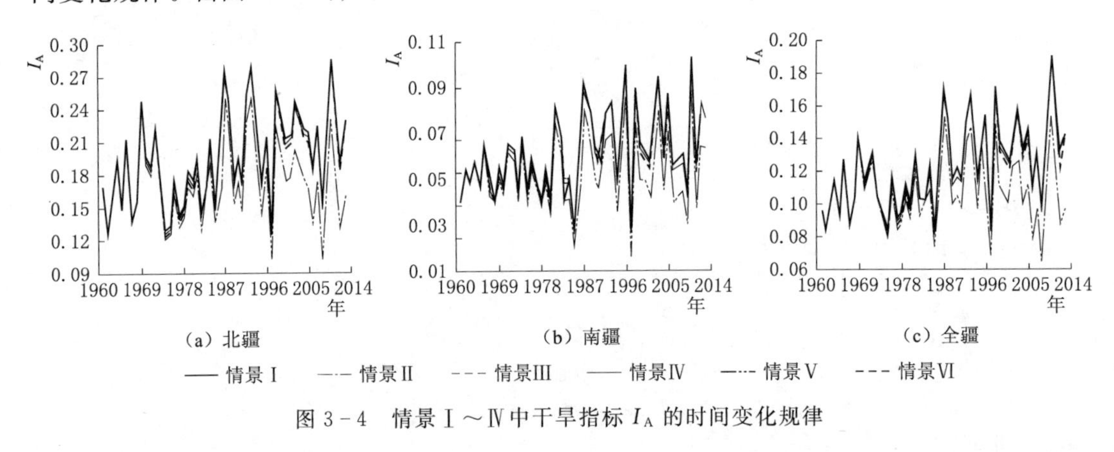

图3-4　情景Ⅰ～Ⅳ中干旱指标 I_A 的时间变化规律

(1) 图3-4（a）中，北疆情景Ⅱ中的 I_A 值比情景Ⅰ的 I_A 值略低，表明 T_{ave} 的增加趋势对干旱严重程度有降低作用，但程度不大。北疆 I_A 和 T_{ave} 之间较小的相关系数（为负值）也可以解释 T_{ave} 对 I_A 的轻微降低作用，而南疆和全疆的 I_A-T_{ave} 相关系数与北疆的有所不同。这说明若 T_{ave} 的增加趋势不存在，基于 I_A 所描述的干旱可能更严重。情景Ⅲ中的 I_A 值在1987年之后比情景Ⅰ降低的越来越多，表明如果降水 P 的增加趋势不存在，1961—2013期间的干旱情况比实际发生的更严重。情景Ⅳ中的 I_A 值比情景Ⅰ中的有轻微降低，这与情景Ⅱ类似，表明同时增加 P 和 T_{ave} 降低了干旱严重程度，但两者的综合效应对于缓解干旱的综合效应比 P 的单独作用小。情景Ⅴ中的 I_A 值比情景Ⅰ中的降低明显（与情景Ⅲ类似），表明同时增加 T_{max}、T_{ave}、T_{max} 和 P 很明显降低干旱严重程度。情景Ⅵ中的 I_A 值比情景Ⅰ中的降低明显（与情景Ⅲ类似），表明同时增加 T_{max}、T_{ave}、T_{max} 和 P 很明显降低了干旱严重程度，但其降低幅度比情景Ⅲ和Ⅴ的小，这显示了风速 u_2 的降低趋势对干旱严重程度的轻微缓解作用。不同情景下的 I_A 值与情景Ⅰ的 I_A 值对比说明，情景Ⅱ、Ⅳ、Ⅵ之间的 I_A 值差异不大，但情景Ⅲ、Ⅴ的 I_A 值差异较大。整体上，若序列 T_{min}、T_{ave}、T_{max} 和 P 不存在增加趋势、同时 u_2 不存在降低趋势，基于 I_A 指标体现的北疆地区干旱比实际情况更严重。

（2）图 3－4（b）中，南疆情景Ⅱ～Ⅵ中的 I_A 值基本都比情景Ⅰ的 I_A 值低，这些结果也表明若序列 T_{min}、T_{ave}、T_{max} 和 P 不存在增加趋势、同时 u_2 不存在降低趋势，基于 I_A 指标体现的南疆地区干旱比实际情况更严重。然而，情景Ⅰ和Ⅱ之间 I_A 的差异比和情景Ⅲ、Ⅳ及Ⅴ之间 I_A 的差异小。T_{ave} 的增加趋势对改变 I_A 的影响不明显，u_2 的降低趋势对改变 I_A 的影响也不大，但 T_{ave} 和 P 的同时增加对增加 I_A 值的综合影响却很明显。

（3）图 3－4（c）中，全疆情景Ⅰ和Ⅱ之间 I_A 的差异比和情景Ⅲ、Ⅳ及Ⅴ之间 I_A 的差异小。

结合表 3－7 的结果，不同区域 I_A 与气象要素的相关性不同，其中 I_A 与 P 的相关性最好，也说明降水对 I_A 的影响比其他气象要素更大。综合 4 个干旱指标 *sc－PDSI*、I_m、I_{sh} 和 I_A 在不同情景中的变化规律可知，新疆地区降水的增加趋势对缓解干旱起到了重要作用，这种缓解作用在北疆比南疆表现得更明显。

表 3－8 为干旱指标 I_A 在北疆、南疆和全疆的最大值、最小值和平均值。在 6 个情景中，情景Ⅱ～Ⅵ中的 I_A 统计参数都比情景Ⅰ的小。其中，情景Ⅲ和Ⅴ的 I_A 统最小值和平均值比其他情景的大些。

表 3－8　　干旱指标 I_A 在 6 个气候情景中的统计特征

统计特征	区域	情景Ⅰ	情景Ⅱ	情景Ⅲ	情景Ⅳ	情景Ⅴ	情景Ⅵ
最小值	北疆	0.126	0.123	0.096	0.123	0.097	0.125
最小值	南疆	0.031	0.031	0.020	0.020	0.020	0.029
最小值	全疆	0.084	0.084	0.063	0.063	0.065	0.082
平均值	北疆	0.197	0.192	0.173	0.192	0.170	0.193
平均值	南疆	0.064	0.064	0.053	0.052	0.053	0.061
平均值	全疆	0.123	0.123	0.105	0.104	0.106	0.118
最大值	北疆	0.297	0.288	0.258	0.288	0.252	0.283
最大值	南疆	0.108	0.108	0.090	0.089	0.092	0.102
最大值	全疆	0.193	0.193	0.157	0.157	0.158	0.181

表 3－9 统计了不同气候情景中干旱指标 *sc－PDSI*、I_m 和 I_{sh} 在北疆、南疆和全疆的最大值、最小值和平均值。表 3－9 表明，1961—2013 年期间，四个不同的干旱指标 *sc－PDSI*、I_m、I_{sh} 和 I_A 的统计特征值所反映的干旱状况（干、湿或正常）在不同情景中有区别，具体表现为：

表 3-9　　干旱指标 $sc-PDSI$、I_m 和 I_{sh} 在 4 个气候情景中的统计特征

干旱指标	统计特征	区域	情景Ⅰ	情景Ⅱ	情景Ⅲ	情景Ⅳ
$sc-PDSI$	最小值	北疆	−4.30	−4.44	−6.38	−5.92
	最小值	南疆	−3.80	−3.90	−3.95	−3.96
	最小值	全疆	−3.84	−4.09	−6.12	−5.68
	平均值	北疆	0.424	0.442	−0.047	−0.036
	平均值	南疆	−0.215	−0.198	−0.191	−0.192
	平均值	全疆	0.201	0.290	−0.197	−0.177
	最大值	北疆	9.22	9.58	5.67	6.05
	最大值	南疆	5.18	5.60	3.41	3.56
	最大值	全疆	9.27	9.74	6.14	5.92
I_m	最小值	北疆	10.5	10.7	7.9	8.2
	最小值	南疆	2.11	2.10	1.35	1.34
	最小值	全疆	6.04	6.12	4.43	4.48
	平均值	北疆	17.0	17.1	14.9	15.0
	平均值	南疆	4.20	4.23	3.47	3.50
	平均值	全疆	9.23	9.28	7.78	7.81
	最大值	北疆	25.2	26.7	23.8	23.3
	最大值	南疆	6.91	7.20	5.70	5.94
	最大值	全疆	15.7	15.5	11.5	11.4
I_{sh}	最小值	北疆	39.5	40.8	28.6	30.9
	最小值	南疆	9.73	9.89	6.22	6.32
	最小值	全疆	25.7	27.1	18.6	19.9
	平均值	北疆	56.3	58.5	49.4	51.2
	平均值	南疆	17.9	18.4	14.8	15.2
	平均值	全疆	35.8	37.1	30.2	31.2
	最大值	北疆	82.3	89.3	72.4	72.7
	最大值	南疆	28.7	30.4	23.7	25.1
	最大值	全疆	59.0	59.2	41.6	43.7

(1) 对于 $sc-PDSI$，情景Ⅱ中的最大值比情景Ⅰ的稍高，而最小值比情景Ⅰ的稍低，因此，若 T_{ave} 不存在增加趋势，即有可能发生更严重的干旱，也有可能发生更湿润的情况。这表明更干燥或更湿润的天气状况都有可能发生，或在去 T_{ave} 趋势情况下，有可能干旱演变规律趋于复杂。情景Ⅲ和Ⅳ的 $sc-PDSI$ 最小值、平均值和最大值都比情景Ⅰ的小，表明去降水 P 趋势（情景Ⅲ）及同时去 P 和 T_{ave} 的趋势（情景Ⅳ）都使干旱趋于严重和恶化。

(2) 情景Ⅱ中 I_m 的统计参数比情景Ⅰ的稍大，但情景Ⅲ和情景Ⅳ的比情景Ⅰ的稍小，表明以表征干旱严重程度时，降水 P 去趋势引起干旱恶化，但整体上 T_{max} 和 P 值的

去趋势对 I_m 的影响都不大。

(3) 与 I_m 类似，情景Ⅱ中 I_{sh} 的统计参数比情景Ⅰ的稍大，但情景Ⅲ和情景Ⅳ的比情景Ⅰ的稍小，这也强调了降水 P 对缓解干旱的重要作用，而 T_{ave} 与之相比作用较小。

表 3-10 对比了 1961—2013 年期间，相对于情景Ⅰ，4 个干旱指标在其他不同情景中的变幅 V_a 低于临界值的干旱指标值意味着严重或极端干旱。不同情景中 $sc-PDSI$ 的变幅 V_a 反映了相比"中度干旱"，这些干旱在北疆、南疆和全疆究竟严重到什么程度；而对于不同情景中的干旱指标 I_m、I_{sh} 和 I_A，变幅 V_a 反映了相比"干旱"气候类型，气候类型究竟干燥到什么程度。该表显示：

表 3-10　　不同情景下干旱指标的变幅值 (V_a/%)

干旱指标	区域	情景Ⅱ	情景Ⅲ	情景Ⅳ	情景Ⅴ	情景Ⅵ
$sc-PDSI$	北疆	−2.94	−235.7	−196.4	—	—
	南疆	−3.04	−19.9	−9.92	—	—
	全疆	−7.00	−557.1	−501.0	—	—
I_m	北疆	−0.42	−12.5	−11.4	—	—
	南疆	0.57	−17.3	−17.0	—	—
	全疆	0.35	−14.3	−14.2	—	—
I_{sh}	北疆	0.78	−29.7	−25.1	—	—
	南疆	2.3	−17.3	−15.6	—	—
	全疆	2.1	−15.1	−12.5	—	—
I_A	北疆	−2.47	−12.4	−2.47	−13.7	−1.36
	南疆	−0.16	−17.5	−17.7	−16.9	−4.23
	全疆	−0.11	−14.5	−14.6	−13.9	−3.84

(1) 情景Ⅱ中，变幅 V_a 值在零值附近波动，基本较小，表明对 T 去趋势对干旱严重程度影响较小。对于 $sc-PDSI$、I_m、I_{sh} 和 I_A 的情景Ⅲ和Ⅵ，所有 V_a 都为负值，表明对降水 P 或风速 u_2 去趋势使干旱恶化。对与北疆和全疆，当采用 $sc-PDSI$ 指标时，情景Ⅲ和Ⅳ变幅 V_a 值（$<-196\%$）比南疆的小，表明对降水 P 或风速 u_2 去趋势在北疆比南疆的影响更大。

(2) I_m 的变幅 V_a 值在 $-17.3\%\sim0.57\%$ 范围内变化，负值较多。I_m 的 V_a 依北疆>全疆>南疆的区域特征变化，其中情景Ⅲ和Ⅳ更明显地表明对降水 P 去趋势使干旱恶化的情况在南疆比在北疆严重。

(3) I_{sh} 的变幅 V_a 值均为正，但都较小，北疆、南疆和全疆情景Ⅱ的 V_a 值在 $0.78\%\sim2.3\%$ 范围内变化；但情景Ⅲ和Ⅳ中北疆、南疆和全疆的 V_a 值均为负值，在 $-12.5\%\sim-29.7\%$ 范围内变化，I_{sh} 的变幅 V_a 依北疆>南疆>全疆的区域特征变化。

(4) 情景Ⅱ～情景Ⅴ中，I_A 的变幅 V_a 值均为负值。

(5) 当采用指标 $sc-PDSI$ 时，干旱严重程度的区域差异比用其他指标更明显。

一般来说，对温度 T 去趋势对严重或极端干旱的影响比较弱（情景Ⅱ，$|V_a|<7\%$）。在情景Ⅲ和Ⅳ中，不论用哪个指标或针对哪个区域，V_a 值均为负值。当采用 $sc-PDSI$、

I_m、I_{sh}和I_A之中的任意一个时，大部分$|V_a|$值大于23%，显示了用不同干旱指标时对P、T或T去趋势时的区域差异。当P减小，南疆的极端干旱事件趋于更严重。对于变幅V_a的分析结果也说明，若降水P不存在增加趋势，新疆地区干旱状况会更加严重。此外，当采用指标I_A时，情景Ⅴ中的V_a值在北疆、南疆及全疆均大于13.7%，情景Ⅵ中的V_a值在北疆、南疆及全疆均大于1.36%，这说明对P和T去趋势比对T去趋势更容易引起比“干旱”更严重的气候类型。

对全疆采用不同干旱指标对比变幅V_a值的变化规律可知，*sc*-*PDSI*在表征比“中度干旱”更严重的状况时适用性更好。从这个角度而言，*sc*-*PDSI*比其他3个指标更适宜表征新疆干旱特征。

3.2.5 4个干旱指标*sc*-*PDSI*、I_m、I_{sh}和I_A之间的差异

采用4个干旱指标进行不同气候情景中气象要素去趋势对干旱演变规律的影响在上文已做了描述。采用不同干旱指标一致反映出新疆地区降水增加使得干旱有所缓解，且北疆比南疆缓解程度大，尤其1998年之后这一现象更为明显。

不同干旱指标之间具有一定差异。第一，作为一种标准化干旱指标，*sc*-*PDSI*不仅显示出对T_{ave}和P分别去趋势对干旱严重程度的相反作用，而且显示出在1982年之前和之后的两个时段干旱严重程度的趋势差异。而其他3个指标并没有反映出这一特性。第二，采用不同干旱指标时，每种气候变量对其变化规律的影响有所不同。毫无疑问，降水P是影响干旱的最重要气象要素。第三，平均气温T_{ave}去趋势后对干旱严重程度的影响存在不确定性。对于*sc*-*PDSI*，基于去趋势和观测的T_{ave}得出的曲线差别不大，显示出T_{ave}去趋势对增加干旱严重程度的作用较小。去T_{ave}趋势对采用I_m和I_{sh}，T_{ave}表征的干旱严重程度的影响比对*sc*-*PDSI*表征干旱时的影响大。对于I_A、T去趋势后对干旱严重程度的影响也较小，而且这种微弱的影响被去P趋势对干旱严重程度的较强效应所掩盖。对T和P同时去趋势具有明显的联合缓解干旱的效应，这种效应基本与去P趋势的效应相同，尤其采用指标I_m和I_A，这一结论更明显。根据指标I_{sh}，气候变化对干旱的影响，或T和P去趋势对干旱的影响在1987年后更明显。然而，依旧难于在四个干旱指标中做出取舍，来决定哪个指标在新疆地区研究气候变化对干旱影响的过程中更好。

值得一提的是，气候变化对干旱的影响具有区域差异性。Sun和Ma（2015）的研究表明，如果历史温度没有增加趋势，黄土高原干化趋势将会变缓、变弱。我们的研究和他们在T_{ave}影响干旱方面具有一致性，但我们的研究同时也表明气温对干旱的影响在采用不同指标表征时具有不确定性。与新疆地区降水具有显著增加趋势的结论不同，黄土高原降水P具有不显著降低趋势，而均温T_{ave}具有显著增加趋势（Sun和Ma，2015），两者的叠加效应导致过去几十年间黄土高原的干旱趋于更加严重。另外，Sun和Ma（2015）只分析了气候变化对干旱指标*sc*-*PDSI*的影响，而我们采用了四个不同的干旱指标进行了气候变化的影响对比。

3.2.6 气候变量去噪对新疆干旱特征的影响

3.2.6.1 P、I_A、ET_0观测值和重建值的时间变化

图3-5展示了月平均气象变量的观测值和PCA重建值的变化。T_{min}、T_{ave}和T_{max}变

化情况相似，在区域之间月均值变化较小，而 u_2、RH 和 P 的月均值在不同区域变化较大。气象要素的观测值和 PCA 重建值也有差异，在新疆地区 T_{min}差值为 1.6～8.1℃，T_{ave}差值为 1.9～8.8℃，T_{max}差值为 3.2～9.4℃，n 的差值为 0.7～1.3 h，u_2 的差值为 0.3～1.3m・s^{-1}，RH 的差值为 10.6%～27.4%，P 的差值为 4.2～29.7 mm。

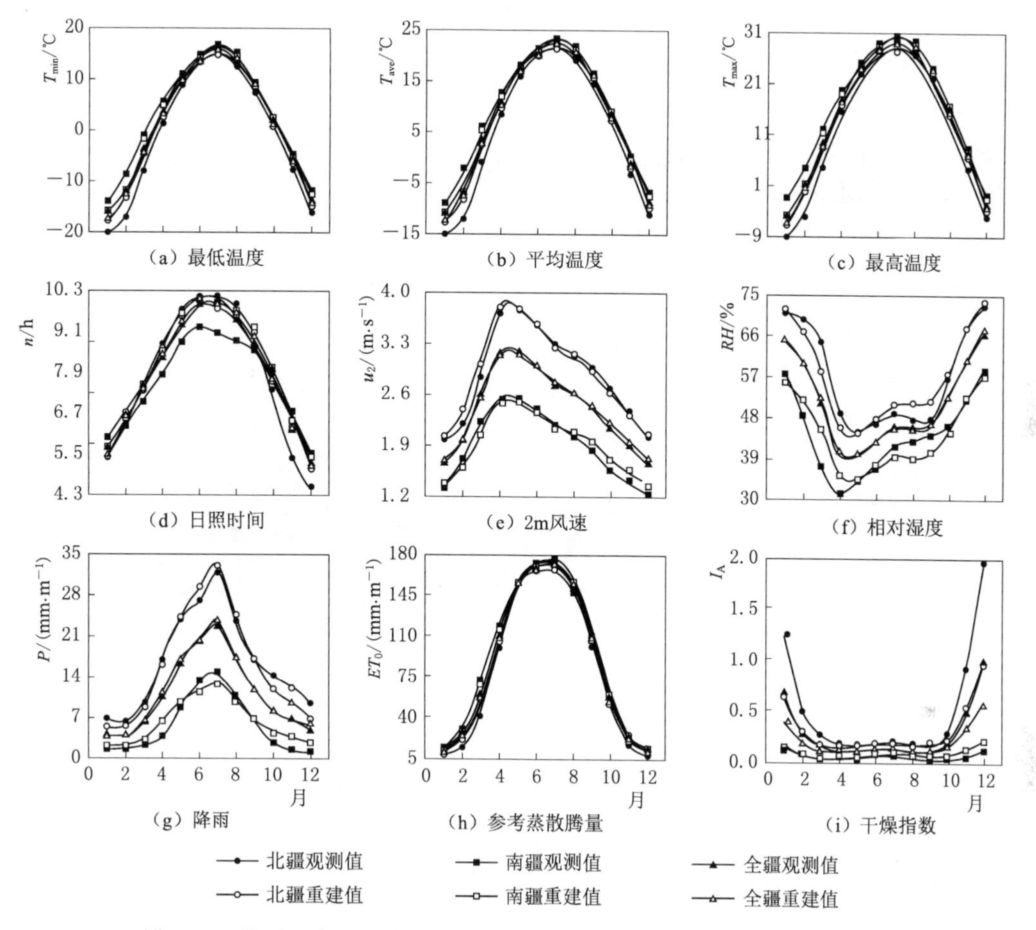

图 3-5　北疆、南疆和全疆气象要素月平均观测值和 PCA 重建值的变化

表 3-11 展示了不同子区域的 D_P、D_{Tmin}、D_{Tave}、D_{Tmax}、D_n、D_u、D_{RH}、D_{ET} 和 D_{I_A} 的差异：

(1) 1—12 月北疆地区的 D_{Tmin} 和 D_{Tave} 通常是正值。其中 2 月的 D_{Tmin} 值最大为 3.4℃；10 月的 D_{Tmin}值最小为 1.1℃。2 月的 D_{Tave}值最大为 5.4℃；7 月的 D_{Tave}值最小为 0.3℃。D_u和 D_n 每个月的波动很小，前者在−0.1～0.2m・s^{-1}，后者在−0.2～0.9h 之间。3 月的 D_{RH} 值最小为−6.5%；9 月的 D_{RH} 值最大为 3.6%。

(2) 南疆地区的 D_{Tmin}、D_{Tave}和 D_{Tmax}与北疆相反。D_n 和 D_u 却依然在地区之间变动很小。

(3) 全疆的 D_{Tmin}、D_{Tave}、D_{Tmax}、D_n、D_u 和 D_{RH} 观测值与北疆和南疆相似。

(4) D_P 在北疆、南疆和全疆的变动范围不同。D_{ET} 在北疆变动范围是−9.57～10.6mm，在南疆变动范围是−11.1～7.34mm，在全疆变动范围是−1.02～2.14mm。

(5) 北疆地区 D_{I_A} 的变化范围是 $-1.02\sim0.003$；全疆地区 D_{I_A} 的变化范围是 $-0.44\sim-0.004$，并且由 PCA 重建的 I_A 呈下降趋势；南疆地区 D_{I_A} 的变化范围是 $-0.02\sim0.098$，并且由 PCA 重建的 I_A 呈上升趋势。

(6) 全疆地区 D_P、D_{ET} 和 D_{I_A} 的平均值分别是 0.04mm、−0.5mm 和−0.1mm，表明在长期的角度看来 P、ET_0 和 I_A 是存在噪声的，但对于使用 I_A 去评估干旱仍然是重要的。但当用于获取原始数据的重建 PCA 模型数量增加或者减少时，情况也会有所不同。

表 3－11　　北疆、南疆和全疆 12 个月各气象指标的年平均值

指标	区域	1月	2月	3月	4月	5月	6月	7月	8月	9月	10月	11月	12月
$D_{T\min}$/℃	北疆	2.10	3.40	3.20	2.30	2.10	1.80	1.80	1.80	1.60	1.10	1.30	1.70
	南疆	−1.70	−3.10	−2.80	−1.90	−1.70	−1.50	−1.50	−1.60	−1.40	−0.70	−0.70	−1.20
	全疆	0.00	0.00	0.10	0.10	0.10	0.10	0.00	0.00	0.10	0.20	0.20	0.10
$D_{T\mathrm{ave}}$/℃	北疆	4.30	5.40	4.60	2.50	1.40	0.60	0.30	0.40	1.00	1.70	2.60	3.50
	南疆	−2.70	−3.70	−3.10	−1.60	−0.90	−0.30	−0.20	−0.40	−0.70	−1.00	−1.50	−2.10
	全疆	0.60	0.60	0.50	0.30	0.20	0.10	0.00	0.00	0.10	0.30	0.50	0.60
$D_{T\max}$/℃	北疆	4.50	5.50	4.50	1.70	0.20	−0.70	−1.10	−1.00	−0.10	1.50	2.90	3.80
	南疆	−3.10	−3.90	−3.20	−1.10	−0.10	0.50	0.70	0.60	0.00	−1.00	−2.00	−2.60
	全疆	0.50	0.50	0.50	0.20	0.10	−0.10	−0.20	−0.20	0.00	0.20	0.30	0.40
D_n/h	北疆	0.50	0.30	0.10	−0.20	−0.20	−0.10	−0.20	−0.20	0.10	0.60	0.90	0.70
	南疆	0.00	0.30	0.50	0.90	0.90	0.90	0.90	0.90	0.60	0.00	−0.40	−0.30
	全疆	0.20	0.20	0.20	0.20	0.30	0.30	0.30	0.30	0.20	0.20	0.20	0.10
D_u/(m·s^{-1})	北疆	−1.40	−0.90	−1.00	−1.00	0.50	2.00	0.90	1.20	0.30	−1.60	−2.70	−2.20
	南疆	0.60	0.30	0.90	2.20	1.00	−1.80	−1.90	−1.10	0.10	1.90	2.60	1.50
	全疆	−0.40	−0.30	0.00	0.70	0.80	0.00	−0.60	0.00	0.20	0.20	0.10	−0.20
D_{RH}/%	北疆	1.10	−2.90	−6.50	−3.4	−0.60	0.70	1.90	3.10	3.60	1.30	−0.10	1.50
	南疆	−1.70	3.50	7.90	4.00	0.60	−1.00	−2.50	−3.50	−3.90	−1.30	0.30	−2.00
	全疆	−0.40	0.50	1.20	0.50	0.00	−0.20	−0.40	−0.40	−0.40	−0.10	0.10	−0.40
D_P/mm	北疆	−1.44	−0.86	−1.01	−0.99	0.52	2.02	0.91	1.21	0.27	−1.62	−2.72	−2.23
	南疆	0.55	0.25	0.87	2.25	1.00	−1.76	−1.90	−1.09	0.11	1.90	2.60	1.54
	全疆	−0.39	−0.28	−0.02	0.74	0.79	0.02	−0.59	−0.01	0.19	0.25	0.09	−0.24
D_{ET}/mm	北疆	0.57	3.90	10.60	7.47	0.13	−5.22	−8.80	−9.57	−5.35	−0.38	0.30	−0.41
	南疆	−1.33	−5.32	−11.10	−3.72	2.53	5.35	7.34	7.21	4.38	1.04	−0.17	−0.12
	全疆	−0.36	−1.02	−0.89	2.04	2.14	1.17	0.65	0.40	0.79	1.09	0.39	−0.09
D_{I_A}/mm	北疆	−0.65	−0.24	−0.10	−0.04	−0.02	−0.004	−0.003	0.003	−0.003	−0.06	−0.38	−1.02
	南疆	0.03	0.01	0.02	0.02	0.01	−0.02	−0.02	−0.01	−0.01	0.03	0.09	0.10
	全疆	−0.30	−0.11	−0.04	−0.01	−0.01	−0.01	−0.01	−0.01	−0.01	−0.02	−0.13	−0.44

北疆地区 1961—2013 年每年有 10 个月降雨量 P 的 PCA 重建值较观测值小但变动相似，只有 6 月和 8 月变动相反［图 3－6 (a)］。北疆、南疆和全疆地区由 PCA 重建的 P_s

值和观测值较为相似，尤其是降雨量较大的 3 月到 8 月。南疆地区降雨量相对较小，但降雨量的噪声更大。对比降雨量的年内各个月份平均值和变异性，北疆、南疆和全疆地区由 PCA 重建的月 P_s 值相较原始 P_s 值差异较大，说明 PCA 方法仅能识别和保留原始数据的主要模式［图 3-6（b）］。

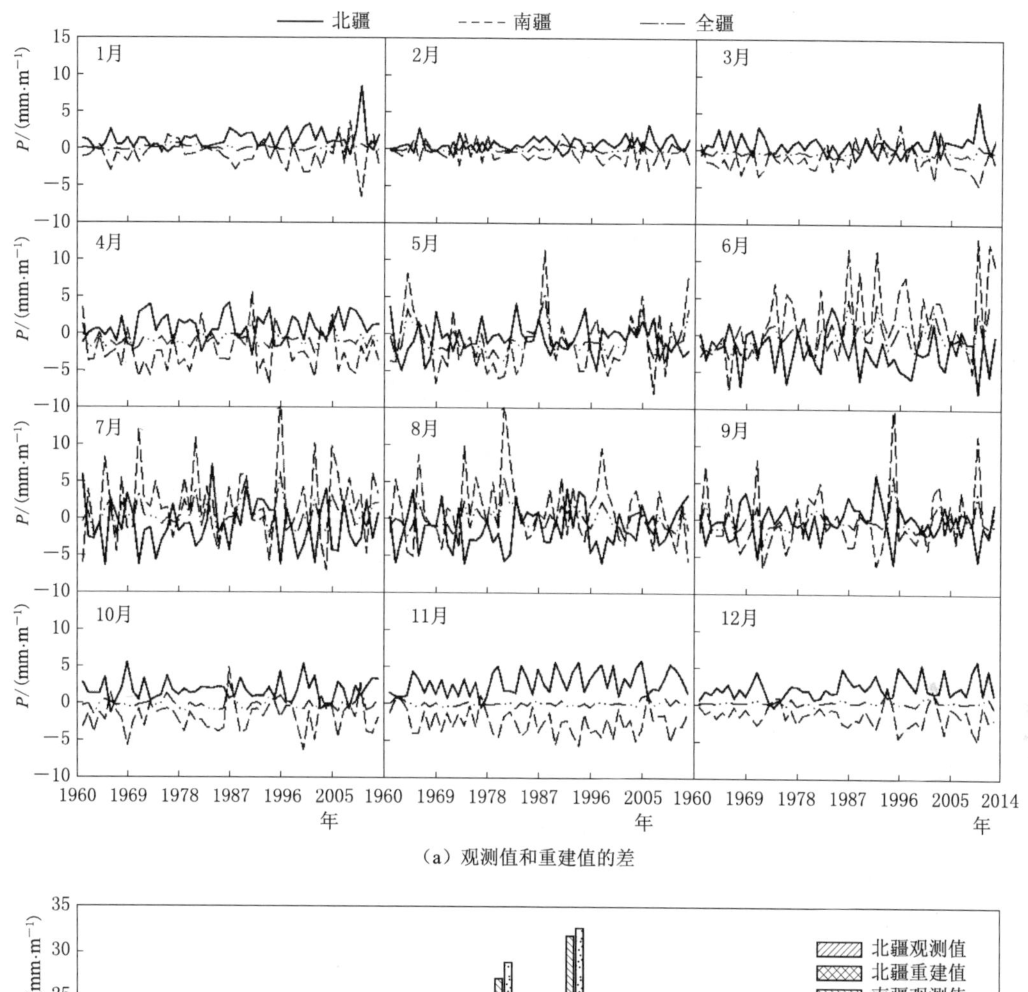

（a）观测值和重建值的差

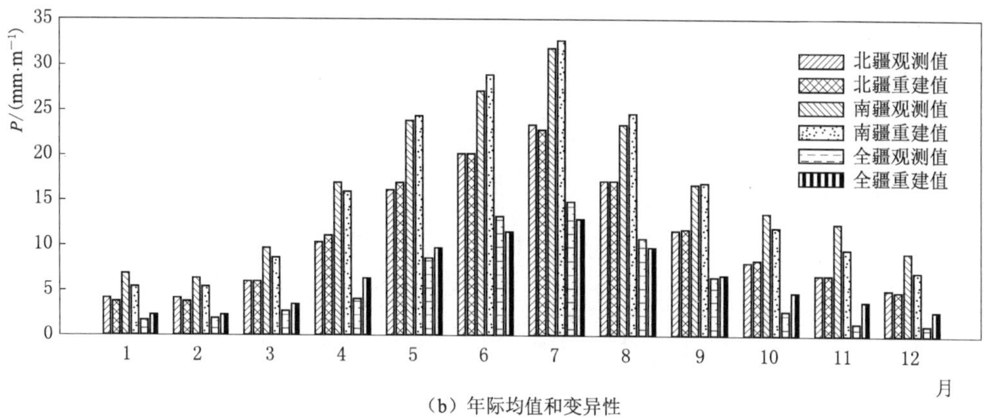

（b）年际均值和变异性

图 3-6　北疆、南疆和全疆 1961—2013 年月降雨量 P 观测值和 PCA 重建值的年际平均值和变异性

不同月份和年份之间的 ET_0 观测值和 PCA 重建值差异大小也是不同的 [图 3-7 (a)]。北疆、南疆和全疆地区 1961—2013 年 ET_0 观测值和 PCA 重建值在每年的 4—8 月差异最大。相比于 PCA 重建值，ET_0 的观测值在北疆最小，南疆最大，全疆的 ET_0 介于北疆和南疆之间。7 月和 8 月是 ET_0 观测值和 PCA 重建值差异最大的时间。而且，北疆、南疆和全疆地区 ET_0 观测值和 PCA 重建值的年内变化情况也不同。

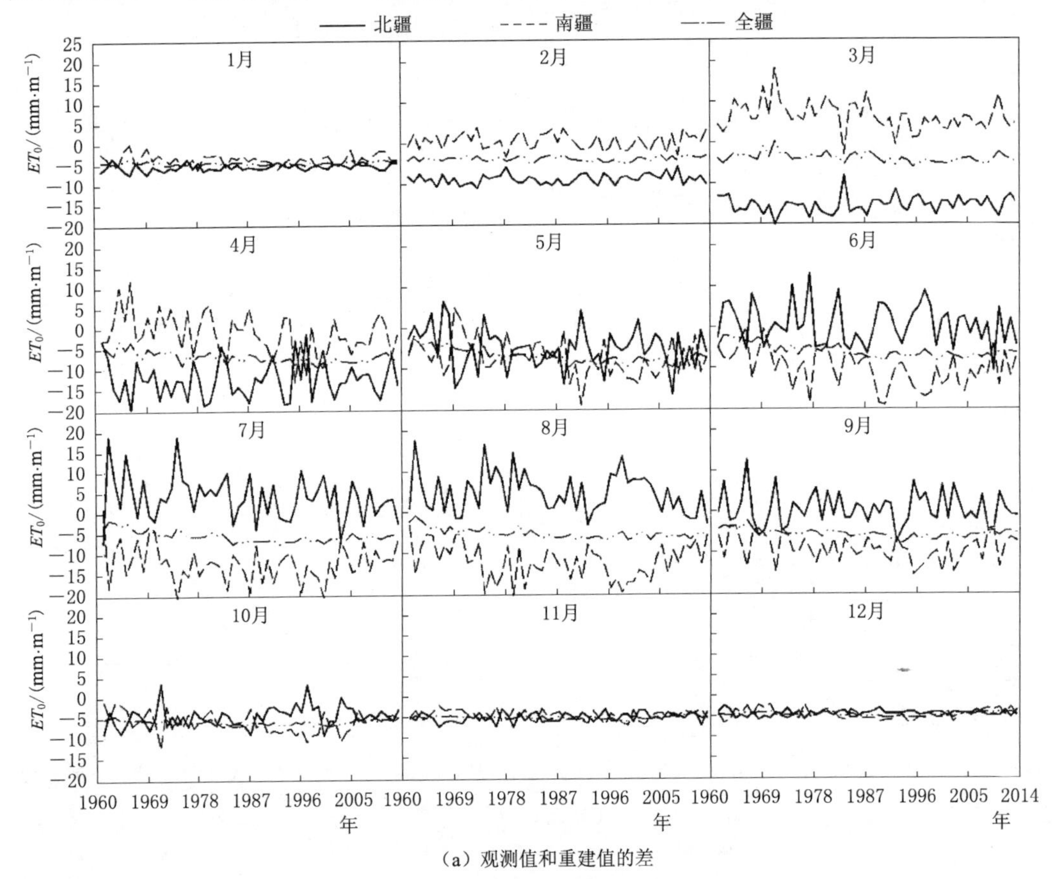

(a) 观测值和重建值的差

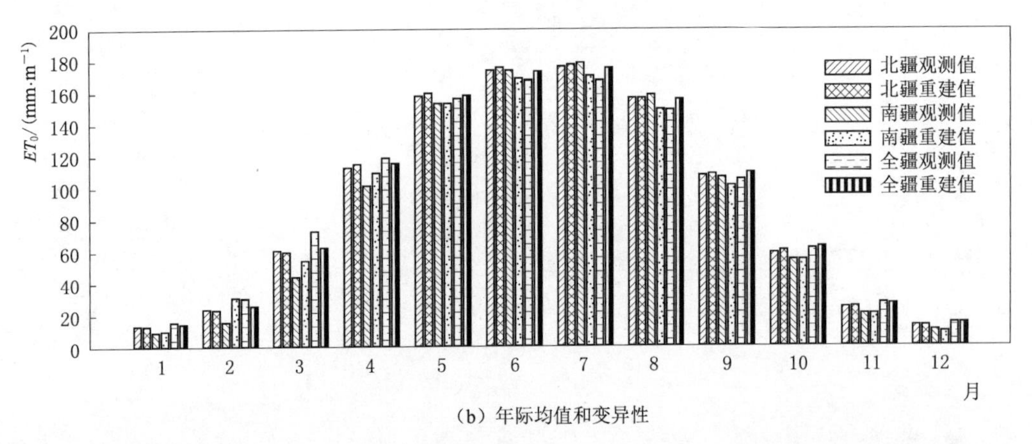

(b) 年际均值和变异性

图 3-7　1961—2013 年北疆、南疆和全疆 ET_0 观测值和 PCA 重建值年内变化差异

由于 P_s 或 ET_0 的观测值和 PCA 重建值变化几乎相反，并且不同月份之间的噪声数量也不一样，特别是北疆地区 I_A 值在 11 月、12 月、1 月较大（图 3-8）。在北疆和全疆地区的降雨量 P 较小的月份中，PCA 重建值 I_A 曲线远小于原始值的 I_A 曲线。北疆地区 1 月 I_A 观测值达到 4.83，远超过严重湿润的临界值（1.0～2.0）。但是北疆的再估计 I_A 曲线表明北疆地区不同年份的气候类型从半干旱到半湿润、湿润、严重湿润变化波动。12 月和 1 月 I_A 的观测值和重建值变化情况相似。在 2 月和 11 月，多数站点 I_A 观测值和重建值小于 0.65，尤其是在南疆和全疆地区，表明了当地处于半湿润和半干旱的气候类型。在 3 月和 10 月，I_A 总是小于 1。从 4—9 月，I_A 值在北疆、南疆和全疆地区都小于 0.5，表明当地春季和夏季处于半干旱和干旱气候类型。南疆地区的 I_A 值总是高于北疆。北疆和全疆地区的 I_A 重建值要小于观测值，但南疆地区却相反。这表明北疆和全疆地区的 I_A

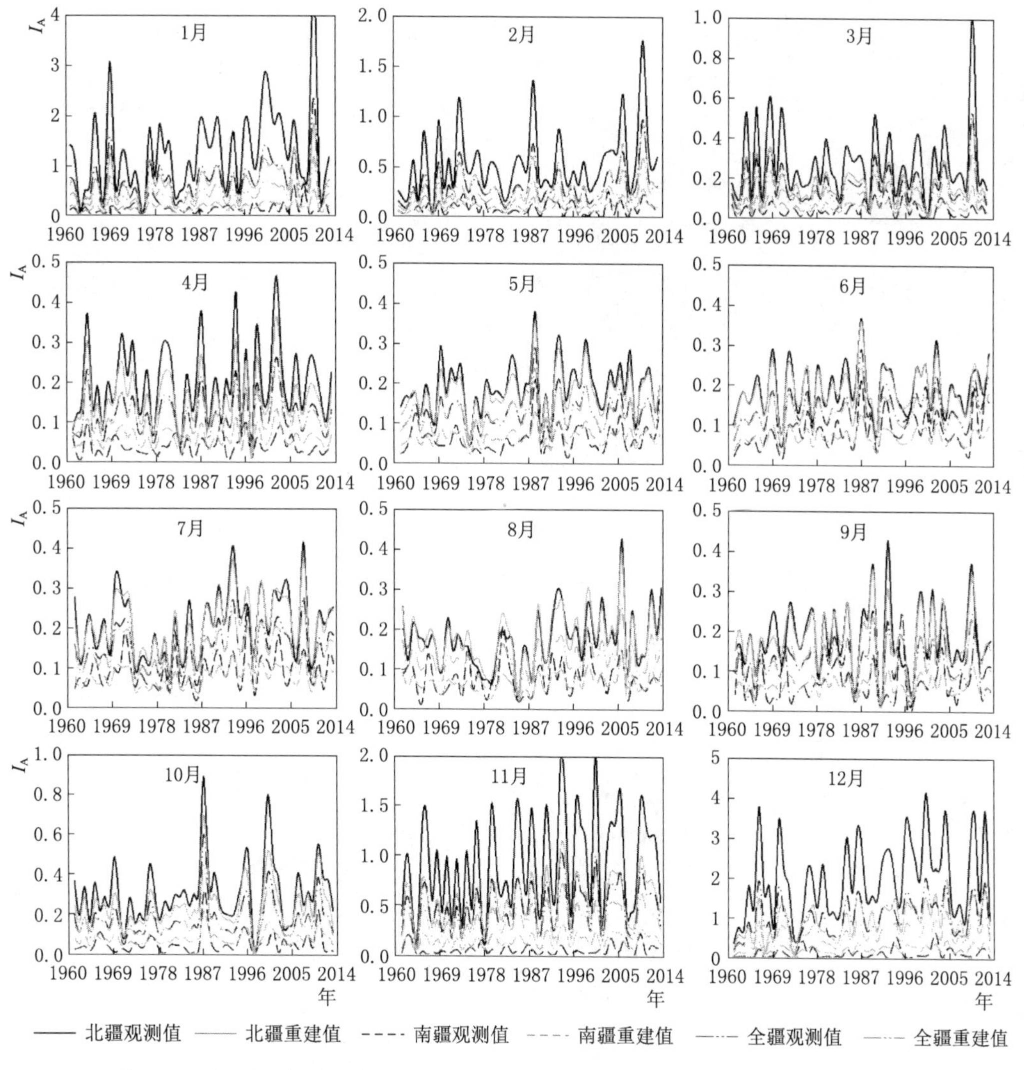

图 3-8 北疆、南疆和全疆 1961—2013 年 12 个月 I_A 观测值和重建值动态变化

存在大量的噪声，表明北疆地区 I_A 值较小，南疆地区较大。由原始气候变量计算的 I_A 仅仅从表面上反映了新疆干旱情况，并且不能准确反映1月、2月、11月和12月等月份干旱情况。因此，在用 I_A 评价干旱之前先提取出新疆地区的主要气候变量模式是十分重要的，因为如果输入的数据噪声过大将会影响整个新疆地区干旱情况的判断。

图3-9展示了北疆、南疆和全疆地区1961—2013年 I_A 重建值和观测值的统计情况。

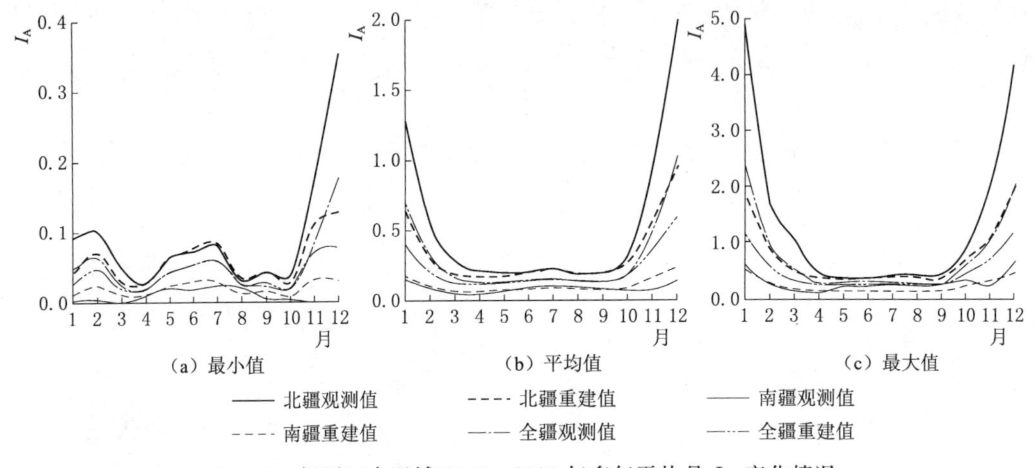

图3-9　新疆三个区域1961—2013年多年平均月 I_A 变化情况

(1) 北疆地区 I_A 的最小值接近0，南疆和全疆地区 I_A 最小值小于0.4，整个地区基本上小于0.1。北疆和全疆地区 I_A 最小值在12月最大，4—9月较小。

(2) 北疆、南疆和全疆地区观测和重建 I_A 的平均值和最大值曲线在1月、2月、3月、10月、11月、12月峰值分别为1.98和4.83，其他6个月份较小。北疆、南疆和全疆地区4—9月各月的 I_A 平均值和最大值小于0.21和0.5。I_A 平均值和最大值排序如下：北疆观测值>北疆重建值>全疆观测值>全疆重建值>南疆重建值>南疆观测值。I_A 的统计情况表明1月、2月、3月、10月、11月、12月的噪声比其他6个月份大。北疆地区 I_A 的噪声比南疆和全疆地区大。结果表明新疆的干旱程度评估应该更严格，对输入的原始数据过滤对干旱分析是十分必要的。

对于月时间尺度和季度时间尺度，P 和 ET_0 在第一季度和第四季度比第二季度和第三季度更大。第一季度和第二季度的 ET_0 值大小如下：南疆观测值>南疆重建值>全疆观测值≈全疆重建值>北疆重建值>北疆观测值。在4个季节中，P 和 I_A 序列取值大小如下：北疆观测值>北疆重建值>全疆观测值>全疆重建值>南疆观测值>南疆重建值。在第三季度的 P 重建系列值比观测系列值小，但在第四季度比观测系列大（图3-10）。春季和冬季的 I_A 值较高，夏季和秋季较低。这种现象是不利于农业应用的，因为在干燥季节中灌溉需求量会增加。新疆三个子区域第一和第四季度中噪声对 I_A 的影响最明显，表明北疆和全疆地区两个冷季的干燥度实际值低，南疆地区高。

对于6个月时间尺度（图3-11），上半年和下半年的降雨系列排序如下：北疆观测值>北疆重建值>全疆重建值>全疆观测值>南疆观测值或重建值。在下半年中，北疆和全疆地区降雨 P 观测曲线和重建曲线的差异较大，意味着对输入数据噪声更敏感。ET_0

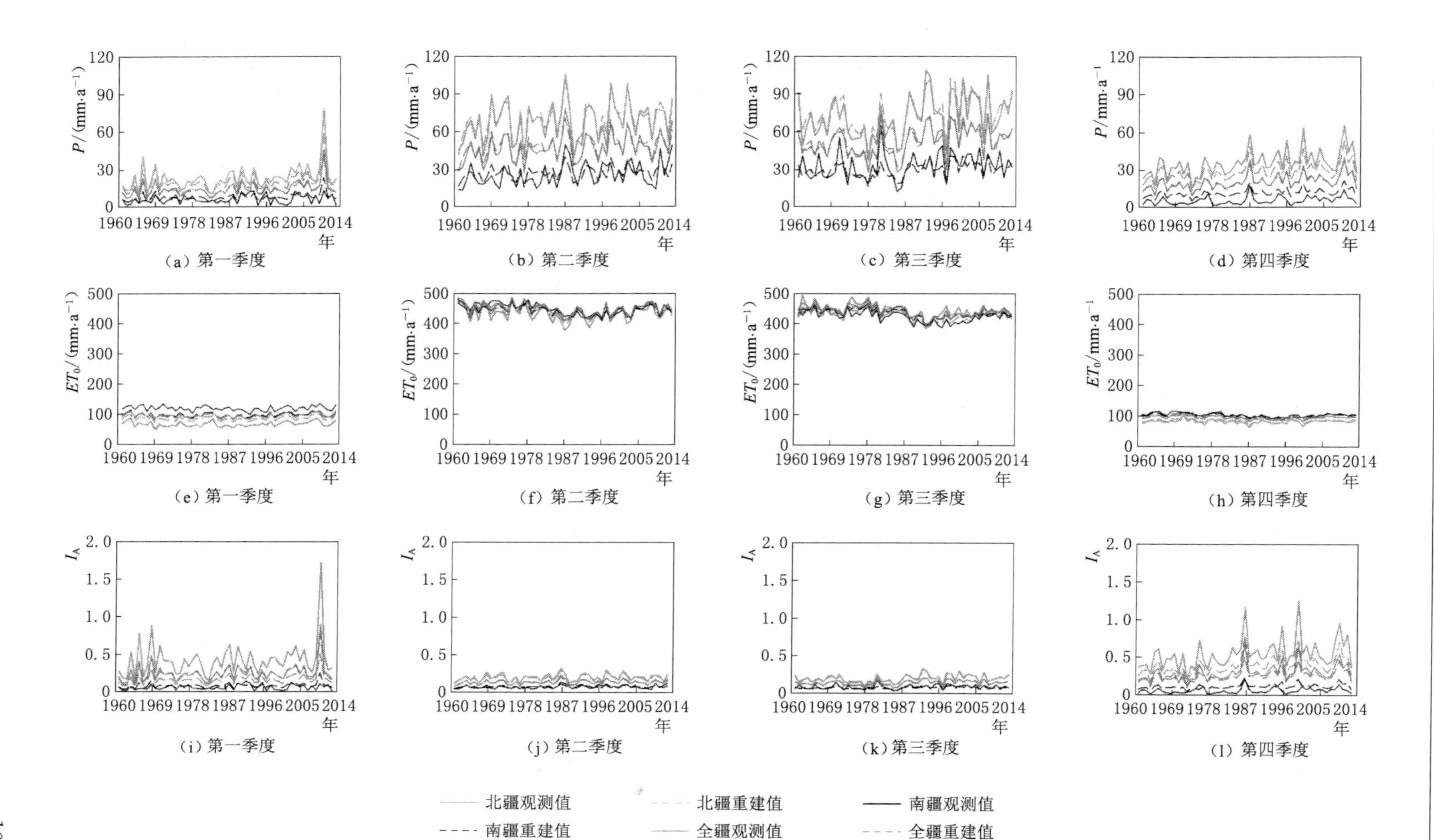

图 3-10 北疆、南疆和全疆季度时间尺度 P、ET_0 和 I_A 观测值的重建值的变化情况

在上半年比下半年的观测重建曲线差异更大。

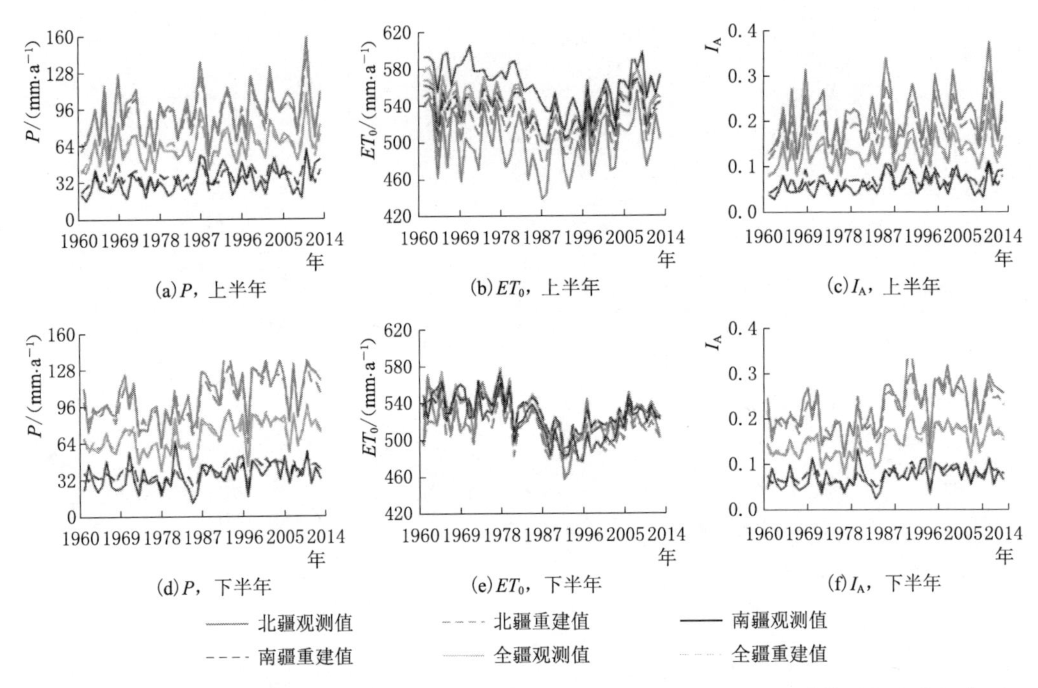

图 3-11　北疆、南疆和全疆 6 个月时间尺度 P、ET_0 和 I_A 观测值和重建值时间变化规律

对于 12 个月时间尺度（图 3-12），通过比较 P、ET_0 和 I_A 系列 1 个月、3 个月、6 个月、12 个月时间尺度，新疆不同子地区之间的观测重建差异也不同。更小或更大时间尺度的干旱评估对气象和农业应用是十分重要的。

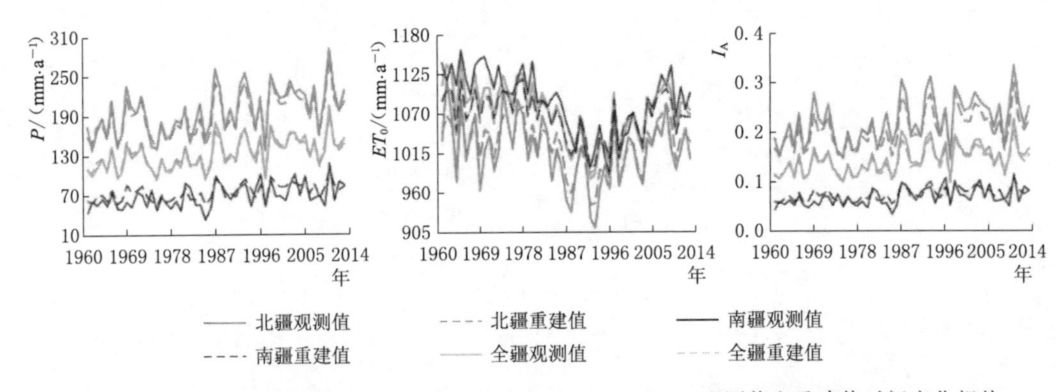

图 3-12　北疆、南疆和全疆 12 个月时间尺度 P、ET_0 和 I_A 观测值和重建值时间变化规律

表 3-12 进一步研究了新疆北部和南部 3 个月、6 个月、12 个月时间尺度的 D_P、D_{ET} 和 D_{I_A} 平均值和气候类型。表 3-12 表明，D_P、D_{ET} 和 D_{I_A} 呈现出季节性和区域性的变化。对于 12 个月时间尺度的 D_P，北疆地区的 P_s 负噪声覆盖了南疆地区的正噪声，导致了全疆地区的少量噪声。对于 12 个月时间尺度的 D_{ET}，南疆地区 ET_0 的负噪声覆盖了北疆地区的正噪声，导致了全疆地区的少量噪声。不同时间尺度的 D_{I_A} 值不能表明 I_A 存

在少量噪声，因为 I_A 本身取值范围较小。I_A 重建之后，北疆地区 6 个月时间尺度和全疆地区 3 个月时间尺度的气候类型从半干旱转变为干旱，南疆地区却没有明显变化。因此，用于计算 I_A 的原始数据中不相关可变性不能被忽略。

表 3-12　北疆、南疆和全疆 3 个月、6 个月和 12 个月时间尺度 D_P、D_{ET} 和 D_{I_A} 平均值及气候类型

指标	区域	第一季度	第二季度	第三季度	第四季度	上半年	下半年	全年
D_P	北疆	−3.700	1.090	2.960	−7.010	−2.510	−3.930	−6.670
	南疆	1.680	1.490	−2.880	6.040	3.170	3.160	6.330
	全疆	−0.930	1.320	−0.070	−0.250	−0.070	−0.850	0.070
D_{ET}	北疆	17.60	4.380	−18.400	3.240	24.400	−12.900	6.820
	南疆	−21.100	−6.580	10.500	−1.000	−27.700	9.500	−18.200
	全疆	−2.510	−1.330	−3.500	1.070	−2.360	−0.880	−6.270
D_{I_A}	北疆	−0.176	−0.013	0.004	−0.153	−0.026	−0.010	−0.018
	南疆	0.022	0.003	−0.011	0.056	0.007	0.003	0.005
	全疆	−0.075	−0.005	−0.004	−0.045	−0.010	−0.005	−0.006
气候类型	北疆	半干旱（半干旱）	干旱（干旱）	干旱（干旱）	干燥半湿润（半干旱）	半干旱（干旱）	半干旱（半干旱）	半干旱（干旱）
	南疆	干旱（干旱）	干旱（干旱）	干旱（干旱）	干旱（干旱）	干旱（干旱）	干旱（干旱）	干旱（干旱）
	全疆	半干旱（干旱）	干旱（干旱）	干旱（干旱）	半干旱（半干旱）	干旱（干旱）	干旱（干旱）	半干旱（半干旱）

注　气候类型中不加括号的是根据观测值得到的气候类型，加括号的是根据重建值得到的气候类型。

3.2.6.2 P、ET_0 和 I_A 观测值和重建值的空间变化

月平均 I_A 观测值和重建值的空间分布结果表明，在 1 月、2 月、3 月、10 月至 12 月，北疆大部分地区是湿润气候（$I_A>0.8$）。在 PCA 重建完成后，只有 1 月、11 月和 12 月会出现这种湿润的气候；而南疆大部分地区是干燥的。从 C_v 值可以看出，12 个月中有 9 个月的 I_A 观测值有着较大的空间变异性（$C_v \geqslant 1.0$），剩下的 3 个月存在中等变异性。因此只有 2 个月中 I_A 重建值有较大的空间变异性。

表 3-13 和表 3-14 分别展示了 1 个月、3 个月、6 个月和 12 个月 4 个时间尺度 I_A 的 C_v 值。

表 3-13　全疆月时间尺度下的 I_A 相关系数变化

序列	1月	2月	3月	4月	5月	6月	7月	8月	9月	10月	11月	12月
观测序列	1.44	1.10	1.00	1.06	1.06	1.04	0.92	0.96	0.88	1.00	1.44	1.80
重建序列	1.05	0.95	0.95	0.91	0.92	0.93	0.89	0.85	0.84	0.84	0.92	1.20

表 3-14　　全疆 3、6 和 12 个月时间尺度下的 I_A 变异系数

序列	第一季度	第二季度	第三季度	第四季度	上半年	下半年	全年
观测序列	1.23	0.99	0.91	1.55	1.04	1.30	1.18
重建序列	0.82	0.92	0.86	1.02	0.92	0.94	0.93

结合 3、6、12 个月时间尺度 I_A 平均值空间分布结果可知，对 3 个月时间尺度的 I_A 值，第一季度和第四季度比第二、三季度空间变异性大。对于 I_A 的重建值，北疆地区第一季度比其他三个季度的干旱更加严重。与 1 个月和 3 个月时间尺度相比，6 个月时间尺度的 I_A 平均值空间分布差异更小，北疆地区的 I_A 观测值比重建值小；12 个月时间尺度下 I_A 重建值得到的干旱区域比观测值得到的干旱区域小。

3.2.7　讨论

新疆地区在 120 天中有 71 天降雪（Ding 等，2018）。南疆北临天山，南临昆仑山，受北冰洋的水蒸气影响少。青藏高原坐落于新疆北部，容易产生焚风效应。北疆地区的准噶尔盆地容易受到北冰洋水蒸气的影响，因此北疆地区降水量大，比南疆地区更湿润。另外，南疆比北疆的海拔更低，但温度较高并且蒸发速率较大（图 3-10）。这些因素导致了新疆南部比北部的干旱现象更加频繁（Li 和 Sun，2017；Li 等，2017）。许多研究把干燥指数应用到中国西南地区，分析气候变化对干旱演变和时空变化的影响。例如 Huo 等（2013）学者也使用 UNESCO 指数研究；Li 和 Zhou（2014）运用威尔森干旱指数研究气候变化对干旱演变和时空变化的影响。

以往的研究中大多都直接用观测的气候变量去计算干旱指数，并没有考虑输入数据的噪声对干旱特点的影响。因此，本章首先分离出每个气候变量的主要模式，再用这些模式计算 1 个月、3 个月、6 个月和 12 个月时间尺度的 I_A 值。图 3-8 表明，对于 1 月和 2 月的干燥月份，I_A 的观测值比 PCA 重建值更大。尽管较大的 I_A 值可能是较小的 ET_0 造成的，但在降水较少的月份 I_A 也可能大于 2.0。1 月和 2 月的 I_A 重建值表明当地处于旱期，降水较少。从时空分布变化可以发现，在北疆 I_A 重建值往往比观测值更小。I_A 重建值和观测值的巨大差异表明，在干旱识别前对输入数据进行筛选是十分有必要的。

上述分析表明，之所以在计算干旱指数前过滤气象要素变量有两个主要原因。首先，大多站点重建的气象要素变量通过同质性检验，并且数据质量较好；其次，原始气象要素变量噪声的水平对 I_A 值和干旱识别是有影响的。由于目前可用的干旱指数较多，未来的研究应该着重分析噪声对其他干旱指数的影响。此外，本书仅研究了新疆地区的干旱条件，因此应该进一步研究具有不同气候类型的全球范围内噪声对干旱识别的影响。尽管本书使用了线性 PCA 方法，天气和气候过程却是非线性的，应该进一步通过非线性主成分分析的方法研究这些非线性组合。此外，应该使用更加全面的统计测试去更深入地分析噪声对干旱识别的影响。

3.3　小结

针对 4 个干旱指标 $sc-PDSI$、I_m、I_{sh} 和 I_A 分别设定了 4 个和 6 个气象要素的去趋

势情景，从而评价各气象要素变化趋势对采用不同干旱指标表征的干旱严重程度的影响。虽然不同指标之间采用的气象要素不同，但都与降水有关，不同指标所表征的干旱具有不同的内涵。虽然温度对干旱严重程度的影响具有不确定性，但无论温度增加对干旱具有恶化还是减轻作用，其作用都很微弱，远远不及降水增加对减缓干旱的作用强。四种干旱指标比较一致地反映了降水趋势增加对缓解新疆地区干旱的较强效应。

本章分析了原始数据中噪声对新疆地区 I_A 变化影响。首先，对每个站点的每个气象要素变量使用 PCA 方法，保留下能解释大于 68%原始变量方差的主要模式。其次，在计算 I_A 之前，用这些主要模式重建原始数据。在时间变化上，PCA 重建的月 I_A 值在 1 月和 12 月呈现较大的噪声，接着是 2 月和 11 月。第一季度、第四季度以及上半年的 I_A 重建值呈现较多数量的噪声。考虑到 1 月、11 月、12 月 I_A 重建值和观测值的空间分布，新疆北部绝大多数地区比南部更加湿润，其 I_A 重建值和观测值都较大。在 2 月、3 月、10 月的却恰恰相反。其他月份由于降水量较大，4—9 月的 I_A 时空变化中噪声较少。同样，在第一季度和第四季度以及上半年 I_A 都呈现出较多数量的噪声。这些大量的噪声影响了新疆干旱的识别。在 1 月、2 月、11 月和 12 月这些对噪声敏感的月份，计算 I_A 之前首先评估气象变量的噪声程度。在运用不同的干旱指数进行评估时，干旱对气象要素的敏感程度也会发生变化。因此本研究认为需要更多的研究去区分噪声敏感的干旱指数对气象变量的影响。

参 考 文 献

刘巍巍，安顺清，刘庚山，等. 帕默尔旱度模式的进一步修正［J］. 应用气象学报，2004，15（2）：207-216.

ASONG Z E，KHALIQ M N，WHEATER H S. Regionalization of precipitation characteristics in the Canadian Prairie Provinces using large-scale atmospheric covariates and geophysical attributes［J］. Stochastic Environmental Research and Risk Assessment，2015，29（3）：875-892.

ASONG Z E，KHALIQ M N，WHEATER H S. Multisite multivariate modeling of daily precipitation and temperature in the Canadian Prairie Provinces using generalized linear models［J］. Climate Dynamics，2016，47（9）：2901-2921.

BARNETT T P，PREISENDORFER R. Origins and Levels of Monthly and Seasonal Forecast Skill for United States Surface Air Temperatures Determined by Canonical Correlation Analysis［J］. Monthly Weather Review，1987，115（9）：1825-1850.

CATTELL R B. The Scree Test for the Number of Factors［J］. Multivariate Behavioral Research，1966，1（2）：245-276.

CLARKE A G，LORD J M，HUA X，et al. Does current climate explain plant disjunctions? A test using the New Zealand alpine flora［J］. Journal of Biogeography，2018，45（7）：1490-1499.

DING Y，LI Y，LI L，et al. Spatiotemporal variations of snow characteristics in Xinjiang，China over 1961—2013［J］. Hydrology Research，2018，49（5）：1578-1593.

HAMED K H，RAO A R. A modified Mann-Kendall trend test for autocorrelated data［J］. Journal of Hydrology，1998，204（1）：182-196.

HUO Z，DAI X，FENG S，et al. Effect of climate change on reference evapotranspiration and aridity index in arid region of China［J］. Journal of Hydrology，2013，492：24-34.

JOLLIFFE I T. Principal Component Analysis [M]. Second Edition. New York：Springer，2002.

KAISER H F. The varimax criterion for analytic rotation in factor analysis [J]. Psychometrika，1958，23 (3)：187－200.

LI Y，SUN C. Impacts of the superimposed climate trends on droughts over 1961－2013 in Xinjiang，China [J]. Theoretical and Applied Climatology，2017，129：977－994.

LI Y，YAO N，SAHIN S，et al. Spatiotemporal variability of four precipitation－based drought indices in Xinjiang，China [J]. Theoretical and Applied Climatology，2017，129 (3)：1－18.

LI Y，ZHOU M. Trends in Dryness Index Based on Potential Evapotranspiration and Precipitation over 1961－2099 in Xinjiang，China [J]. Advances in Meteorology，2014，2014：1－15.

NIELSEN D R，BOUMA J. Soil spatial variability [C] // Proceedings of a Workshop of the International Soil Science Society and the Soil Science Society of America，Las Vegas (USA)，1985.

OSBORN T J，JONES P D. The CRUTEM4 land－surface air temperature data set：construction，previous versions and dissemination via Google Earth [J]. Earth System Science Data，2014，6 (1)：61－68.

PALMER W C. Meteorological Drought：U. S [M]. Weather Bureau Research Paper，1965，64.

RICHMAN M B. Rotation of principal components [J]. International Journal of Climatology，1986，6 (3)：293－335.

SUN C，MA Y. Effects of non－linear temperature and precipitation trends on Loess Plateau droughts [J]. Quaternary International，2015，372：175－179.

VON STORCH H，BURGER G，SCHNUR R，et al. Principal oscillation patterns：a review [J]. Journal of Climate，1995，8 (3)：377－400.

WELLS N，GODDARD S，HAYES M J. A Self－Calibrating Palmer Drought Severity Index [J]. Journal of Climate，2004，17 (12)：2335－2351.

WILKS D S. Principal Component (EOF) Analysis [J]. International Geophysics，2011，100 (2)：519－562.

YUE S，WANG C. The Mann－Kendall Test Modified by Effective Sample Size to Detect Trend in Serially Correlated Hydrological Series [J]. Water Resources Management，2004，18 (3)：201－218.

Yue S，Wang C Y. Regional streamflow trend detection with consideration of both temporal and spatial correlation [J]. International Journal of Climatology，2002，22 (8)：933－946.

第 4 章　新疆地区多变量干旱频率分析

Copulas 函数最初作为一种连接一维分布函数和构建多维分布函数的统计工具。目前应用 Copulas 函数进行新疆地区干旱研究的内容还不系统。本章选取具有代表性的新疆 41 个气象站的月降水数据提取气象干旱变量；基于 Archimedean Copulas 函数建立了二维、三维气象和水文干旱变量的联合分布，经拟合优度评价，选取了最佳的 Copula 函数，以便刻画新疆地区干旱频率的时空变化规律。

4.1　Copulas 函数的原理

4.1.1　Copulas 函数简介

4.1.1.1　Copulas 函数定义

Nelson（1999）系统地说明了 Copula 函数的定义和性质：Copula 是在［0，1］区间上服从均匀分布的联合分布函数。设 F 是一个 n 维的分布函数，各变量的边缘分布分别为 u_1，u_2，…，u_n。则存在 n 维 Copulas 函数 C，对于任意 $x \in R^n$，其分布函数满足：

$$F(x_1, x_2 \cdots, x_n) = P\{X_1 \leqslant x_1, X_2 \leqslant x_2, \cdots, X_n \leqslant x_n\} = C(\mu_1, \mu_2, \cdots, \mu_n) \quad (4-1)$$

密度函数为

$$f(x_1, x_2 \cdots, x_n) = \frac{\partial \mathrm{F}(x_1, x_2, \cdots, x_n)}{\partial x_1, \partial x_2, \cdots, \partial x_n} = \frac{\partial C(\mu_1, \mu_2, \cdots, \mu_n)}{\partial \mu_1, \partial \mu_2, \partial \mu_n} \cdot \frac{\partial \mu_1}{\partial x_1} \cdot \frac{\partial \mu_2}{\partial x_2} \cdot \cdots \cdot \frac{\partial \mu_n}{\partial x_n} \quad (4-2)$$

其中

$$\frac{\partial \mu_1}{\partial x_1} = f_1(x_1), \frac{\partial \mu_2}{\partial x_2} = f_2(x_2), \cdots, \frac{\partial \mu_n}{\partial x_n} = f_n(x_n) \quad (4-3)$$

式中，x_1，x_2，…，x_n 为观测样本。

4.1.1.2　Copulas 函数性质

Copulas 函数构建多变量联合分布时不受各变量边缘分布的限制，以二维 Copulas 函数为例，假设单变量边缘分布函数分别为 u、v 和 w，u，v，$w \in [0, 1]$，其满足以下性质：

（1）当某一变量的边缘分布为 0 时，其联合分布也为 0；当某一边缘分布为 1 时，其联合分布便为另一个相应的边缘分布，即：

$$\begin{cases} C(u,0) = C(0,v) = C(0,0) = 0 \\ C(u,1) = u \\ (1,v) = v \end{cases} \quad (4-4)$$

式中：$\mu\in[0,1]$，$\nu\in[0,1]$。

（2）当 $\mu\in[0,1]$，$\nu\in[0,1]$，且 $\mu_1<\mu_2$，$\nu_1<\nu_2$ 时有

$$C(u_2,v_2)-C(u_2,v_1)-C(u_1,v_2)+C(u_1,v_1)\geqslant 0 \tag{4-5}$$

（3）Copulas 函数的有界性，设 $(u,v)\in[0,1]^2$，则 Copulas 函数边界不等式为

$$\begin{cases}L(u,v)\leqslant C(u,v)\leqslant U(u,v)\\ L(u,v)=\min(u,v)\\ U(u,v)=\max(u+v-1,0)\end{cases} \tag{4-6}$$

式中：$L(u,v)$ 为 Copulas 函数的下界，$U(u,v)$ 为 Copulas 函数的上界。

（4）对于二维 Archimedean Copulas 函数来说，当 $C(u,v)$ 是对称的，有

$$C(u,v)=C(v,u) \tag{4-7}$$

当 $C(u,v)$ 是结合的，则有：

$$C(C(u,v),w)=C(u,C(v,w)) \tag{4-8}$$

4.1.2 Archimedean Copulas 函数

4.1.2.1 二维 Archimedean Copulas 函数

Nelsen（2000）给出了常用的二维 Archimedean Copulas 函数的一些性质，包括其分布函数和密度函数等。Archimedean Copulas 函数共 20 余种，目前比较常用的有 Gumbel - Hougaard（Gumbel）、Ali - Mikhail - Haq（AMH）、Clayton 和 Frank Copula 这 4 种。常用的二次型有 Plackett Copula、Farlie - Gumbei - Morgenstern（FGM）Copula 函数等。本研究选用 20 种二维单参数族的 Archimedean Copulas 函数以及 Plackett Copula 和 FGM Copula 函数构建二维干旱特征变量的联合分布模型。选用的二维 Archimedean Copulas 函数的分布函数 $C(u,v)$ 及其参数取值范围见表 4 - 1。表 4 - 1 中，AMH 是 Ali - Mikhail - Haq 的简写，Gumbel 是 Gumbel - Hougaard 的简写。

表 4 - 1　二维 Archimedean Copulas 函数的分布函数及其参数取值范围

函数	分布函数$[C(u,v)]$	θ 取值范围
Clayton	$\max[(u^{-\theta}+v^{-\theta}-1)^{-1/\theta},0]$	$[1,\infty)\backslash\{0\}$
Nelsen No. 2	$\max(1-[(1-u)^{\theta}+(1-v)^{\theta}]^{1/\theta},0)$	$[1,\infty)$
AMH	$uv/[1-\theta(1-u)(1-v)]$	$[-1,1)$
Gumbel	$e^{-[(-\ln u)\theta+(-\ln v)\theta]1/\theta}$	$[1,\infty)$
Frank	$-\ln[1+(e^{-\theta u}-1)(e^{-\theta v}-1)/e^{-\theta}-1]/\theta$	$(-\infty,+\infty)\backslash\{0\}$
Nelsen No. 6	$1-\{[(1-u)^{\theta 2}+(1-(1-v)^{\theta 2})+(1-v)^{\theta 2}]^{\theta 1/\theta 2}(1-(1-w)^{\theta 1})+(1-w)^{\theta 1}\}^{1/\theta 1}$	$[1,\infty)$
Nelsen No. 7	$\max[\theta uv-(1-\theta)(u+v-1),0]$	$(0,1]$
Nelsen No. 8	$\max\{[\theta^2 uv-(1-u)(1-v)]/[\theta^2-(\theta-1)^2(1-u)(1-v)],0\}$	$[1,\infty)$
Nelsen No. 9	$uve^{-\theta\ln u\ln v}$	$(0,1]$
Nelsen No. 10	$uv/[1+(1-u^{\theta})(1-v^{\theta})]^{1/\theta}$	$(0,1]$
Nelsen No. 11	$\max([u^{\theta}v^{\theta}-2(1-u)^{\theta}(1-v)^{\theta}]^{1/\theta},0)$	$(0,1/2]$
Nelsen No. 12	$\{1+[(u^{-1}-1)^{\theta}+(v^{-1}-1)^{\theta}]^{1/\theta}\}^{-1}$	$[1,\infty)$

续表

函数	分布函数[$C(u,v)$]	θ取值范围
Nelsen No. 13	$e^{1-[(1-\ln u)\theta+(1-\ln v)\theta-1]1/\theta}$	$(0,\infty)$
Nelsen No. 14	$\{1+[(u^{-1/\theta}-1)^{\theta}+(v^{-1/\theta}-1)^{\theta}]^{1/\theta}\}^{-\theta}$	$[1,\infty)$
Nelsen No. 15	$\max(\{1-[(1-u^{1/\theta})^{\theta}+(1-v^{-1/\theta})^{\theta}]^{1/\theta}\},0)$	$[1,\infty)$
Nelsen No. 16	$\frac{1}{2}(A+\sqrt{A^2+4\theta}),A=u+v-1-\theta\left(\frac{1}{u}+\frac{1}{v}-1\right)$	$[0,\infty)$
Nelsen No. 17	$\{[(1-u)^{-\theta}-1][(1-v)^{-\theta}-1]/(2^{-\theta}-1)\}^{-\frac{1}{\theta}}-1$	$(-\infty,+\infty)\backslash\{0\}$
Nelsen No. 18	$\max\{1+\theta/\ln(e^{\theta/(\mu-1)}+e^{\theta/(v-1)}),0\}$	$[2,\infty)$
Nelsen No. 19	$\theta/\ln(e^{\theta/\mu}+e^{\theta/\nu}-e^{\theta})$	$(0,\infty)$
Nelsen No. 20	$[\ln(e^{u-\theta}+e^{v-\theta}-e)]^{1/\theta}$	$(0,\infty)$

注 u，v为边缘分布函数；θ是Copulas函数的参数；$(-\infty,+\infty)\backslash\{0\}$指不包括0。

据式（4-2）推导可得分布函数的密度函数$c(u,v)$，单参数族的20余种Archimedean Copulas函数的密度函数见表4-2（Nelsen，2000）。

二次型FGM和Plackett Copula的分布函数分别为

$$C(uv)=uv+uv(1-u)(1-v) \tag{4-9}$$

$$C(uv)=\frac{1}{2}\frac{1}{\theta-1}\{1+(\theta-1)(u+v)-[1+(\theta-1)(u+v)^2-4\theta(\theta-1)uv]^{1/2}\} \tag{4-10}$$

（1）二维概率分布。干旱事件的组合概率分布中，一般比较受关注的是联合超越概率及相应的条件概率分布。经单变量边际分布模型中确定了3个干旱特征变量D、S、M的边缘分布类型$F_D(d)$、$F_S(s)$和$F_m(m)$，令其表达式分别为u、v、w，优选的二维Copulas函数为$C(u,v)$。设N为干旱系列的长度（年），n为系列内发生干旱的次数，以干旱历时D和干旱烈度S的二维联合分布模型为例，其联合分布函数为

$$F(d,s)=P(D\leqslant d,S\leqslant s)=C(F_D(d),F_S(s))=C(u,v) \tag{4-11}$$

联合超越概率为

$$P(D\geqslant d,S\geqslant s)=1-F_D(d)-F_S(s)+C(F_D(d),F_S(s))=1-u-v+C(u,v) \tag{4-12}$$

当$D\geqslant d$时，S的条件概率分布为

$$F_{S|D}(s,d)=P(S\leqslant s|D\geqslant d)=\frac{F_S(s)-C(u,v)}{1-F_D(\mathrm{d})}=\frac{v-C(u,v)}{1-u} \tag{4-13}$$

当$D\leqslant d$时，S的条件概率分布为

$$F'_{S|D}(s,d)=P(S\leqslant s|D\geqslant d)=\frac{C(u,v)}{F_D(d)}=\frac{C(u,v)}{u} \tag{4-14}$$

（2）二维重现期计算。当干旱历时大于或者等于某一特定值的重现期计算公式为

$$T_D=\frac{E(L)}{1-F_D(d)} \tag{4-15}$$

式中：T_D为干旱历时重现期；$F_D(d)$为干旱历时的边际分布函数；$E(L)$为干旱间隔值。

表 4-2　二维 Archimedean Copulas 的密度函数

函数	密度函数[$c(u,v)$]
Clayton	$(\theta+1)(u^{-\theta}+v^{-\theta}-1)^{-1/\theta-2}(uv)^{-\theta-1}$
Nelsen No. 2	$(\theta-1)[(1-u)^{\theta}+(1-v)^{\theta}]^{-1/\theta-2}[(1-u)(1-v)]^{\theta-1}$
AMH	$\{[1-\theta(1-u)(1-v)](1-\theta)+2\theta uv\}/[1-\theta(1-u)(1-v)]^{3}$
Gumbel	$C(u,v)\{[(-\ln u)(-\ln v)]^{\theta-1}/uv\}[(-\ln u)^{\theta}+(-\ln v)^{\theta}]^{2/\theta-2}\{(\theta-1)[(-\ln u)^{\theta}+(-\ln v)^{\theta}]^{-1/\theta}+1\}$
Frank	$\theta e^{-\theta(u+v)}(e^{-\theta}-1)/[e^{-\theta(u+v)}-e^{-\theta u}-e^{-\theta v}+e^{-\theta}]^{2}$
Nelsen No. 6	$[(1-u)(1-v)]^{\theta-1}\{(1-u)^{\theta}+(1-v)^{\theta}-[(1-u)(1-v)]^{\theta}\}^{1/\theta-2}$ $\{\theta-1+(1-u)^{\theta}+(1-v)^{\theta}-[(1-u)(1-v)]^{\theta}\}$
Nelsen No. 7	θ
Nelsen No. 8	$[-2\theta^{3}(\theta-1)(\theta u+1-u)(\theta v+1-v)]/(-\theta^{2}u-\theta^{2}v+\theta^{2}uv-2\theta+2\theta u+2\theta v-2\theta uv+1-u-v-uv)^{3}$
Nelsen No. 9	$u^{-\theta\ln v}(1-\theta\ln u-\theta\ln v+\theta^{2}\ln u\ln v-\theta)$
Nelsen No. 10	$[(1-\theta)(uv)^{\theta}-2u^{\theta}-2v^{\theta}+4][2-u^{\theta}-v^{\theta}+(uv)^{\theta}]^{-\frac{1}{\theta}-2}$
Nelsen No. 11	$-\theta^{2}u^{\theta-1}v^{\theta-1}$
Nelsen No. 12	$\dfrac{\{\theta-1+(\theta+1)[(1/u-1)^{\theta}+(1/v-1)^{\theta}]^{1/\theta}\}[(1/u-1)(1/v-1)]^{\theta-1}[(1/u-1)^{\theta}+(1/v-1)^{\theta}]^{-2+1/\theta}}{u^{2}v^{2}[1+(1/u-1)^{\theta}+(1/v-1)^{\theta}]^{3/\theta}}$
Nelsen No. 13	$\dfrac{1}{uv}\{\theta-1+[(1-\ln u)^{\theta}+(1-\ln v)^{\theta}-1]^{1/\theta}\}[(1-\ln u)(1-\ln v)]^{\theta-1}$ $[(1-\ln u)^{\theta}+(1-\ln v)^{\theta}-1]^{1/\theta-2}e^{1-[(1-\ln u)\theta+(1-\ln v)\theta-1]^{1/\theta}}$
Nelsen No. 14	$\dfrac{1}{\theta}(uv)^{-1/\theta-1}[(u^{-1/\theta}-1)(v^{-1/\theta}-1)]^{\theta-1}[(u^{-1/\theta}-1)^{\theta}+(v^{-1/\theta}-1)^{\theta}]^{1/\theta-2}$ $\{1+[(u^{-1/\theta}-1)^{\theta}+(v^{-1/\theta}-1)^{\theta}]^{1/\theta}\}^{-\theta-2}\{\theta-1+2\theta[(u^{-1/\theta}-1)^{\theta}+(v^{-1/\theta}-1)^{\theta}]^{1/\theta}\}$
Nelsen No. 15	$(1-\theta)(uv)^{1/\theta-1}[(1-u^{1/\theta})(1-v^{1/\theta})]^{\theta-1}[(1-u^{1/\theta})^{\theta}+(1-v^{1/\theta})^{\theta}]^{\theta-2}$ $\{1-[(1-u^{1/\theta})^{\theta}+(1-v^{1/\theta})^{\theta}]^{\theta}\}^{1/\theta-2}$
Nelsen No. 16	$-0.5\dfrac{[u+v-1-\theta(1/u+1/v-1)]^{2}(1+\theta/u^{2})(1+\theta/v^{2})}{[u+v-1-\theta(1/u+1/v-1)^{2}+4\theta]^{2/3}}+0.5\dfrac{(1+\theta/u^{2})(1+\theta/v^{2})}{[u+v-1-\theta(1/u+1/v-1)^{2}+4\theta]^{0.5}}$
Nelsen No. 17	$\dfrac{1}{(2^{-\theta}-1)^{2}}(\theta+1)[(1+u)(1+v)]^{-\theta-1}[(1+u)^{-\theta}-1][(1+v)^{-\theta}-1]$ $\left\{1+\dfrac{[(1+u)^{-\theta}-1][(1+v)^{-\theta}-1]}{2^{-\theta}-1}\right\}^{-1/\theta-2}$ $-\dfrac{1}{2^{-\theta}-1}\theta[(1+u)(1+v)]^{-\theta-1}\left\{1+\dfrac{[(1+u)^{-\theta}-1][(1+v)^{-\theta}-1]}{2^{-\theta}-1}\right\}^{-1/\theta-2}$
Nelsen No. 18	$\theta^{3}e^{\theta/(u-1)+\theta/(v-1)}\{2+\ln[e^{\theta/(u-1)}+e^{\theta/(v-1)}]\}/$ $\{\ln[e^{\theta/(u-1)}+e^{\theta/(v-1)}]^{3}(u-1)^{2}(v-1)^{2}[e^{\theta/(u-1)}+e^{\theta/(v-1)}]^{2}\}$
Nelsen No. 19	$\theta^{3}e^{\theta(u+v)/uv}\{2+\ln[e^{\theta/u}+e^{\theta/v}-e^{\theta}]\}/[(uv)^{2}\ln(e^{\theta/u}+e^{\theta/v}-e^{\theta})^{3}(e^{\theta/u}+e^{\theta/v}-e^{\theta})]$
Nelsen No. 20	$\theta(uv)^{-\theta-1}e^{u^{-\theta}+v^{-\theta}}\{(1/\theta+1)\ln(e^{u^{-\theta}}+e^{v^{-\theta}}-e)^{-1/\theta-2}+\ln(e^{u^{-\theta}}+e^{v^{-\theta}}-e)^{-1/\theta-1}\}/(e^{u^{-\theta}}+e^{v^{-\theta}}-e)^{2}$

同理可推导出干旱历时、干旱烈度以及烈度峰值重现期大于等于某特定值的重现期公式：

$$T_D=\frac{N}{n[1-F_D(d)]}\quad T_S=\frac{N}{n[1-F_S(s)]}\quad T_M=\frac{N}{n[1-F_M(m)]} \tag{4-16}$$

式中：T_D、T_S 和 T_M 分别为干旱历时、干旱烈度和烈度峰值的重现期，年；N 为干旱系列的长度，年；n 为系列时段内干旱发生的次数；N/n 为干旱间隔的期望值。

S 的条件重现期为

$$T_{S|D}(s,d)=\frac{N}{n(1-u)[1-u-v+C(u,v)]},D\geqslant d \tag{4-17}$$

$$T'_{S|D}(s,d)=\frac{N}{n(1-F'_{S|D}(s,d))},D\leqslant d \tag{4-18}$$

二维干旱变量组合重现期包括联合重现期和同现重现期，以干旱历时 D 和干旱烈度 S 的二维联合分布为例，其二维联合重现期 T_a 和同现重现期 T_0 计算式分别为

$$T_a=\frac{N}{nP(D\geqslant d\cup S\geqslant s)}=\frac{N}{n[1-C(u,v)]} \tag{4-19}$$

$$T_0=\frac{N}{nP(D\geqslant d\cap S\geqslant s)}=\frac{N}{n[1-u-v+C(u,v)]} \tag{4-20}$$

同理可得干旱历时 D 和烈度峰值 M 或干旱烈度 S 和 M 间的组合重现期计算公式。

4.1.2.2 三维 Archimedean Copulas 函数

常用的三维 Archimedean Copulas 函数包括 4 种对称性的 Gumbel - Hougaard（Gumbel）、Ali - Mikhail - Haq（AMH）、Clayton 和 Frank Copula 函数以及 5 种非对称的 M3、M4、M5、M6 和 M12 Copulas 函数，其分布函数见表 4 - 3（宋松柏等，2005；宋松柏和聂荣，2011）。

表 4 - 3　三维 Archimedean Copulas 函数的分布函数

函数	分布函数[$C(u,v,w)$]	θ 取值范围
Clayton	$\max[(u^{-\theta}+v^{-\theta}+w^{-\theta}-2)^{-1/\theta},0]$	$[1,\infty)\backslash\{0\}$
AMH	$\dfrac{uvw}{1-\theta(1-u)(1-v)(1-w)}$	$[-1,1)$
Gumbel	$e^{-[(-\ln u)\theta+(-\ln v)\theta+(-\ln w)\theta]1/\theta}$	$[1,\infty)$
Frank	$-\dfrac{1}{\theta}\ln\left[1+\dfrac{(e^{-\theta u}-1)(e^{-\theta v}-1)(e^{-\theta w}-1)}{(e^{-\theta}-1)^2}\right]$	$(-\infty,+\infty)\backslash\{0\}$
M3	$-1/\theta_1\ln\{1-(1-e^{-\theta_1})^{-1}(1-e^{-\theta_2 w})(1-[1-(1-e^{-\theta_2})^{-1}(1-e^{-\theta_2 u})(1-e^{-\theta_2 v})])^{\theta_1/\theta_2}\}$	$(-\infty,+\infty)\backslash\{0\}$
M4	$[w^{-\theta_1}+(u^{-\theta_2}+v^{-\theta_2}-1)^{\theta_1/\theta_2}]^{-1/\theta_1}$	$[1,\infty)\backslash\{0\}$
M5	$1-\{[(1-u)^{\theta_2}(1-(1-v)^{\theta_2})+(1-v)^{\theta_2}]^{\theta_1/\theta_2}(1-(1-w)^{\theta_1})+(1-w)^{\theta_1}\}^{1/\theta_1}$	$[1,\infty)$
M6	$e^{-\{(-\ln w)\theta_1+[(-\ln u)\theta_2+(-\ln v)\theta_2]\theta_1/\theta_2\}1/\theta_1}$	$[1,\infty)$
M12	$\left\{1+\left[\left(\frac{1}{w}-1\right)^{\theta_1}+\left(\left(\frac{1}{u}-1\right)^{\theta_2}+\left(\frac{1}{v}-1\right)^{\theta_2}\right)^{\theta_1/\theta_2}\right]^{1/\theta_1}\right\}$	$[1,\infty)$

对分布函数求导可得其密度函数，三维对称 Archimedean Copulas 的密度函数见表 4 - 4。

（1）三维概率分布。由 Copula 函数的定义可知，三维干旱特征变量的联合分布函数，即其联合不超越概率表达式为

$$F(d,s,m)=P(D\leqslant d,S\leqslant s,M\leqslant m)=C[F_D(d),F_S(s),F_M(m)]=C(u,v,w) \tag{4-21}$$

式中：D、S、M 为干旱特征变量；u、v、w 分别为 D、S、M 的边际分布函数。

表 4-4　　三维对称 Archimedean Copulas 函数的密度函数

函数	密度函数$[c(u,v,w)]$
Clayton	$(2\theta+1)(\theta+1)(uvw)^{-\theta-1}(u^{-\theta}+v^{-\theta}+w^{-\theta}-2)^{-1/\theta-3}$
AMH	$\frac{1-3\theta+2\theta(u+v+w)-4\theta uvw}{\lambda^4}-\frac{4\theta^2[1-(1-u)(1-v)(1-w)]}{\lambda^4}+\frac{\theta^2[1-(1-u^2)(1-v^2)(1-w^2)]}{\lambda^4}-\frac{\theta^3[1-(1+u^2)(1+v^2)(1+w^2)]}{\lambda^4}+\frac{2\theta^3[u+v+w+uv(u+v)+uw(u+w)+vw(v+w)+uvw(uv+uw+vw)]}{\lambda^4}+\frac{4\theta^3[(uvw+1)^2-(1+uv)(1+uw)(1+vw)+1]}{\lambda^4}\lambda=[1-\theta(1-u)(1-v)(1-w)]^4$
Gumbel	$e^{(-[(-\ln u)^\theta+(-\ln v)^\theta+(-\ln w)^\theta]^{-1/\theta})}\frac{(-\ln u\ln v\ln w)^{\theta-1}}{uvw}\{[(-\ln u)^\theta+(-\ln v)^\theta+(-\ln w)^\theta]^{3/\theta-3}+(3\theta-3)[(-\ln u)^\theta+(-\ln v)^\theta+(-\ln w)^\theta]^{2/\theta-3}(\theta-1)(2\theta-1)[(-\ln u)^\theta+(-\ln v)^\theta+(-\ln w)^\theta]^{1/\theta-3}\}$
Frank	$\frac{\theta^2e^{-\theta(u+v+w)}(e^{-\theta}-1)^2[(e^{-\theta}-1)^2-(e^{-\theta u}-1)(e^{-\theta v}-1)(e^{-\theta w}-1)]}{[(e^{-\theta}-1)^2-(e^{-\theta u}-1)(e^{-\theta v}-1)(e^{-\theta w}-1)]}$

三维联合超越概率公式为

$$F'(d,s,m)=P(D\geqslant d,S\geqslant s,M\geqslant m)=1-u-v-w+C(u,v)+C(u,w)+C(v,w)-C(u,v,w) \tag{4-22}$$

当给定 $D\geqslant d$ 条件时，S、M 联合条件概率为

$$F_{s,m|d}(d,s,m)=P(S\leqslant s,M\leqslant m\mid D\geqslant d)=\frac{C(u,v)-C(u,v,w)}{1-u} \tag{4-23}$$

当给定 $D\geqslant d$，$S\geqslant s$ 条件时，M 的条件概率为

$$F_{m|d,s}(d,s,m)=P(S\leqslant s\mid D\geqslant d,M\geqslant m)=\frac{w-C(u,w)-C(v,w)+C(u,v,w)}{1-u-v+C(u,v)} \tag{4-24}$$

以上各公式中的参数意义同前。

（2）三维重现期计算。三维变量组和重现期包括联合重现期和同现重现期，其计算公式分别为

$$T_a=\frac{N}{nP(D\geqslant d\cup S\geqslant s\cup M\geqslant m)}=\frac{N}{n[1-C(u,v,w)]} \tag{4-25}$$

$$T_0=\frac{N}{nP(D\geqslant d\cap S\geqslant s\cap M\geqslant m)}=\frac{N}{n[1-u-v-w+C(u,v)+C(u,w)+C(v,w)-C(u,v,w)]} \tag{4-26}$$

式中：N 为系列长度；n 为时段内干旱发生次数。

当给定 $D\geqslant d$ 条件时，S、M 联合条件重现期为

$$T_{s,m|d)}=\frac{N}{n[1-u-v-w+C(u,v)+C(u,w)+C(v,w)-C(u,v,w)]} \tag{4-27}$$

当给定 $D\geqslant d$，$M\geqslant m$ 条件时，S 的条件重现期为

$$T_{s|d,m}=\frac{N}{n[1-u-w-C(u,w)][1-u-v-w+C(u,v)+C(u,w)+C(v,w)-C(u,v,w)]} \quad (4-28)$$

各公式中的参数意义同前。

4.1.3 Copulas 函数的参数估计方法

4.1.3.1 单变量参数估计

本文选用矩法、概率权重矩法及遗传算法进行单变量边缘分布模型的参数估计。

（1）矩法。矩法（The Method of Moments Estimator）是英国统计学家 Person 于 1894 年提出的一种直观而简单的参数估计方法。基本思想是用样本的矩来代替总体的矩，从而得到总体分布中参数的一种估计。它的本质是采用子样的经验分布和子样矩去替换母体的分布和母体矩。设母体 ξ 具有已知类型的概率函数 $f(x, \theta_1, \theta_2, \cdots, \theta_n)$，$\theta$ 是未知参数。ξ 是取自母体的一个子样本，假设 ξ 的 k 阶矩 $\upsilon_k=E\xi^k$ 存在，显然 υ_j，$j<k$ 都存在，并且有 $\xi^j=\frac{1}{n}\sum_{i=1}^{n}\xi_i^j$，设：

$$\upsilon_j(\theta_1,\theta_2,\cdots,\theta_n)=\frac{\upsilon}{\xi^j},j=1,2,\cdots,k \quad (4-29)$$

得到含 k 个未知数 θ_1，θ_2，…，θ_n 的 k 个方程式，解这 k 个联列方程组就可以得到 θ 的一组解：

$$\hat{\theta}_i=\hat{\theta}_i(\xi_1,\xi_2,\cdots,\xi_n),j=1,2,\cdots,k \quad (4-30)$$

上式中的解 $\hat{\theta}_i$ 估计参数 θ_i 就是矩法估计，$\hat{\theta}_i$ 为统计量。

（2）概率权重矩法。概率权重矩法自 1975 年问世以来，因其估计量具有良好的统计特性，且能为参数估计提供较好的初值，所以在水文领域应用较广。到目前为止，概率权重矩法已经从单站参数估计推广到了地区上多站的参数估计（Lettenmaier 和 Potter，1985）。设 $F(x)$ 为随机变量 x 的概率分布函数，$F(x)=P(X\leqslant x)$，则概率权重法定义为

$$M_{ijk}=E\{x^l[F(x)]^j[1-F(x)]^k\}=\int_0^1 x^l[F(x)]^j[1-F(x)]^k\mathrm{d}F \quad (4-31)$$

式中：M_{ijk} 为统计量，l、j、k 均为实数，一般取 $l=1$。

（3）遗传算法。遗传算法（Genetic Algorithm，简称 GA）是模拟达尔文生物进化论的自然选择和遗传学机理的生物进化过程的计算模型，是一种通过模拟自然进化过程搜索最优解的方法，它最初由美国 Michigan 大学 Holland 教授于 1975 年首先提出来的，并出版了颇有影响的专著 *Adaptation in Natural and Artificial Systems*，GA 这个名称才逐渐为人所知，Holland 教授所提出的为简单遗传算法（SGA）（Holland，1975）。遗传算法的基本运算过程如下：

1）初始化：设置进化代数计数器 $t=0$，设置最大进化代数 T，随机生成 M 个个体作为初始群体 $P(0)$。

2）个体评价：计算群体 $P(t)$ 中各个个体的适应度。

3）选择运算：将选择算子作用于群体。选择的目的是把优化的个体直接遗传到下一代或通过配对交叉产生新的个体再遗传到下一代。选择操作是建立在群体中个体的适应度评估基础上的。

4）交叉运算：将交叉算子作用于群体。所谓交叉是指把两个父代个体的部分结构加以替换重组而生成新个体的操作。遗传算法中起核心作用的就是交叉算子。

5）变异运算：将变异算子作用于群体，即对群体中的个体串的某些基因座上的基因值作变动。群体 $P(t)$ 经过选择、交叉、变异运算之后得到下一代群体 $P(t_1)$。

6）终止条件判断：若 $t=T$，则以进化过程中所得到的具有最大适应度个体作为最优解输出，则可终止计算。

4.1.3.2　Copulas 函数参数估计

目前比较常用的 Copulas 函数参数估计方法主要有适线法、极大似然法、边际推断法和相关性指标法等。其中相关性指标法适用于 Copulas 函数的参数 θ 和变量间相关系数存在明确关系的情况，且较多用于二维 Copulas 函数的参数估计。

（1）适线法。适线法是在特定的适线准则条件下，推求与经验点拟合效果最佳的频率曲线的参数。适线准则采取离差平方和最小准则 OLS，表达式为

$$OLS=\sqrt{\frac{1}{n}\sum_{i=1}^{n}(Pe_i-P_i)^2} \tag{4-32}$$

式中：Pe_i 为干旱特征变量的经验频率；P_i 是观测样本的 Copula 函数值；n 为样本个数；OLS 值越小说明 Copula 函数的参数 θ 越好。

（2）极大似然法。极大似然法（Method of Maximum Likelihood Estimator）是德国数学家 Gauss C. F. 于 1821 年提出的统计方法。1925 年英国统计学家 Fisher R. A. 对极大似然法性质做了分析研究，使其更加充实和完善。一般地说，事件 A 与 θ 参数有关，θ 取值不同，则 $P(A)$ 也不同，若 A 发生了，则认为此时的 θ 值就是 θ 的估计值，这就是极大似然法的思想。设总体 X 是离散型随机变量，其概率函数为 $P(x,\theta)$，其中 θ 是未知参数。设 X_1，X_2，…，X_n 为取自总体 X 的样本的联合概率函数为 $\prod_{i=1}^{n}p(X_i;\theta)$，这里，$\theta$ 是常量，X_1，X_2，…，X_n 是变量。θ 应使样本值 x_1，x_2，…，x_n 的出现具有最大的概率。将上式看作 θ 的函数，并用 $L(\theta)$ 表示，就有

$$L(\theta)=L(x_1,x_2,\cdots,x_n;\theta)=\prod_{i=1}^{n}p(x_i;\theta) \tag{4-33}$$

称 $L(\theta)$ 为似然函数。选取使 $L(\theta)$ 达到最大的参数值 $\hat{\theta}$，作为参数 θ 的估计值。即取 θ，使

$$L(\theta)=L(x_1,x_2,\cdots,x_n;\hat{\theta})=\max_{\theta\in\Theta}L(x_1,x_2,\cdots,x_n;\theta) \tag{4-34}$$

因此，求总体参数 θ 的极大似然估计值的问题就是求似然函数 $L(\theta)$ 的最大值问题。因为 $\ln L$ 是 L 的增函数，只需令 $\mathrm{d}\ln L(\theta)/\mathrm{d}\theta=0$，得到的 $\hat{\theta}$ 就是参数 θ 的极大似然估计值。

（3）边际推断法（IFM）。边际推断法是比较常用的 Copulas 函数的参数估计方法，

其分为两步计算 θ 值。首先，求各干旱变量的边际分布函数的参数。可采用常用的矩法、极大似然法等。其次，求 Copulas 函数的参数。

以极大似然法为例，边际推断法计算步骤为：

1）设变量边际分布函数为 $f(x_{it}, a_i)$，则似然函数 $L(a_i)$ 表达式为

$$L(a_i)=\sum_{t=1}^{3}\ln f(x_{it},a_i) \tag{4-35}$$

令 $\partial L/\partial a_i=0$，即可求得单变量的边际分布函数的参数值 a_i。

2）求 Copulas 函数的参数 θ 值，表达式为

$$L(a_1,a_2,a_3;\theta)=\sum_{t=1}^{3}\ln C[F_1(x_{it},a_i),F_2(x_{it},a_i),F_3(x_{it},a_i);\theta] \tag{4-36}$$

令 $\partial L/\partial\theta=0$，即可求得 Copulas 函数的参数值 θ。

（4）相关性指标法。Copulas 函数跟变量间的相关性有很大关系（Genest 和 Favre，2007；Genest 等，2007；Genest 等，2009），据此可由干旱特征变量间的相关系数推求某些 Copulas 函数的参数 θ 值。例如经 Kendall 秩相关系数 τ 和 Spearman 秩相关系数 ρ 均可推导出 θ 值（杨益党和罗羡华，2007）：

$$\begin{cases}\tau=\iint\limits_{0\leqslant u,v\leqslant 1}C(u,v)\mathrm{d}C(u,v)-1\\ \rho=12\iint\limits_{0\leqslant u,v\leqslant 1}u,v\mathrm{d}C(u,v)-3\end{cases} \tag{4-37}$$

式中：$C(u, v)$ 为二维 Copulas 函数；u 和 v 分别为边际分布函数。

4.1.4 干旱变量参数拟合度检验

4.1.4.1 单变量参数拟合度检验

单变量拟合度检验采用 Kolmogorov－Smirnov（K－S）检验法（易丹辉，1996），当样本为总数超过 50 的较小样本，置信水平 α 分别为 0.20、0.10、0.05 和 0.01 时，临界检验值 D_α 分别为 $1.07/\sqrt{n}$、$1.22/\sqrt{n}$、$1.36/\sqrt{n}$ 和 $1.63/\sqrt{n}$（华东水利学院，1981），当统计变量 $D<D_\alpha$ 时接受检验。

$$D=\mathrm{Max}\left\{\left|C_k-\frac{i}{n}\right|,\left|C_k-\frac{i-1}{n}\right|\right\} \tag{4-38}$$

式中：C_k 为实测样本理论频率值；i 为实测样本升序排序后的序号；n 为样本数。

4.1.4.2 Copulas 函数参数拟合度检验

采用均方根误差（$RMSE$）、AIC 准则及 $Bias$ 评价准则来判断 Copulas 函数的拟合度优劣，判断依据是 AIC、$RMSE$、$Bias$ 值最小（李计，2012），其表达式如下：

$$\begin{cases}MSE=\dfrac{1}{n-1}\sum_{i=1}^{n}(Pe_i-P_i)^2\\ RMSE=\sqrt{MSE}\\ AIC=n\log(MSE)+2\mathrm{m}\\ \mathrm{Bias}=\sum_{i=1}^{n}\dfrac{Pe_i-P_i}{Pe}\end{cases} \tag{4-39}$$

式中：Pe_i 为干旱变量的经验概率；P_i 为观测样本的 Copula 值；m 为模型参数个数。

4.1.5　变量间相关性度量

干旱变量间相关性采用古典系数法、Kendall 秩相关系数法和 Spearman 秩相关系数法进行度量。考虑到变量间可能存在非线性关系，故相关性度量以 Kendall 秩相关系数 τ 为主，古典系数法和 Spearman 秩相关系数法为辅助参考（陈秀平和郑海鹰，2009）。

4.1.5.1　古典系数法

设干旱变量的样本为 (x_i, y_i)，$i=1, 2, \cdots, n$ 为干旱变量个数。则古典相关系数 r 公式为

$$r=\frac{\sum_{i=1}^{n}(x_i-\overline{x})(y_i-\overline{y})}{\sqrt{\sum_{i=1}^{n}(x_i-\overline{x})^2\sum_{i=1}^{n}(y_i-\overline{y})^2}} \tag{4-40}$$

式中：$\overline{x}$，$\overline{y}$为样本均值；n 为样本容量。

4.1.5.2　Kendall 秩相关系数法

$$\tau=\frac{2}{n(n-1)}\sum_{i=1}^{n-1}\sum_{j=i+1}^{n}sign[(x_i-x_j)(y_i-y_j)] \tag{4-41}$$

其中，$sign$ 为符号函数，其表达式为

$$sign=\begin{cases}1 & (x_i-x_j)(y_i-y_j)>0\\ 0 & (x_i-x_j)(y_i-y_j)=0\\ -1 & (x_i-x_j)(y_i-y_j)<0\end{cases} \tag{4-42}$$

4.1.5.3　Spearman 秩相关系数法

$$\rho=\frac{\sum_{i=1}^{n}(R_i-\overline{R})(S_i-\overline{S})}{\sqrt{\sum_{i=1}^{n}(R_i-\overline{R})^2\sum_{i=1}^{n}(S_i-\overline{S})^2}} \tag{4-43}$$

式中：R_i 和 S_i 均为 x、y 的秩；$\overline{R}=\frac{1}{n}\sum_{i=1}^{n}R_i$，$\overline{S}=\frac{1}{n}\sum_{i=1}^{n}S_i$，通常取作$\overline{R}=\overline{S}=\frac{n+1}{2}$。

4.1.6　小结

本节介绍了 Copulas 函数的原理及应用，特别是 Archimedean Copulas 函数的性质及其包括的二维和三维分布函数、密度函数的原理和公式，以及相关的二、三维概率分布和重现期计算原理。重点叙述了 Archimedean Copulas 函数的参数估计、拟合优度评价以及干旱特征变量之间相关性的度量方法。

4.2　新疆地区干旱特征变量的边缘分布模型

4.2.1　干旱特征变量的提取

采用游程理论进行干旱识别。选取多年月平均降水量 x_0 为截取水平，当月降水序列 $x_t(t=1, 2, \cdots, N)$ 在时段内连续小于 x_0 时，则出现负游程，即发生干旱事件。其中

负游程长度为干旱历时（D/月），负游程包围的阴影部分的面积为干旱烈度（S/mm），负游程的最大值为烈度峰值（M/mm）。游程理论识别干旱的示意图见图 4-1。对新疆地区选择 41 个站点（站点基本地理信息和气象要素平均值介绍详见第 2 章）进行分析。选取的 41 个气象站点主要分布在新疆中北部，分布在南部塔克拉玛干沙漠以及戈壁地区的气象站点少。

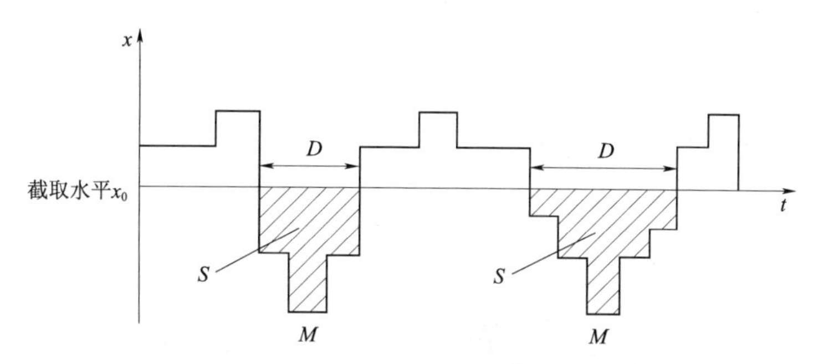

图 4-1　干旱事件的识别示意图

提取的新疆地区各站点数据特征及干旱特征变量的最大值见表 4-5。该表中，降水序列的长度最少为 45 年，最长 56 年。从干旱发生次数来看，干旱发生最多的是精河，多达 158 次；最少的是且末，为 102 次；全疆平均干旱次数为 129 次。最大干旱历时发生在阿勒泰为 27 个月，在伊宁为 9 个月，覆盖了该变量的最大和最小值，全疆平均为 17 个月。最大干旱烈度变化范围为 21.1（发生在阿勒泰）～257.6mm（发生在吐鲁番），平均值为 100mm。最大干旱烈度峰值变化范围为 3.2（发生在吐鲁番）～64.8mm（发生在昭苏），平均值 22mm。

表 4-5　基于游程理论提取的新疆地区各站干旱特征

站名	起止年	年总数	干旱次数	最大干旱历时/月	最大干旱烈度/mm	最大干旱烈度峰值/mm
哈巴河	1958—2006	49	120	17	151.3	22.0
阿勒泰	1954—2006	53	139	27	257.6	24.7
吉木乃	1961—2006	46	126	20	145.3	24.0
福海	1958—2006	49	136	11	70.4	19.2
富蕴	1962—2006	45	123	25	207.6	24.9
青河	1958—2006	49	134	15	112.4	26.3
和布	1954—2006	53	143	17	82.8	37.4
塔城	1954—2006	53	147	14	189.4	32.3
托里	1957—2006	50	127	14	166.3	35.6
乌苏	1954—2006	53	150	13	106.9	21.7
克拉玛依	1957—2006	50	133	16	79.5	22.6
温泉	1958—2006	49	137	26	235.8	34.9
精河	1953—2006	54	158	20	87.2	14.8

续表

站名	起止年	年总数	干旱次数	最大干旱历时/月	最大干旱烈度/mm	最大干旱烈度峰值/mm
石河子	1953—2005	53	145	11	85.5	25.6
乌鲁木齐	1951—2006	56	155	10	147.7	33.1
奇台	1952—2006	55	151	12	113.9	26.8
巴里坤	1957—2006	50	138	13	95.8	39.2
伊吾	1959—2003	45	113	17	68.7	24.0
哈密	1951—2006	56	133	20	39.5	7.0
吐鲁番	1952—2006	55	117	21	21.2	3.2
伊宁	1952—2006	55	156	9	126.3	28.6
昭苏	1955—2006	52	143	10	160.6	64.8
阿合奇	1957—2006	50	135	12	121.2	42.5
乌恰	1956—2006	51	126	14	137.0	31.2
库车	1951—2006	56	140	12	50.9	15.4
拜城	1959—2006	48	124	13	88.0	18.0
阿克苏	1954—2006	53	134	13	58.7	15.3
柯坪	1960—2006	47	111	23	98.2	20.8
轮台	1959—2006	48	123	21	73.6	14.0
库尔勒	1959—2006	48	123	18	53.2	13.3
博湖	1952—2006	55	132	16	64.8	16.6
若羌	1954—2006	53	107	23	47.6	9.2
且末	1954—2006	53	102	22	32.8	7.3
巴楚	1954—2006	53	105	17	64.4	13.2
疏附	1951—2006	56	142	16	73.2	11.8
莎车	1954—2006	53	105	19	61.6	10.2
塔什库尔干	1957—2006	50	134	11	48.3	15.8
皮山	1959—2006	48	106	22	77.1	12.3
和田	1954—2006	53	112	18	51.1	8.0
于田	1956—2006	51	105	22	84.3	10.2
民丰	1957—2006	50	105	19	48.1	8.4

4.2.2 干旱特征变量边缘分布及参数估计

4.2.2.1 单变量边缘分布

以离差平方和最小准则（*OLS*）为主，离差绝对值和最小准则（*WLS*）和相对离差平方和最小准则（*ABS*）为辅，优选遗传算法和概率权重矩法判断3个干旱特征变量的分布类型。判断依据是准则得出的值最小。经计算机编程判断得知，新疆地区41个气象站的月降水提取的3个气象干旱特征变量均为：干旱历时D服从两参数的指数分布，干

旱烈度 S 服从 Weibull 分布，烈度峰值 M 服从广义 Pareto 分布，见式（4-44）。

$$\begin{cases} F(x)=1-e^{-\frac{x-\varepsilon}{\alpha}} \\ F(x)=1-e^{-\left(\frac{x}{\alpha}\right)^{k}} \\ F(x)=1-\left(1-\dfrac{k}{\alpha}x\right)^{\frac{1}{k}} \end{cases} \tag{4-44}$$

式中：$F(x)$ 为概率分布函数；α 为尺度参数，且 $0<\alpha<x$；ε 为位置参数；k 为形状参数。

以乌鲁木齐站为例，单变量边缘分布的拟合效果见图 4-2。图 4-2 中，乌鲁木齐站单变量边缘分布函数模拟效果较好，可认为 3 个干旱特征变量服从选用的边缘分布类型。

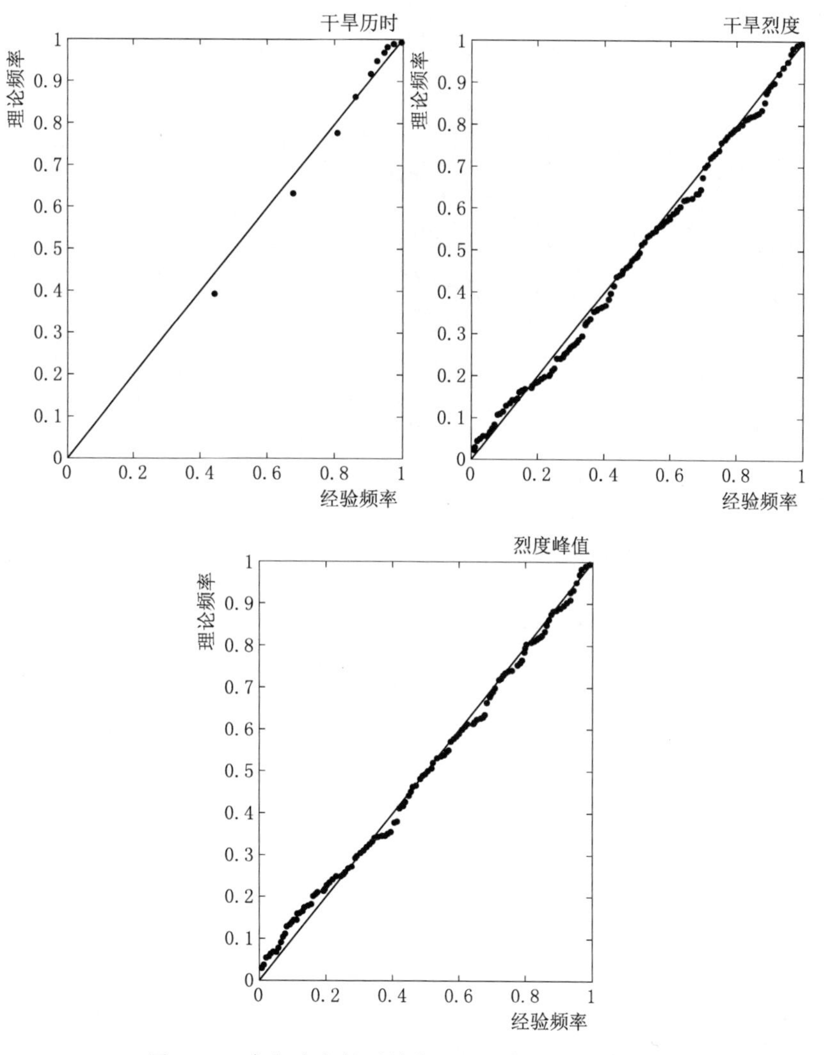

图 4-2　乌鲁木齐站干旱变量的边缘分布拟合效果

新疆地区 41 个气象站 3 个干旱变量（干旱历时 D、干旱烈度 S 和烈度峰值 M）的边缘分布拟合参数见表 4-6。

表 4-6　　新疆地区各站点干旱变量边缘分布的拟合参数

站名	D/(指数分布/遗传算法)		S/(Weibull 分布/概率权重矩法)		M/(广义 Pareto 分布/概率权重矩法)	
	α	ε	α	k	α	k
哈巴河	2.43	0.48	21.9	1.03	16.9	−0.76
阿勒泰	2.23	0.45	22.3	1.01	16.0	−0.64
吉木乃	2.24	0.39	19.1	0.96	16.0	−0.66
福海	1.92	0.58	12.5	1.02	9.53	−0.46
富蕴	2.13	0.43	20.0	0.98	16.3	−0.64
青河	2.19	0.44	18.9	0.99	13.6	−0.50
和布	2.20	0.41	13.5	0.90	8.56	−0.12
塔城	2.06	0.48	29.4	1.1	24.5	−0.75
托里	2.16	0.55	22.8	0.97	17.5	−0.43
乌苏	2.01	0.48	16.2	0.96	14.1	−0.63
克拉玛依	2.26	0.47	13.7	0.99	9.71	−0.39
温泉	2.08	0.46	21.2	0.90	19.2	−0.52
精河	1.96	0.49	11.0	0.98	8.71	−0.58
石河子	1.85	0.70	21.6	1.18	16.6	−0.64
乌鲁木齐	2.00	0.50	26.3	1.01	22.7	−0.68
奇台	2.01	0.54	18.1	1.03	15.9	−0.58
巴里坤	1.95	0.49	17.8	0.90	14.2	−0.30
伊吾	2.47	0.63	11.4	0.86	7.80	−0.21
哈密	2.98	0.49	7.89	1.13	5.39	−0.77
吐鲁番	3.52	0.69	4.91	1.27	3.49	−1.08
伊宁	1.80	0.63	25.9	1.10	23.1	−0.8
昭苏	1.76	0.66	27.8	0.90	20.5	−0.18
阿合奇	2.23	0.60	24.3	0.94	19.1	−0.42
乌恰	2.56	0.41	24.3	0.86	19.2	−0.60
库车	2.62	0.67	13.3	1.13	9.71	−0.60
拜城	2.57	0.48	17.8	1.01	13.1	−0.73
阿克苏	2.57	0.64	12.8	1.07	8.86	−0.56
柯坪	3.02	0.48	14.8	0.91	13.9	−0.65
轮台	2.90	0.34	11.3	0.97	8.06	−0.55
库尔勒	2.64	0.58	9.72	1.02	7.30	−0.52
博湖	2.87	0.64	13.6	1.12	10.5	−0.61
若羌	3.95	0.67	7.23	0.91	5.40	−0.53
且末	4.28	0.45	6.06	0.91	5.28	−0.70
巴楚	3.99	0.44	12.4	0.88	10.1	−0.76

续表

站名	D/(指数分布/遗传算法)		S/(Weibull 分布/概率权重矩法)		M/(广义 Pareto 分布/概率权重矩法)	
	α	ε	α	k	α	k
疏附	2.80	0.53	13.6	1.03	12.6	−1.07
莎车	3.84	0.44	15.4	1.00	11.3	−1.10
塔什库尔干	2.37	0.60	11.0	1.08	8.32	−0.49
皮山	3.46	0.48	12.5	0.95	13.1	−1.06
和田	3.76	0.50	10.0	1.02	8.86	−1.11
于田	3.71	0.69	13.1	1.01	12.7	−1.24
民丰	3.91	0.42	9.2	0.97	8.98	−1.06

对于干旱历时 D，其尺度参数 α 的变化范围为 1.76～4.28，平均为 2.65；位置参数 ε 的变化范围为 0.34～0.7，平均为 0.53。降水量稍高的地区（多在北疆，如伊宁、昭苏、福海等）其尺度参数 α 值较低，反之（南疆站点，如巴楚、若羌等）则尺度参数 α 较高。对于干旱烈度 S，其尺度参数 α 的变化范围为 4.91～25.4，平均为 15.9；形状参数 k 的变化范围为 0.86～1.27，平均为 1.0，k 的变幅在各站点差别不大。对于烈度峰值 M，其尺度参数 α 的变化范围为 3.49～24.5，平均为 12.7；形状参数 k 的变化范围为 −1.24～−0.12，平均为−0.65。

4.2.2.2 单变量分布拟合度评价

选取置信水平取 $a=0.10$，新疆地区 41 个站点的 3 个干旱变量的检验统计量基本都小于临界值，故接受 $K-S$ 检验。各站点单变量 $K-S$ 拟合度检验结果见表 4-7。

表 4-7 干旱特征变量 $K-S$ 检验结果

站名	干旱历时统计量/D_n	干旱烈度统计量/S_n	烈度峰值统计量/M_n	临界检验值/D_a			
				$a=0.01$	$a=0.05$	$a=0.10$	$a=0.20$
哈巴河	0.0269	0.0088	0.0609	0.1488	0.1242	0.1114	0.0977
阿勒泰	0.0239	0.0318	0.0500	0.1383	0.1154	0.1035	0.0908
吉木乃	0.0262	0.0429	0.0133	0.1452	0.1212	0.1087	0.0953
福海	0.0257	0.0361	0.0576	0.1398	0.1166	0.1046	0.0918
富蕴	0.0276	0.0333	0.0490	0.147	0.1226	0.1100	0.0965
青河	0.0260	0.0751	0.0390	0.1408	0.1175	0.1054	0.0924
和布	0.0245	0.0171	0.0524	0.1363	0.1137	0.1020	0.0895
塔城	0.0228	0.0727	0.0807	0.1344	0.1122	0.1006	0.0883
托里	0.0257	0.0513	0.0331	0.1446	0.1207	0.1083	0.0949
乌苏	0.0224	0.0346	0.0135	0.1331	0.1110	0.0996	0.0874
克拉玛依	0.0247	0.0098	0.0464	0.1413	0.1179	0.1058	0.0928
温泉	0.0242	0.0083	0.0980	0.1393	0.1162	0.1042	0.0914

续表

站名	干旱历时统计量/D_n	干旱烈度统计量/S_n	烈度峰值统计量/M_n	临界检验值/D_a			
				a=0.01	a=0.05	a=0.10	a=0.20
精河	0.0215	0.0593	0.0276	0.1297	0.1082	0.0971	0.0851
石河子	0.0231	0.0488	0.0508	0.1354	0.1129	0.1013	0.0889
乌鲁木齐	0.0218	0.0134	0.0244	0.1309	0.1092	0.0980	0.0859
奇台	0.0234	0.0078	0.0109	0.1326	0.1107	0.0993	0.0871
巴里坤	0.0240	0.0611	0.0999	0.1388	0.1158	0.1039	0.0911
伊吾	0.0283	0.0872	0.1031	0.1533	0.1279	0.1148	0.1007
哈密	0.0262	0.0402	0.1215	0.1413	0.1179	0.1058	0.0928
吐鲁番	0.0275	0.0254	0.1550	0.1507	0.1257	0.1128	0.0989
伊宁	0.0217	0.0419	0.0665	0.1305	0.1089	0.0977	0.0857
昭苏	0.0233	0.0648	0.0953	0.1363	0.1137	0.1020	0.0895
阿合奇	0.0244	0.0626	0.0861	0.1403	0.1171	0.1050	0.0921
乌恰	0.0259	0.0517	0.0737	0.1452	0.1212	0.1087	0.0953
库车	0.0237	0.0136	0.0799	0.1378	0.1149	0.1031	0.0904
拜城	0.0262	0.0405	0.0710	0.1464	0.1221	0.1096	0.0961
阿克苏	0.0246	0.0234	0.0542	0.1408	0.1175	0.1054	0.0924
柯坪	0.0287	0.0689	0.0258	0.1547	0.1291	0.1158	0.1016
轮台	0.0264	0.0505	0.0612	0.1470	0.1226	0.1100	0.0965
库尔勒	0.0280	0.0531	0.0129	0.1470	0.1226	0.1100	0.0965
博湖	0.0249	0.0588	0.0644	0.1419	0.1184	0.1062	0.0931
若羌	0.0295	0.0926	0.0778	0.1576	0.1315	0.1179	0.1034
且末	0.0307	0.0705	0.1405	0.1614	0.1347	0.1208	0.1059
巴楚	0.0300	0.0536	0.0178	0.1591	0.1327	0.1191	0.1044
疏附	0.0234	0.0131	0.0670	0.1368	0.1141	0.1024	0.0898
莎车	0.0300	0.0765	0.0284	0.1591	0.1327	0.1191	0.1044
塔干	0.0246	0.0108	0.0313	0.1408	0.1175	0.1054	0.0924
皮山	0.0298	0.0620	0.0191	0.1583	0.1321	0.1185	0.1039
和田	0.0284	0.0467	0.0461	0.1540	0.1285	0.1153	0.1011
于田	0.0300	0.0601	0.0266	0.1591	0.1327	0.1191	0.1044

表中灰色部分表示没有通过检验的站点，当 α=0.10 时各站均未通过 $K-S$ 拟合度检验；对 3 个干旱变量和 4 个 α 值，哈密、吐鲁番、且末、和田和民丰 5 个站均未通过 $K-S$ 拟合度检验，需剔除。

4.2.2.3 变量间相关性度量

干旱特征变量间必须具有一定的相关性方可采用Copulas函数构建联合分布。各站点干旱变量间相关性度量结果见表4-8。

表4-8 各站点干旱变量间的相关系数

站名	$D\&S$			$D\&M$			$S\&M$		
	r	τ	ρ	r	τ	ρ	r	τ	ρ
阿勒泰	0.96	0.88	0.85	0.49	0.62	0.54	0.65	0.72	0.87
吉木乃	0.89	0.83	0.80	0.43	0.63	0.54	0.71	0.76	0.90
福海	0.82	0.78	0.75	0.50	0.58	0.49	0.83	0.79	0.92
富蕴	0.94	0.84	0.81	0.48	0.64	0.56	0.68	0.77	0.90
青河	0.90	0.88	0.86	0.54	0.67	0.62	0.77	0.77	0.91
和布	0.79	0.77	0.73	0.42	0.57	0.46	0.82	0.78	0.93
塔城	0.94	0.85	0.82	0.52	0.59	0.48	0.69	0.70	0.85
托里	0.87	0.74	0.72	0.47	0.54	0.45	0.76	0.78	0.93
乌苏	0.90	0.82	0.77	0.57	0.64	0.54	0.79	0.79	0.93
克拉玛依	0.82	0.76	0.75	0.41	0.54	0.45	0.77	0.75	0.90
温泉	0.85	0.73	0.68	0.39	0.55	0.44	0.72	0.80	0.94
精河	0.90	0.80	0.74	0.45	0.60	0.47	0.71	0.77	0.92
石河子	0.86	0.81	0.80	0.45	0.52	0.42	0.76	0.68	0.83
乌鲁木齐	0.89	0.81	0.77	0.46	0.59	0.48	0.73	0.75	0.90
奇台	0.82	0.74	0.69	0.39	0.51	0.37	0.77	0.74	0.89
巴里坤	0.72	0.69	0.62	0.36	0.54	0.41	0.83	0.82	0.95
伊吾	0.71	0.66	0.68	0.39	0.50	0.45	0.87	0.82	0.95
哈密	0.92	0.81	0.85	0.47	0.52	0.49	0.71	0.68	0.84
吐鲁番	0.95	0.84	0.90	0.51	0.55	0.53	0.69	0.66	0.79
伊宁	0.88	0.80	0.77	0.54	0.61	0.53	0.77	0.78	0.91
昭苏	0.66	0.69	0.65	0.37	0.54	0.44	0.88	0.83	0.95
阿合奇	0.75	0.68	0.67	0.45	0.52	0.46	0.85	0.82	0.95
乌恰	0.88	0.79	0.79	0.59	0.64	0.61	0.81	0.82	0.94
库车	0.84	0.76	0.80	0.45	0.49	0.46	0.81	0.71	0.88
拜城	0.92	0.86	0.87	0.59	0.63	0.60	0.77	0.74	0.89
阿克苏	0.82	0.75	0.78	0.42	0.50	0.45	0.79	0.72	0.88
柯坪	0.86	0.67	0.70	0.51	0.49	0.45	0.81	0.79	0.93
轮台	0.88	0.81	0.82	0.54	0.59	0.55	0.82	0.77	0.91
库尔勒	0.85	0.74	0.76	0.43	0.52	0.48	0.79	0.76	0.91
博湖	0.82	0.71	0.75	0.38	0.41	0.43	0.78	0.74	0.9
若羌	0.86	0.71	0.79	0.58	0.53	0.57	0.86	0.80	0.94

续表

站名	D&S			D&M			S&M		
	r	τ	ρ	r	τ	ρ	r	τ	ρ
且末	0.80	0.63	0.70	0.44	0.45	0.44	0.83	0.79	0.92
巴楚	0.87	0.68	0.74	0.56	0.49	0.49	0.80	0.79	0.93
疏附	0.92	0.81	0.84	0.56	0.59	0.58	0.77	0.76	0.9
莎车	0.91	0.81	0.87	0.58	0.58	0.58	0.78	0.74	0.88
塔干	0.80	0.70	0.70	0.33	0.43	0.32	0.75	0.71	0.87
皮山	0.91	0.78	0.84	0.51	0.56	0.57	0.74	0.76	0.9
和田	0.90	0.72	0.78	0.49	0.45	0.43	0.73	0.71	0.86
于田	0.85	0.68	0.76	0.50	0.49	0.49	0.75	0.76	0.90
民丰	0.85	0.66	0.72	0.48	0.46	0.44	0.77	0.78	0.91

干旱变量间相关性采用 Kendall 秩相关系数法为主，古典系数法和 Spearman 秩相关系数法为辅进行度量。由表 4-8 可知：干旱烈度 S 和烈度峰值 M 之间的相关程度较好，其古典相关系数 r 的变化范围为 0.65（发生在阿勒泰）～0.88（发生在昭苏），均值为 0.77；干旱历时 D 和干旱烈度 S 之间的相关程度也较好，其古典相关系数 r 的变化范围为 0.66（发生在昭苏）～0.96（发生在阿勒泰），均值为 0.86；干旱历时 D 和烈度峰值 M 的相关性较弱，古典相关系数 r 的变化范围为 0.33（发生在塔什库尔干）～0.59（发生在疏附），均值为 0.48。Kendall 秩相关系数和 Spearman 秩相关系数在各站点的变化规律与古典相关系数有所不同，但各指标大致具有一定的一致性，因此不再赘述。

另外，由于受地理位置、海拔等的影响，各站点降水不同，得出的干旱变量也不同。总体上，干旱变量之间的相关程度具有随机性，但总体上，新疆地区 3 个干旱特征变量——干旱烈度 S、干旱历时 D 和烈度峰值 M 两两之间具有一定的相关性，故可以采用 Copula 函数构建新疆地区各站点多维干旱变量的联合分布模型。

4.2.3　小结

本节介绍了单干旱变量边缘分布模型的构建步骤。首先经游程理论从新疆地区 41 个气象站的月平均降水资料中提取气象干旱特征变量，然后优选最佳的方法进行单变量边缘分布的参数估计和拟合度检验，最后以 Kendall 秩相关系数法为主、古典系数法和 Spearman 秩相关系数法为辅，进行三个干旱特征变量间相关性度量。结果表明，新疆地区各站的干旱变量之间有一定的相关性，可以采用 Copula 函数构建各站点多维干旱变量的联合分布模型。

4.3　新疆地区二维干旱特征变量的联合分布

4.3.1　二维变量参数估计及拟合度检验

Archimedean Copulas 函数族包含的 Copulas 函数很多，最常见的包括 Gumbel、Frank、Clayton 和 AMH 这几种 Archimedean Copulas 函数。选用 20 种单参数的 Archimedean Copulas 函数、Farlie-Gumbei-Morgenstern（FGM）及 Plackett Copulas 函数，

以新疆地区各气象站为研究区，构建二维干旱特征变量的联合分布模型。选用适线法和极大似然法对二维 Copulas 函数的参数进行估计（见 4.1.3.2），并通过 *RMSE*、*AIC* 和 *Bias* 准则（见 4.1.4.2）对这 2 种方法进行评价，选择最佳方法估计 Copulas 函数的参数；二维 Copulas 函数的拟合度检验也采用 *RMSE*、*AIC* 和 *Bias* 准则进行评价，最小的准则值对应的 Copulas 函数即为拟合效果最好的 Copulas 函数。

以乌鲁木齐站为例，具体检验结果见表 4－9。表中灰色部分的数据表明计算所得的 Copulas 函数的参数不在其取值范围内。

表 4－9　　乌鲁木齐站二维 Couplas 函数参数估计和拟合度检验结果

函数	变量	极大似然法				适线法			
		θ	*RMSE*	*AIC*	*Bias*	θ	*RMSE*	*AIC*	*Bias*
Clayton	*D&S*	0.71	0.0831	−333.0	17.28	10.0	0.0285	−322.5	−6.83
	D&M	0.44	0.0500	−401.4	7.73	2.00	0.0388	−294.3	−2.92
	S&M	6.67	0.0204	−522.1	−10.85	5.56	0.0347	−304.5	−4.80
Nelsen No. 2	*D&S*	3.00	0.0595	−377.8	38.25	10.27	0.0559	−261.1	−4.77
	D&M	2.40	0.0553	−387.8	35.27	20.00	0.0598	−254.9	−24.04
	S&M	3.56	0.0835	−332.3	50.10	15.10	0.0440	−282.9	1.59
Ali－Mikhail－Haq	*D&S*	0.83	0.0835	−332.3	21.60	1.20	0.0707	−239.6	−7.40
	D&M	0.73	0.0442	−418.0	7.73	1.09	0.0431	−284.7	−8.33
	S&M	−0.30	0.1469	−256.2	72.12	1.10	0.0669	−244.7	0.34
Gumbel－Hougaard	*D&S*	2.04	0.0402	−430.7	3.35	6.00	0.0279	−324.3	−5.36
	D&M	1.32	0.0404	−430.0	8.89	2.00	0.0388	−294.3	−2.92
	S&M	2.67	0.0435	−420.1	17.29	5.14	0.0423	−286.4	−1.39
Frank	*D&S*	5.55	0.0417	−425.8	2.71	16.75	0.0260	−330.8	−4.18
	D&M	2.78	0.0315	−463.5	1.63	5.68	0.0340	−306.4	−4.87
	S&M	12.06	0.0285	−477.1	10.59	13.67	0.0381	−296.0	2.90
Nelsen No. 6（Jeo）	*D&S*	2.00	0.0641	−367.9	21.41	10.24	0.0265	−329.0	−3.08
	D&M	1.41	0.0490	−404.0	17.23	3.27	0.0598	−254.9	−24.04
	S&M	3.00	0.0648	−366.4	35.66	12.65	0.0438	−283.3	0.80
Nelsen No. 12	*D&S*	0.98	0.0747	−347.3	11.47	4.01	0.0288	−321.6	−6.12
	D&M	0.65	0.0837	−331.9	18.21	2.00	0.0432	−284.5	−17.10
	S&M	3.00	0.0252	−493.6	−5.99	2.83	0.0407	−289.9	−2.89
Nelsen No. 13	*D&S*	3.00	0.0637	−368.7	9.89	14.57	0.0276	−325.5	−6.02
	D&M	2.17	0.0381	−438.1	2.10	4.30	0.0356	−302.3	−9.15
	S&M	15.00	0.0224	−509.6	−9.85	9.68	0.0362	−300.6	−2.17
Nelsen No. 14	*D&S*	1.78	0.0355	−447.5	−2.84	5.46	0.0281	−323.6	−5.51
	D&M	0.61	0.0665	−362.8	3.95	1.52	0.0379	−296.5	−8.07
	S&M	0.62	0.1129	−291.7	39.09	4.27	0.0420	−287.1	−1.69

续表

函 数	变量	极大似然法				适 线 法			
		θ	RMSE	AIC	Bias	θ	RMSE	AIC	Bias
Nelsen No. 16	D&S	∞	0.0740	−348.6	11.12	∞	0.0840	−224.0	15.34
	D&M	∞	0.0305	−467.8	−9.64	∞	0.0450	−280.9	−0.64
	S&M	∞	0.0796	−338.7	28.75	∞	0.0741	−235.3	17.81
Nelsen No. 17	D&S	6.00	0.0543	−390.1	7.44	25.51	0.0267	−328.5	−5.20
	D&M	3.40	0.0329	−457.5	0.78	7.85	0.0341	−306.0	−6.70
	S&M	29.00	0.0228	−507.3	−2.31	18.84	0.0362	−300.6	1.41
Nelsen No. 18	D&S	2.19	0.0583	−380.7	37.37	7.61	0.0257	−332.1	0.37
	D&M	2.09	0.0506	−399.8	21.57	4.07	0.0483	−274.4	1.95
	S&M	23.34	0.0290	−474.5	0.28	14.87	0.0447	−281.4	0.21
Nelsen No. 19	D&S	0.86	0.0437	−419.6	−6.37	7.36	0.0291	−320.5	−7.21
	D&M	0.86	0.0275	−481.7	−28.72	0.45	0.0404	−290.6	−14.3
	S&M	0.85	0.0393	−433.7	−3.35	2.90	0.0476	−275.7	8.05
Nelsen No. 20	D&S	0.21	0.0952	−314.6	24.74	2.46	0.0298	−318.4	0.32
	D&M	0.16	0.0551	−388.3	11.51	0.72	0.0401	−291.3	−14.0
	S&M	0.97	0.037	−440.9	−4.21	1.80	0.0336	−307.5	−6.56

类似地，可得出新疆地区 41 个气象站的二维 Copulas 函数参数具体估计结果（数据未列出）。采用适线法进行新疆地区二维 Copulas 函数的参数估计时，其 3 种拟合度评价指标 *RMSE*、*AIC* 和 *Bias* 值均小于极大似然法的指标值。故选用适线法进行新疆地区二维 Copulas 函数的参数估计。

对比各站的拟合度评价指标，以 *RMSE*、*AIC* 准则为主要评价依据，*Bias* 准则值为辅助评价依据，选取适合区域、流域的最优 Copulas 函数进行二维干旱特征变量的联合分布模拟。作为示例，仅列出全部站点的二维 Nelsen No. 2 Copula 函数参数估计结果和拟合效果，见表 4－10。

表 4－10　全疆各站二维 Nelsen No. 2 Copula 函数参数估计和拟合度检验结果

站名	D&S				D&M				S&M			
	θ	RMSE	AIC	Bias	θ	RMSE	AIC	Bias	θ	RMSE	AIC	Bias
哈巴河	6.97	0.046	−318.5	−28.76	200.0	0.079	−262.8	−46.83	6.9	0.028	−372.7	5.80
阿勒泰	10.30	0.044	−374.8	−31.79	200.0	0.090	−288.3	−51.69	5.7	0.045	−372.6	11.22
吉木乃	11.06	0.026	−397.0	−10.20	200.0	0.050	−327.0	−20.85	28.8	0.031	−378.3	2.20
福海	5.24	0.099	−270.8	11.27	200.0	0.073	−307.9	−77.59	14.8	0.027	−423.9	−11.1
富蕴	7.09	0.041	−339.3	−11.88	200.0	0.077	−271.5	−32.85	8.1	0.038	−348.7	9.61
青河	20.53	0.026	−421.2	−7.52	200.0	0.067	−312.0	−28.97	9.6	0.035	−387.9	8.79
和布	7.54	0.080	−311.2	24.25	200.0	0.068	−332.8	−34.93	11.3	0.033	−423.3	5.96

续表

站名	*D&S*				*D&M*				*S&M*			
	θ	*RMSE*	*AIC*	*Bias*	θ	*RMSE*	*AIC*	*Bias*	θ	*RMSE*	*AIC*	*Bias*
塔城	7.24	0.088	−308.9	−75.09	200.0	0.086	−311.0	−66.91	6.0	0.039	−414.0	13.56
托里	4.60	0.034	−370.4	−40.47	200.0	0.069	−292.8	−73.33	15.1	0.025	−403.5	−4.60
乌苏	6.52	0.051	−386.9	11.21	200.0	0.049	−391.7	−23.18	21.6	0.022	−495.3	5.95
克拉玛依	6.44	0.064	−315.1	17.05	200.0	0.069	−307.6	−34.22	11.4	0.026	−418.4	8.55
温泉	5.07	0.026	−430.4	1.68	200.0	0.052	−348.9	−11.71	61.8	0.025	−437.2	3.94
精河	4.85	0.136	−272.2	45.18	200.0	0.083	−339.2	−49.80	8.1	0.031	−475.6	12.65
石河子	4.21	0.042	−398.8	−8.68	200.0	0.121	−264.5	−63.21	4.3	0.051	−373.5	19.74
乌鲁木齐	6.89	0.058	−381.8	−45.80	200.0	0.055	−389.7	−38.98	23.5	0.028	−479.0	1.63
奇台	4.37	0.033	−447.5	5.05	200.0	0.074	−340.2	−36.08	16.3	0.028	−466.0	6.46
巴里坤	4.93	0.039	−385.8	12.28	200.0	0.052	−352.2	−23.19	65.3	0.035	−400.1	−2.24
伊吾	4.57	0.098	−225.7	33.03	200.0	0.074	−254.1	−19.87	70.4	0.034	−331.3	0.91
哈密	7.80	0.195	−186.7	37.03	200.0	0.086	−281.2	−82.11	7.3	0.038	−374.4	2.34
吐鲁番	7.68	0.300	−120.2	58.03	200.0	0.087	−246.1	−80.78	8.2	0.038	−331.3	6.34
伊宁	4.11	0.063	−372.5	−33.29	200.0	0.102	−307.4	−66.81	7.9	0.033	−461.3	9.19
昭苏	4.31	0.051	−367.7	−18.07	200.0	0.079	−313.4	−36.67	56.8	0.040	−398.0	−10.1
阿合奇	4.35	0.048	−354.0	−14.7	200.0	0.073	−305.1	−29.42	83.7	0.035	−392.5	−3.04
乌恰	9.19	0.045	−337.2	−11.79	200.0	0.044	−340.2	−4.39	226.0	0.033	−371.7	1.73
库车	5.34	0.076	−312.0	6.65	200.0	0.079	−306.2	−59.73	11.0	0.028	−431.7	4.43
拜城	9.84	0.032	−365.7	−11.53	200.0	0.069	−286.6	−38.16	8.2	0.024	−398.5	7.23
阿克苏	5.01	0.082	−288.9	18.18	200.0	0.078	−295.4	−48.82	10.7	0.040	−373.9	5.54
柯坪	5.41	0.058	−273.3	5.86	200.0	0.065	−261.9	−11.17	166.5	0.058	−272.8	3.99
轮台	19.78	0.114	−229.7	10.15	200.0	0.052	−315.0	−48.03	15.2	0.032	−366.1	−7.94
库尔勒	6.45	0.131	−215.3	32.59	200.0	0.068	−285.5	−26.91	22.9	0.039	−345.3	4.34
博湖	5.39	0.060	−320.6	14.89	200.0	0.077	−292.1	−21.48	189.3	0.038	−372.4	1.75
若羌	6.02	0.178	−158.2	42.93	200.0	0.073	−241.8	−8.37	39.1	0.065	−252.8	9.81
且末	7.19	0.193	−143.8	45.29	200.0	0.075	−227.7	3.66	203.7	0.063	−242.9	12.31
巴楚	5.55	0.083	−225.2	11.76	200.0	0.058	−257.3	−8.1	203.3	0.051	−270.4	8.79
疏附	6.04	0.068	−329.5	11.88	200.0	0.071	−323.5	−23.19	15.7	0.055	−355.4	12.52
莎车	10.27	0.056	−261.1	−4.77	200.0	0.060	−254.9	−24.04	15.1	0.044	−282.9	1.59
塔干	4.06	0.106	−259.6	34.67	200.0	0.084	−286.8	−41.88	9.9	0.026	−422.9	7.91
皮山	7.94	0.079	−232.1	15.28	200.0	0.071	−242.0	6.65	247.3	0.0723	−239.8	11.96
和田	5.14	0.132	−194.6	20.63	200.0	0.066	−263.1	−26.93	12.8	0.0376	−317.2	5.75
于田	4.86	0.074	−234.6	8.48	200.0	0.078	−230.3	−16.01	221.9	0.0506	−270.1	0.51
民丰	6.16	0.130	−184.4	25.85	200.0	0.057	−259.7	−6.29	104.0	0.0501	−271.0	6.07

由于各气象站气候条件、水文特征以及下垫面条件不同，适合的 Copulas 函数也不完全相同。根据全部 41 个气象站采用不同函数的分析结果，对于新疆地区干旱历时和干旱烈度的二维联合分布：Frank Copula 函数对于阿勒泰地区、克拉玛依市、石河子市、伊犁州拟合效果最好；Nelsen No. 6（Joe）Copula 函数对于塔城地区、博尔塔拉蒙古自治州、奇台县和喀什地区的拟合效果最好；Gumbel Copula 函数对于乌鲁木齐市、吐鲁番市拟合效果最好；FGM Copula 函数对于哈密地区、克州、阿克苏地区拟合效果最好；Frank Copula 函数次之；Nelsen No. 13 Copula 函数对于巴州地区拟合效果最好，Frank Copula 函数次之；Nelsen No. 14 函数对于和田地区拟合效果最好，Frank Copula 函数次之。综合分析结果，对于新疆地区的干旱历时和干旱烈度的二维联合分布，选取 Frank Copula 函数进行拟合。

对于新疆地区干旱历时和烈度峰值的二维联合分布：Frank Copula 函数对于阿勒泰地区、石河子市、乌鲁木齐市、伊犁州、阿克苏地区和喀什地区的拟合效果最好；Nelsen No. 6（Joe）Copula 函数对于塔城地区、吐鲁番市的拟合效果最好；FGM Copula 函数对于克拉玛依市、博尔塔拉蒙古自治州、昌吉地区、哈密地区、伊犁州、克州、巴州以及和田地区的拟合效果最好，Frank Copula 函数拟合效果次之。综合分析结果，对于新疆地区的干旱历时和烈度峰值的二维联合分布，选取 Frank Copula 函数进行拟合。

对于新疆地区干旱烈度和烈度峰值的二维联合分布：Frank Copula 函数对于阿勒泰地区、塔城地区、克拉玛依市、吐鲁番地区和伊犁州的拟合效果最好，Clayton Copula 函数次之；FGM Copula 函数对于哈密地区、阿克苏地区、喀什以及和田地区的拟合效果最好；Clayton Copula 函数对于阿勒泰地区、石河子市、乌鲁木齐市、昌吉地区、克州和巴州的拟合效果最佳。综合分析结果，对于新疆地区干旱烈度和烈度峰值的二维联合分布选取 Clayton Copula 函数进行拟合。

以乌鲁木齐站为例，二维干旱变量的拟合效果见图 4-3。

4.3.2　二维变量联合分布模型

4.3.2.1　干旱历时和干旱烈度的二维联合分布模型

（1）D、S 概率分布。对于新疆地区站点的气象干旱变量：优选 Frank Copula 函数进行干旱历时和干旱烈度的二维联合分布。可求得二维联合不超越概率 $P(D\leqslant d, S\leqslant s)$ 和联合超越概率 $P(D\geqslant d, S\geqslant s)$ 值，以乌鲁木齐站为例，其联合概率分布见图 4-4。

从二维联合概率分布的平面投影图上可以查出不同干旱历时和烈度条件下联合不超越概率和联合超越概率值。从图 4-4 看出：当干旱历时一定，干旱烈度越大时，或者当干旱烈度一定，干旱历时越长时，其联合不超越概率值越大，而联合超越概率值越小。从图 4-4（d）中可以看出联合超越概率值随干旱历时和烈度的值减小而增大，即说明在一个短的干旱历时内要达到比较小的干旱烈度的干旱事件发生的可能性比较大。例如，$P(D\geqslant 1.5, S\geqslant 20)$ 发生概率为最大值 0.5。新疆地区其余各站亦有同样的分布规律，不再赘述。

以乌鲁木齐站二维干旱历时和干旱烈度联合分布为例，其条件概率分布见图 4-5。从图 4-5 中可查出在不同干旱历时/干旱烈度条件下（$D\geqslant d \mid S\geqslant s$），相应的二维条件概率值，且二者的条件概率成正增长关系，例如图 4-5（a）中，当 $D\geqslant 1$ 个月时，条件

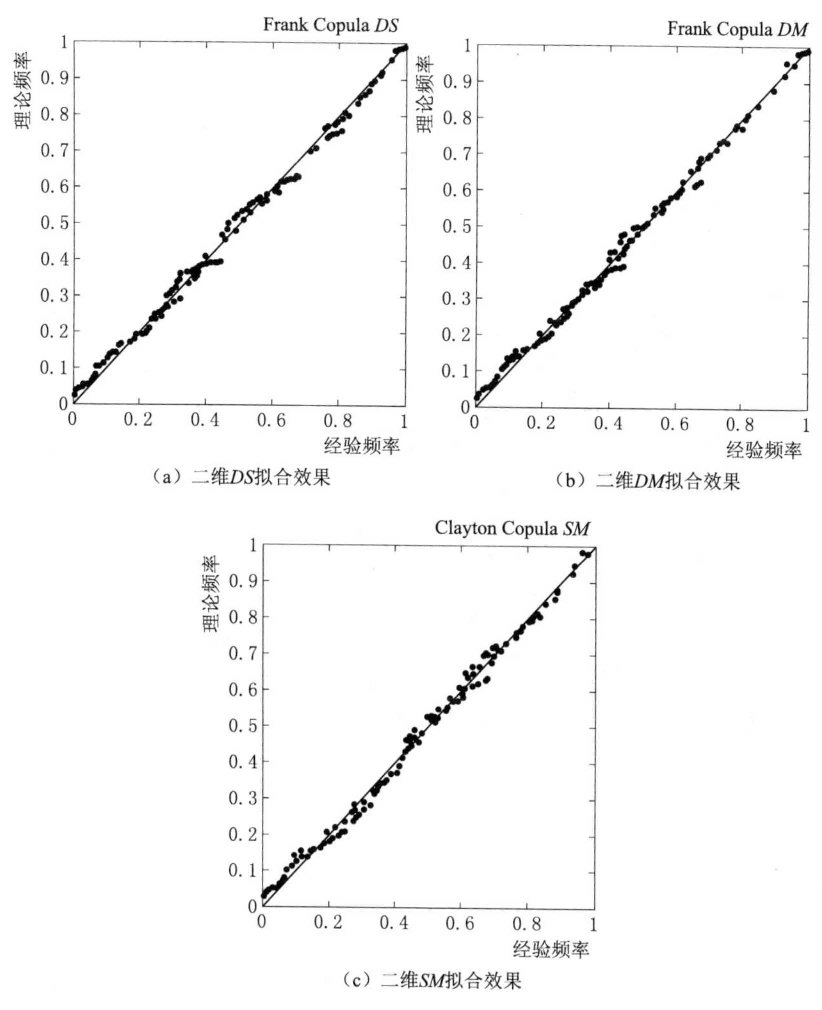

（a）二维DS拟合效果

（b）二维DM拟合效果

（c）二维SM拟合效果

图 4-3 乌鲁木齐站二维干旱变量的理论频率与经验频率对比

概率值随干旱烈度增大而增大。而随着历时/烈度条件的减小，在相同的干旱烈度/历时条件下，其二维条件概率值呈现增大趋势。$D \geq 1$ 个月时的二维条件概率大于 $D \geq 4$ 个月时的二维条件概率值。即说明小历时/烈度的干旱事件比较容易发生，在实际抗旱工作中应该重点予以关注。

（2）D、S 重现期分布。同样以乌鲁木齐站为例，经式（4-17）可求得 D、S 二维条件重现期，其分布图见图 4-6。从图中可查出在不同干旱历时/烈度条件下（$D \geq d \mid S \leq s$），干旱烈度/历时相应发生的条件重现期值，且二者的重现期呈正增长关系。例如图 4-6（a）中，当 $s \geq 15$mm 时，二维条件重现期随干旱历时增大而增大。且随着历时/烈度条件的增大，在相同的烈度/历时条件下，其二维条件重现期值呈现增大趋势，这与二维条件概率的分布规律正好相反。$s \geq 60$mm 时的二维条件重现期大于 $s \geq 15$mm 时的二维条件重现期值。即说明小历时/烈度的干旱事件重现期较短，比较容易发生，这与概率分布规律得出相同的结论。

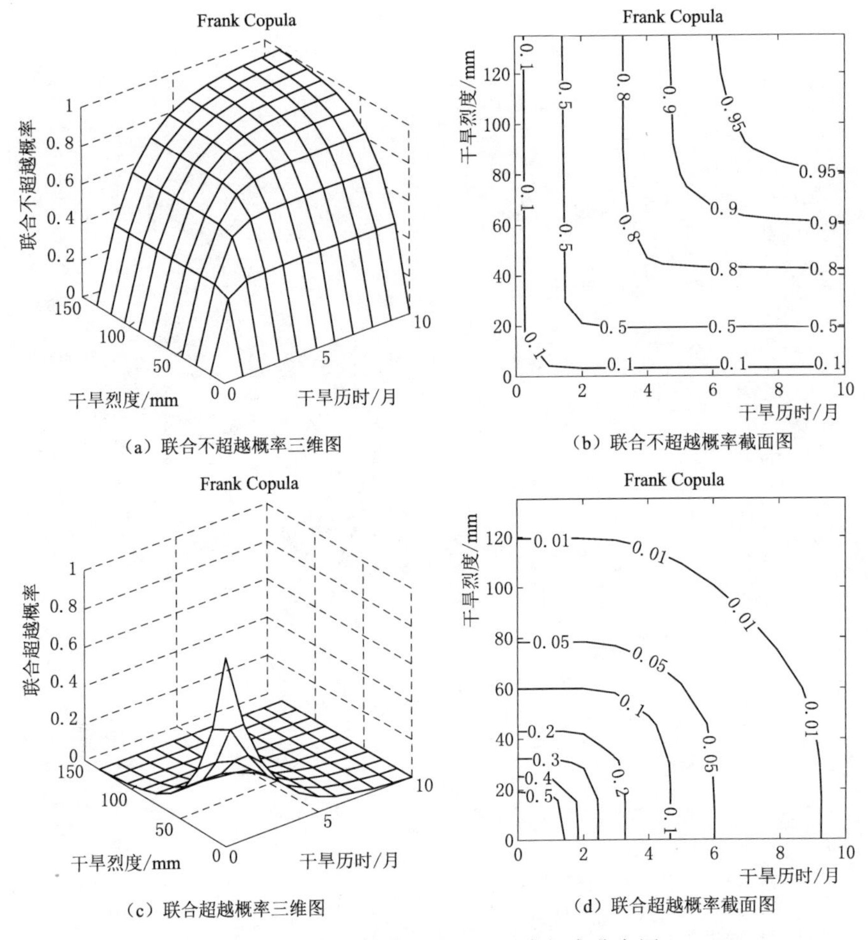

（a）联合不超越概率三维图　（b）联合不超越概率截面图

（c）联合超越概率三维图　（d）联合超越概率截面图

图 4-4　乌鲁木齐站 D、S 联合概率分布图

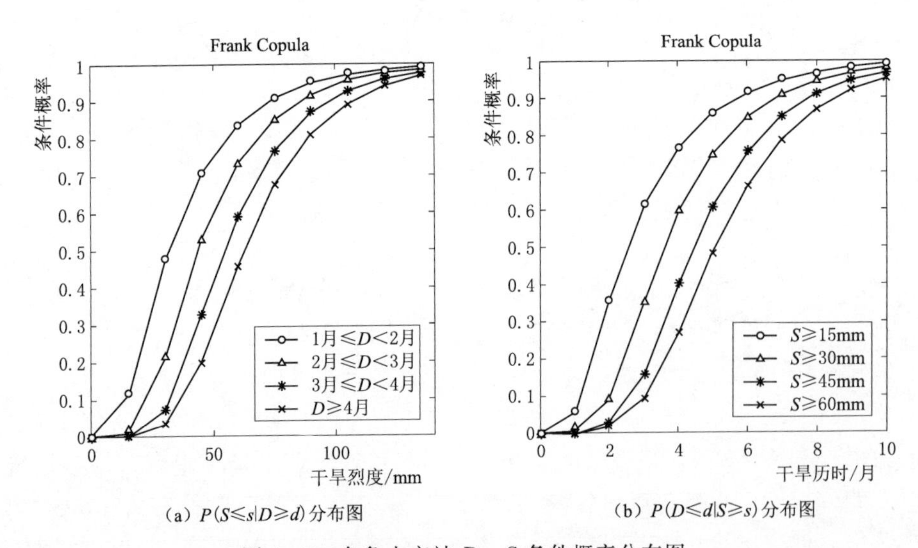

（a）$P(S\leq s|D\geq d)$ 分布图　（b）$P(D\leq d|S\geq s)$ 分布图

图 4-5　乌鲁木齐站 D、S 条件概率分布图

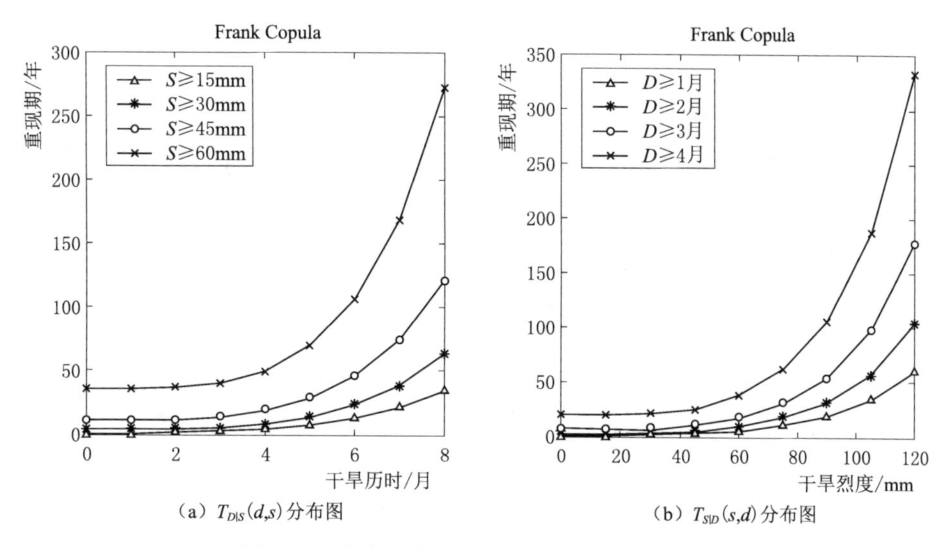

（a）$T_{D|S}(d,s)$ 分布图 （b）$T_{S|D}(s,d)$ 分布图

图 4-6 乌鲁木齐站 D、S 条件重现期分布图

D、S 组合重现期包括联合重现期和同现重现期，计算原理见式（4-19）、式（4-20）。以乌鲁木齐站为例，二者的组合重现期分布图见图 4-7。从图中可查出不同干旱历时和干旱烈度组合条件下的重现期。例如图 4-7（b）中，随干旱历时 D 和烈度取值 S 的增大，D、S 联合重现期也相应从 1 年增大到 20 年；图 4-7（d）中，随干旱历时和烈度值增大，D、S 同现重现期也相应从 5 年增大到 100 年。说明二维变量的组合重现期随单变量取值的增大而增大。另外，在干旱历时和干旱烈度增加相同幅度情况下，相应的 D、S 同现重现期比联合重现期增幅大。

给定单变量重现期为 1 年、2 年、5 年、10 年、20 年、50 年和 100 年时，由单变量重现期的边际分布函数式（4-16）求逆函数，可得到干旱历时和干旱烈度的值，将其代入式（4-19）和式（4-20）求得其对应的组合重现期。乌鲁木齐站计算结果见表 4-11。由该表可知：单变量的重现期介于 D、S 联合重现期 T_a 与同现重现期 T_0 之间。如表中单变量的理论重现期 2 年介于 T_a=1.6 年与 T_0=2.7 年之间。即 D、S 的联合重现期与同现重现期可以看作是单变量重现期的两个极端。意味着求得二维变量 D 和 S 的组合重现期便可用来估计单变量实际重现期的范围。

表 4-11 二维干旱变量 D 和 S 组合重现期

重现期/年	干旱历时/月	干旱烈度/mm	烈度峰值/mm	T_a	T_0
1	2.03	26.8	16.73	0.9	1.2
2	3.41	44.7	23.05	1.6	2.7
5	5.24	68.2	27.94	3.4	9.6
10	6.63	86.0	30.07	6.0	29.4
20	8.01	103.7	31.4	11.2	97.7
50	9.84	127.1	32.44	26.2	602.2
100	11.22	144.7	32.89	51.6	1806.5

4.3.2.2　干旱历时和烈度峰值联合分布

（1）D、M 概率分布。对于新疆地区的气象干旱变量：优选 Frank Copula 函数进行干旱历时和烈度峰值的二维联合分布。可求得二维干旱历时和烈度峰值的联合不超越概率 $P(D\leqslant d, M\leqslant m)$ 和联合超越概率 $P(D\geqslant d, M\geqslant m)$ 值，同样以乌鲁木齐站为例，D、S 组合重现期分布图和 D、M 联合概率分布图分别见图 4-7 和图 4-8。

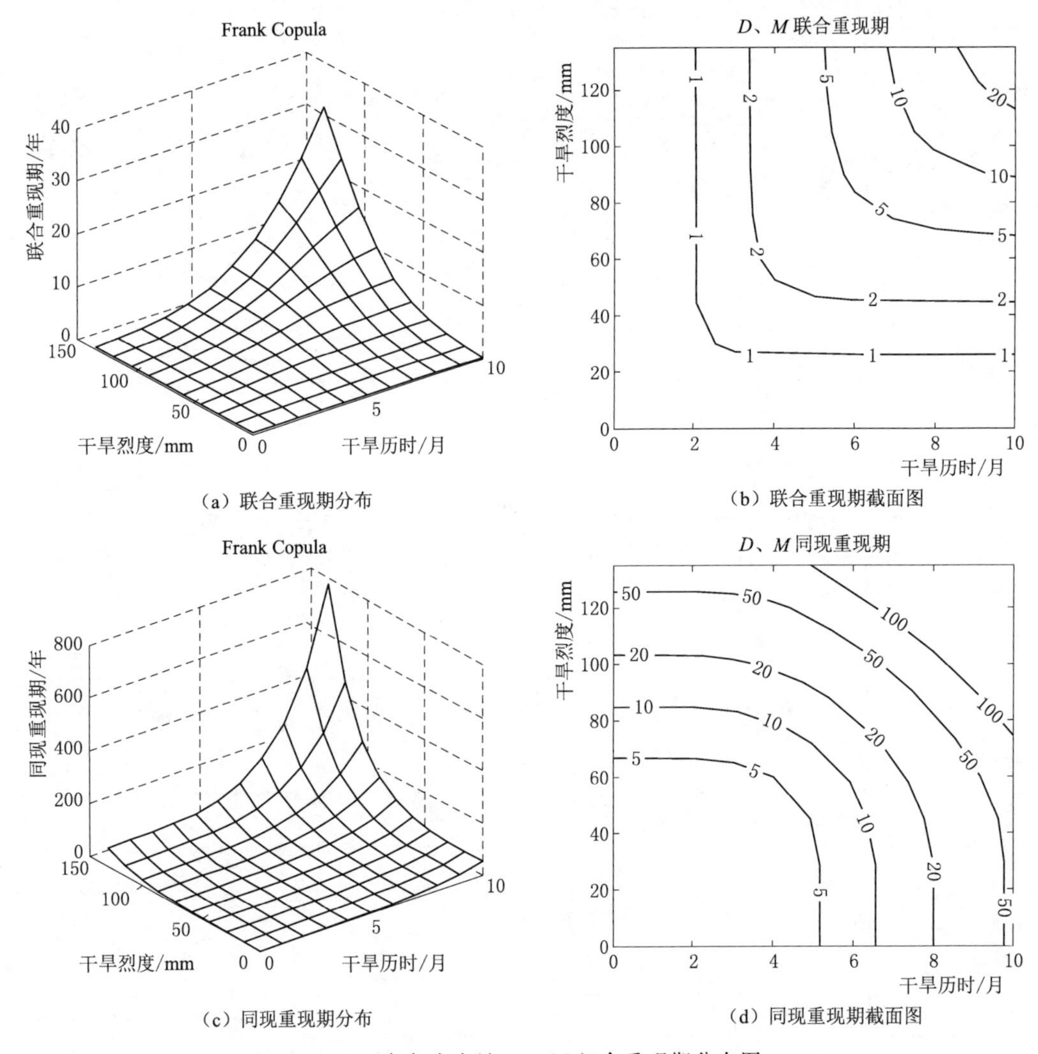

（a）联合重现期分布　（b）联合重现期截面图

（c）同现重现期分布　（d）同现重现期截面图

图 4-7　乌鲁木齐站 D、M 组合重现期分布图

从图 4-7 中的联合概率分布的平面投影图上可以查得不同干旱历时和烈度峰值条件下联合不超越概率和超越概率的值。当干旱历时一定，烈度峰值越大时，或者当烈度峰值一定，干旱历时越长时，其联合不超越概率值越大，而联合超越概率值越小。这与干旱历时和烈度的联合分布规律类似。另外，干旱事件中较关注的联合超越概率值随干旱历时和烈度峰值的值减小而增大，同样说明在一个短的干旱历时内要达到比较小的干旱烈度的干旱事件较容易发生，是实际抗旱工作中重点关注对象。

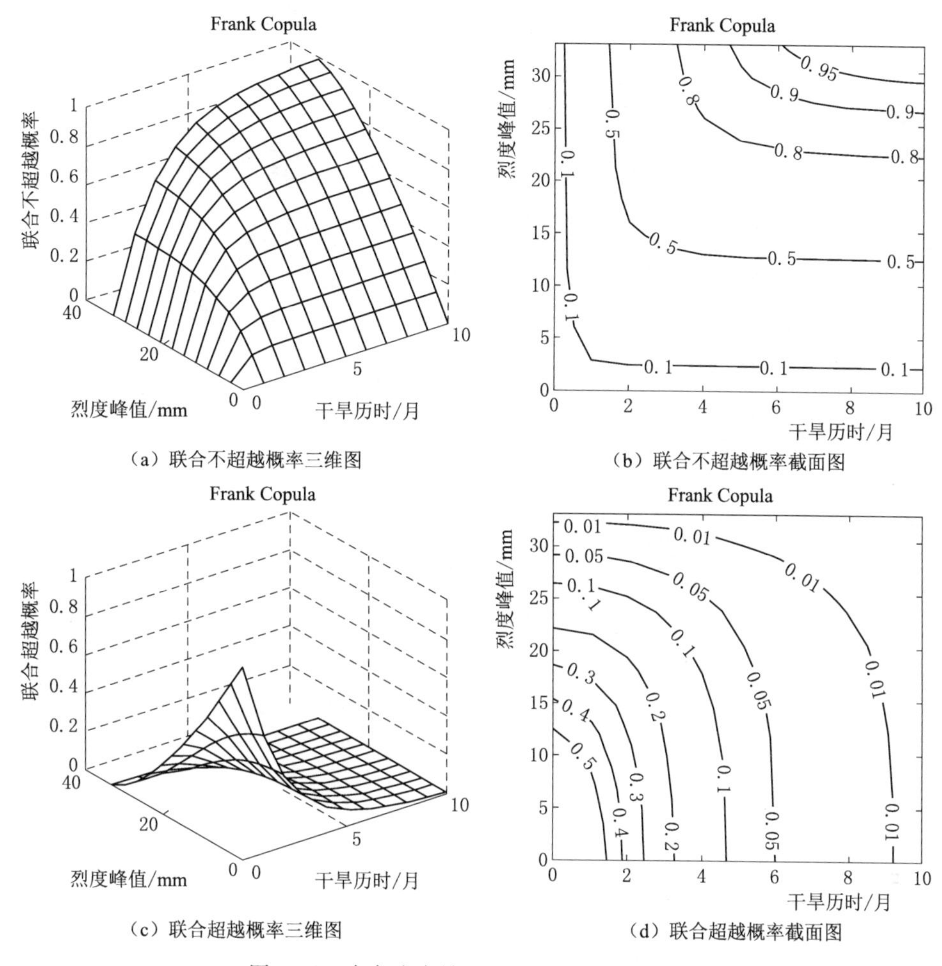

图 4-8 乌鲁木齐站 D、M 联合概率分布图

二维干旱变量 D、M 的条件概率分布计算原理根据式（4-13）同理可以推得，乌鲁木齐站 D、M 的条件概率分布见图 4-9。从图中能查出在不同干旱历时/烈度峰值条件下（$D\geqslant d \mid M\geqslant m$），相应二维条件概率值，且二者的条件概率同增共减；而随着历时/峰值条件的减小，在相同的烈度峰值/历时条件下，其二维条件概率值呈现增大趋势。也说明小历时/烈度峰值的干旱事件比较容易发生。

（2）D、M 重现期分布。同理可求得 DM 二维条件重现期。同样以乌鲁木齐站为例，将 D、M 二维条件重现期分布示于图 4-10。从图中可查出在不同烈度峰值/干旱历时条件下（$M\geqslant m \mid D\geqslant d$），干旱历时/烈度峰值相应的条件重现期值，二者的重现期呈现正增长关系，且随着峰值/历时条件的增大，在相同的历时/峰值条件下，二维条件重现期值也呈现增大趋势。

干旱历时和烈度峰值的联合重现期和同现重现期计算原理同样可以推得，以乌鲁木齐站为例，D、M 组合重现期分布图如图 4-11。从图 4-11 中可查出不同干旱历时和烈度峰值组合条件下的重现期。D、M 组合重现期随单变量取值的增大而增大。对比 D、M

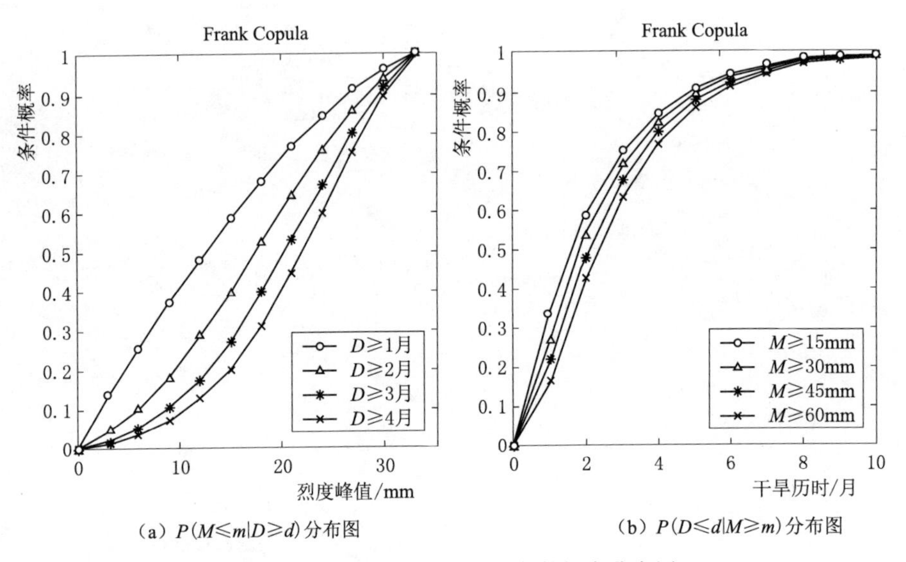

(a) $P(M \leq m|D \geq d)$ 分布图　　(b) $P(D \leq d|M \geq m)$ 分布图

图 4-9　乌鲁木齐站 D、M 条件概率分布图

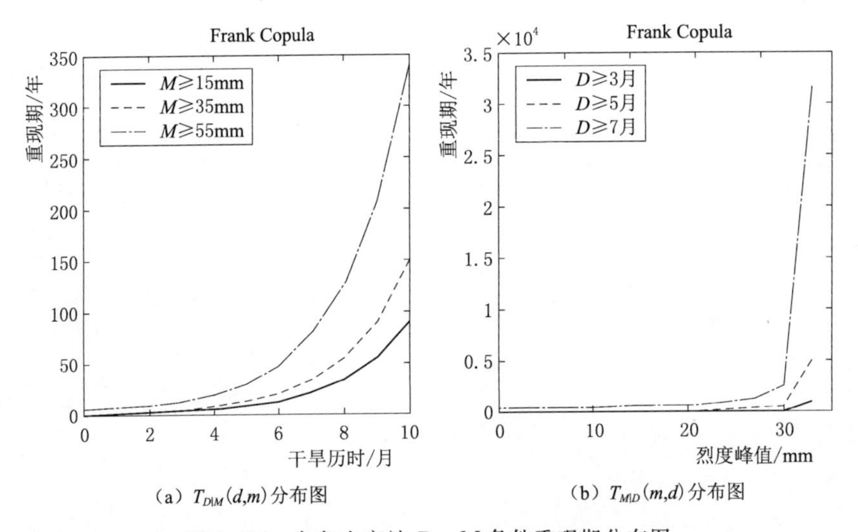

(a) $T_{D|M}(d,m)$ 分布图　　(b) $T_{M|D}(m,d)$ 分布图

图 4-10　乌鲁木齐站 D、M 条件重现期分布图

同现重现期和联合重现期可知：在干旱历时和烈度峰值增加相同幅度情况下，相应的 D、M 同现重现期增幅比联合重现期大。

给定单变量重现期时，乌鲁木齐站干旱历时和干旱烈度峰值组合重现期结果见表 4-12。

表 4-12　　二维干旱变量 D、M 组合重现期

重现期/年	干旱历时/月	干旱烈度/mm	烈度峰值/mm	T_a	T_0
1	2.03	26.75	16.73	0.8	1.5
2	3.41	44.68	23.05	1.3	4.2
5	5.24	68.24	27.94	2.9	19.1

续表

重现期/年	干旱历时/月	干旱烈度/mm	烈度峰值/mm	T_a	T_0
10	6.63	85.99	30.07	5.4	68.2
20	8.01	103.7	31.4	10.4	258.1
50	9.84	127.06	32.44	25.4	1806.5
100	11.22	144.69	32.89	50.9	3612.9

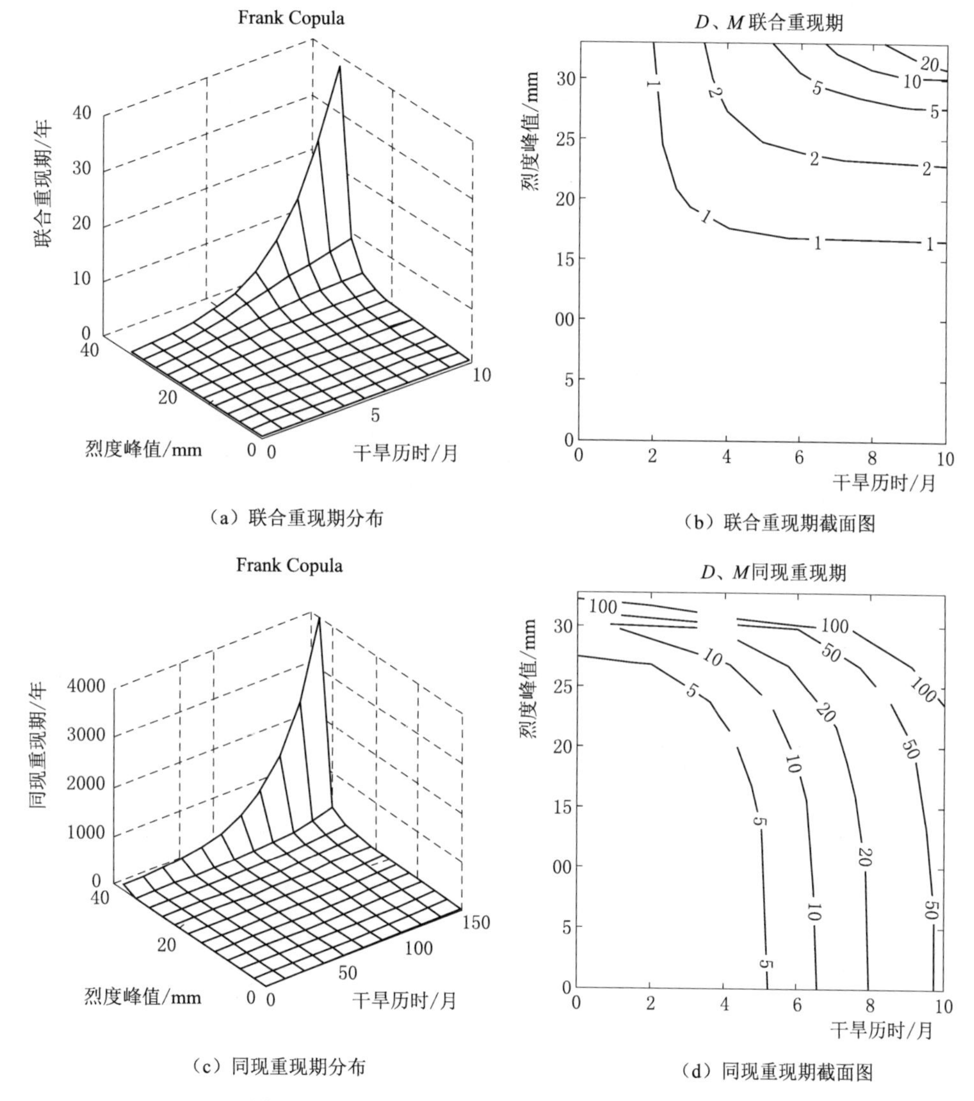

（a）联合重现期分布

（b）联合重现期截面图

（c）同现重现期分布

（d）同现重现期截面图

图 4-11　乌鲁木齐站 D、M 组合重现期分布图

表 4-12 显示，单变量的重现期介于 D、M 联合重现期 T_a 与同现重现期 T_0 之间。例如表 4-2 中单变量的重现期 2 年介于 $T_a=1.3$ 年与 $T_0=4.2$ 年之间。说明通过二维变量 D、M 的组合重现期可估计单变量实际重现期的范围。且同时可得出类似于图 4-11

中在干旱历时和烈度峰值增加相同幅度情况下，相应的同现重现期 T_0 比联合重现期 T_a 增幅大的规律。

4.3.2.3　干旱烈度和烈度峰值联合分布

（1）S、M 概率分布。对于新疆地区各站优选 Clayton Copula 函数进行干旱烈度和烈度峰值的二维联合分布分析。基于式（4－11）和式（4－12），可求得二维联合不超越概率 $P(S\leqslant s，M\leqslant m)$ 和联合超越概率 $P(S\geqslant s，M\geqslant m)$ 值。同样以乌鲁木齐站为例，其联合概率分布图见图 4－12。

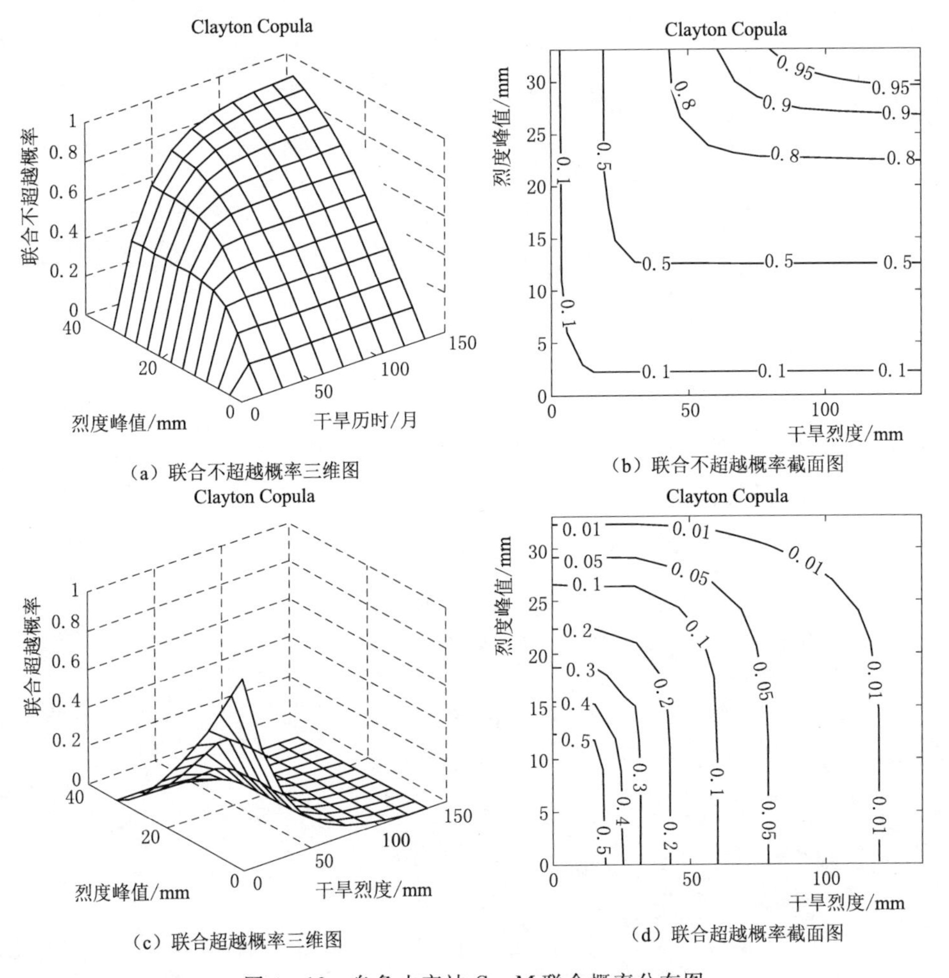

图 4－12　乌鲁木齐站 S、M 联合概率分布图

从二维联合概率分布的平面投影图上可以查出不同干旱烈度和烈度峰值条件下联合不超越概率和超越概率值。当干旱烈度/烈度峰值一定，烈度峰值/干旱烈度值越大时，其联合不超越概率值越大，而联合超越概率值越小。联合超越概率值随干旱烈度和烈度峰值的值减小而增大，同样说明干旱特征变量取值较小时候的干旱事件容易发生。

乌鲁木齐站 S、M 的条件概率分布见图 4－13。从图 4－13 中能查出在不同干旱烈度/烈度峰值条件下（$S\geqslant s\mid M\geqslant m$），相应二维条件概率值。例如图 4－13（a）中，当 $S\geqslant$

30mm 时，条件概率值随烈度峰值的增大而增大；而随着烈度/峰值条件的减小，在相同的峰值/烈度条件下，其二维条件概率值呈现增大趋势。例如图 4－13（a）中：$S\geqslant30$mm 时的二维条件概率大于 $S\geqslant90$mm 时的二维条件概率值。

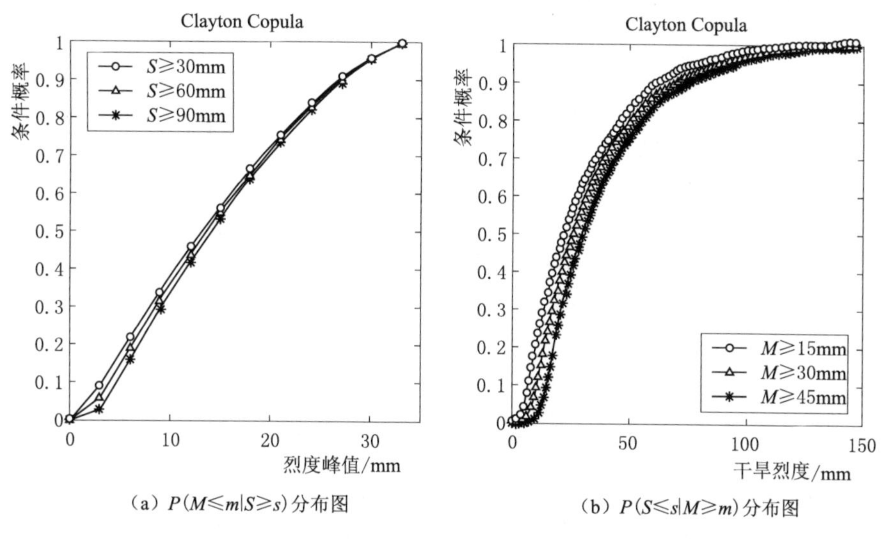

（a）$P(M\leqslant m|S\geqslant s)$ 分布图　（b）$P(S\leqslant s|M\geqslant m)$ 分布图

图 4－13　S、M 条件概率分布图

（2）S、M 重现期分布。经式（4－17）可求得 S、M 二维条件重现期。以乌鲁木齐站为例，在不同烈度峰值/干旱烈度条件下（$M\geqslant m \mid S\geqslant s$），干旱烈度/烈度峰值相应的重现期值也是正相关关系。随着烈度峰值/干旱烈度条件的增大，在相同的干旱烈度/烈度峰值条件下，其二维条件重现期值呈现增大趋势。

S、M 联合重现期和同现重现期按照式（4－19）、式（4－20）同理可以推求出，同样以乌鲁木齐站为例，二者的组合重现期分布见图 4－14。从图 4－14 中可查出不同干旱烈度和烈度峰值组合条件下的重现期。如图 4－14（b）中，随干旱历时 D 和干旱烈度 S 的增大，S、M 联合重现期也相应从 1 年增大到 20 年。图 4－14（d）中，随干旱历时和干旱烈度增大，S、M 同现重现期也相应从 5 年增大到 100 年。说明二维变量的组合重现期随单变量的增大而增大。且在干旱烈度和烈度峰值增加相同幅度情况下，相应的 S、M 同现重现期也比联合重现期增幅大。

乌鲁木齐站干旱烈度和烈度峰值组合重现期结果见表 4－13。该表说明，单变量的重现期也是介于 S、M 联合重现期 T_a 与同现重现期 T_0 之间。即根据 S、M 的联合重现期也可以估计单变量实际重现期的范围。

表 4－13　乌鲁木齐站二维干旱变量 S、M 组合重现期

重现期/年	干旱历时/月	干旱烈度/mm	烈度峰值/mm	T_a	T_0
2	3.41	44.68	23.05	1.5	3.1
5	5.24	68.24	27.94	3.1	12.8
10	6.63	85.99	30.07	5.7	43

续表

重现期/年	干旱历时/月	干旱烈度/mm	烈度峰值/mm	T_a	T_0
20	8.01	103.7	31.4	10.7	150.5
50	9.84	127.06	32.44	25.8	903.2
100	11.22	144.69	32.89	50.9	3612.9

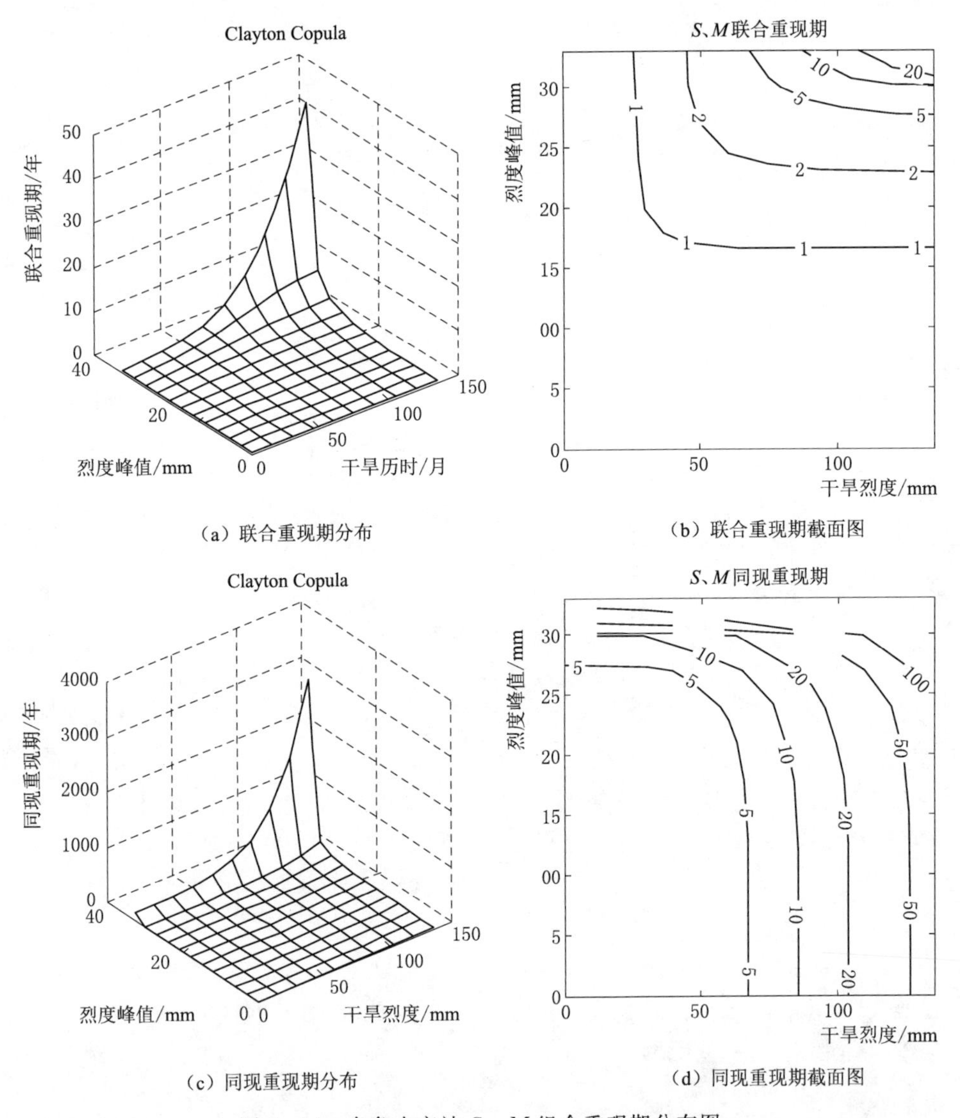

(a) 联合重现期分布

(b) 联合重现期截面图

(c) 同现重现期分布

(d) 同现重现期截面图

图 4-14　乌鲁木齐站 S、M 组合重现期分布图

新疆地区其他各气象站二维干旱变量两两之间的联合重现期和同现重现期也具有与乌鲁木齐站类似的规律，只是不同站 T_a 及 T_0 具有不同的数值。这意味着在资料欠缺的情况下，可根据任意二维联合分布模型的规律推求其他组合变量的概率和重现期分布。

4.3.3 新疆地区二维干旱特征变量的空间分析

经单变量边缘分布的K—S拟合检验，剔除未通过检验以及气象干旱特征变量二维分布模型中模拟效果不佳的5个站点哈密、吐鲁番、且末、和田和民丰，优选出具有代表性的36个站点进行干旱特征的空间分析。经式（4-13）推求在给定一个干旱变量大于或者等于某特定值条件下、另外一个变量相应发生的二维条件概率：$P(S\leqslant 50|D\geqslant 4)$、$P(M\leqslant 10|D\geqslant 4)$ 及 $P(S\leqslant 50|M\geqslant 10)$。新疆地区各站点二维干旱特征的特定条件概率计算结果见表4-14。

表4-14　　新疆地区各站点二维干旱特征的特定条件概率计算结果

站名	D和S	D和M	S和M	站名	D和S	D和M	S和M
	$P/S\leqslant 50\|D\geqslant 4$	$P/M\leqslant 10\|D\geqslant 4$	$P/S\leqslant 50\|M\geqslant 10$		$P/S\leqslant 50\|D\geqslant 4$	$P/M\leqslant 10\|D\geqslant 4$	$P/S\leqslant 50\|M\geqslant 10$
哈巴河	0.4388	0.7576	0.2024	伊宁	0.5233	0.7783	0.2164
阿勒泰	0.5854	0.7589	0.2085	昭苏	0.5599	0.8829	0.3059
吉木乃	0.4457	0.9185	0.1757	阿合	0.438	0.8406	0.2529
福海	0.0881	0.5421	0.0641	乌恰	0.6364	0.9674	0.2899
富蕴	0.4699	0.8545	0.183	库车	0.0433	0.4013	0.051
青河	0.4328	0.8324	0.1753	拜城	0.2662	0.7058	0.1678
和布	0.2132	0.6842	0.1342	阿克苏	0.0513	0.3399	0.065
塔城	0.8298	0.8586	0.2678	柯坪	0.1575	0.8246	0.1293
托里	0.48	0.8508	0.2261	轮台	0.0584	0.3776	0.1059
乌苏	0.3187	0.8663	0.1366	库尔勒	0.0183	0.2337	0.0298
克拉玛依	0.1295	0.5851	0.0909	博湖	0.0717	0.4657	0.0845
温泉	0.4888	0.9342	0.2124	若羌	0.0075	0.0014	0.0345
精河	0.0725	0.3557	0.0494	巴楚	0.0843	0.3923	0.1669
石河子	0.2637	0.5045	0.1238	疏附	0.0851	0.5321	0.1244
乌鲁木齐	0.7189	0.9313	0.2474	莎车	0.1072	0.0784	0.2086
奇台	0.2564	0.7637	0.1264	塔干	0.0225	0.3024	0.0271
巴里坤	0.3538	0.8737	0.1769	皮山	0.0742	0.6096	0.1154
伊吾	0.0916	0.4798	0.1191	于田	0.0533	0.1014	0.1142

依据干旱特征变量分布类型及数据模拟的精度，对新疆地区36个气象站的干旱历时和干旱烈度、干旱历时和烈度峰值的条件概率采用析取克里格插值法；干旱烈度和烈度峰值的条件概率采用反距离加权插值法。分析干旱历时和干旱烈度、干旱历时和烈度峰值以及干旱烈度和烈度峰值的插值结果，分别得到D、S，D、M和S、M条件概率的空间分布，D、S条件概率空间分布结果表明，给定干旱历时$D\geqslant 4$个月，干旱烈度$S\leqslant 50$mm的干旱事件$P(S\leqslant 50|D\geqslant 4)$的发生概率在新疆地区从北到南呈递增趋势，并且最易发生干旱的地区（包括博湖、轮台、若羌、库尔勒及且末5个站点）从新疆中部向西南方向扩展，囊括正好地处新疆西南的塔里木盆地和塔克拉玛干沙漠，该区域易发生干旱事件，

说明与实际相符。距博湖站很近的托克逊被喻为中国的旱极，年降水量仅6.6 mm。

D、M 条件概率的空间分布结果表明，特定干旱事件 $P(M\leqslant 10|D\geqslant 4)$ 发生的概率与 D、S 条件概率空间分布相似：大体上也是从北到南依次递增。但是最易发生干旱区域范围向西南方向有所扩展，在 D、S 条件概率空间分布的5个站点基础上又增加了民丰和于田2个站点，易发生干旱区域的范围已经覆盖了整个塔克拉玛干沙漠。S、M 条件概率的空间分布结果表明，干旱事件 $P(S\leqslant 50|M\geqslant 10)$ 发生的概率大体上也是从北到南有增加的趋势。以若羌站为干旱中心，特定干旱事件 $P(S\leqslant 50|M\geqslant 10)$ 发生概率向新疆北部发散；且其条件概率值大于 D、S 和 D、M 的条件概率值，意味着 $P(S\leqslant 50|M\geqslant 10)$ 的干旱事件更易发生。

综合而言，二维干旱特征变量的条件发生概率在新疆地区从北到南依次递增，即南疆比北疆更易发生特定条件概率的干旱事件。

4.3.4　小结

本节分析了二维 Archimedean Copulas 函数的参数估计及拟合度检验结果，干旱历时和干旱烈度、干旱历时和烈度峰值以及干旱烈度和烈度峰值的二维联合分布模型分析结果，包括其概率分布和重现期的确定。研究表明，Frank Copula 函数对干旱历时和干旱烈度、干旱历时和烈度峰值的二维联合分布的拟合度最好；Clayton Copula 函数对于干旱烈度和烈度峰值的二维联合分布以及干旱历时、干旱烈度和烈度峰值的三维联合分布拟合效果最佳。

通过优选的 Copula 函数构建二维干旱特征变量的联合分布模型，计算得出干旱变量的特定概率分布和重现期。当干旱特征变量取值较小时，其相应的多维条件概率值较大，重现期较短，代表的干旱事件在现实中容易发生，需要重点防治。单变量的重现期介于二维联合重现期与同现重现期之间，对于相应的宏观旱情预报工作有一定的指导作用。

对二维特定条件概率的空间分布进行了分析，二维干旱特征变量空间分布规律表现出，特定干旱事件的条件概率值在新疆地区北部向南递增，即南疆比北疆更易发生带有特定条件概率的干旱事件。

4.4　新疆地区三维干旱特征变量的联合分布

4种常见的三维 Archimedean Copulas 函数：Gumbel、AMH、Clayton 和 Frank Copula 函数以及5种非对称的 M3、M4、M5、M6、M12 Archimedean Copulas 函数在实际的干旱分析中适用范围广、对数据要求较低、推广性较好。故基于这几种三维 Archimedean Copulas 函数，构建三维干旱特征变量的联合分布模型。其分布函数和相应的密度函数见表4-3、表4-4。

4.4.1　三维变量参数估计及拟合度检验

采用适线法进行三维 Copulas 函数的参数估计，依据式（4-39）的3种评价准则 $RMSE$、AIC、$Bias$，对上述9种三维 Copulas 函数进行拟合度评价，优选最佳的三维 Copulas 函数构建联合分布模型。具体结果见表4-15。

表 4-15　　三维 Copulas 函数参数估计和拟合度检验结果

站名	Gumbel				AMH				Clayton				Frank			
	θ	*RMSE*	*AIC*	*Bias*	θ	*RMSE*	*AIC*	*Bias*	θ	*RMSE*	*AIC*	*Bias*	θ	*RMSE*	*AIC*	*Bias*
哈巴河	4.04	0.036	-344.3	-15.3	1.96	0.148	-197.5	47.2	3.15	0.029	-366.6	-2.7	9.4	0.027	-375.4	-1.5
阿勒泰	4.27	0.045	-372.1	-12.5	2.03	0.157	-221.8	61.0	3.25	0.047	-368.5	0.4	9.7	0.044	-374.3	4.0
吉木乃	6.72	0.028	-388.1	-6.6	1.97	0.169	-192.4	60.8	5.60	0.033	-370.7	-0.3	15.7	0.030	-380.9	5.6
福海	4.88	0.026	-430.5	-34.8	2.24	0.150	-221.9	68.4	3.67	0.027	-423.4	-17.6	11.0	0.022	-448.5	-12.4
富蕴	5.71	0.044	-330.8	-11.5	2.89	0.161	-193.1	52.8	3.78	0.037	-350.1	0.4	11.5	0.037	-349.6	3.1
青河	6.18	0.036	-386.0	-4.1	2.35	0.169	-205.1	65.2	4.79	0.042	-367.3	1.3	13.7	0.038	-378.4	5.2
和布	5.78	0.036	-411.1	-12.1	2.06	0.160	-226.0	65.0	4.25	0.036	-412.8	-1.3	12.4	0.032	-426.7	2.1
塔城	4.17	0.043	-399.1	-19.9	2.30	0.155	-235.8	72.3	3.21	0.036	-422.9	-4.7	9.6	0.038	-417.4	-1.3
托里	4.55	0.033	-375.5	-42.8	1.95	0.149	-207.9	54.3	3.33	0.024	-411.8	-18.5	10.2	0.021	-426.1	-12.9
乌苏	6.35	0.023	-489.4	-7.8	2.03	0.166	-232.1	74.1	4.44	0.021	-504.7	3.6	13.6	0.019	-514.1	7.7
克拉玛依	4.22	0.023	-433.0	-5.3	2.08	0.149	-218.3	63.4	3.46	0.028	-412.1	5.0	10.1	0.023	-432.2	8.6
温泉	4.92	0.027	-428.7	0.0	2.00	0.151	-223.2	66.3	4.05	0.035	-397.8	8.1	11.8	0.030	-414.9	12.3
精河	4.13	0.044	-426.9	-14.9	2.09	0.154	-255.1	66.8	2.96	0.023	-513.1	3.7	9.0	0.031	-475.2	4.7
石河子	2.07	0.029	-442.5	3.4	2.54	0.107	-279.5	56.8	2.03	0.040	-404.1	15.3	5.5	0.036	-417.7	15.8
乌鲁木齐	4.92	0.020	-521.8	-11.7	2.07	0.154	-250.0	70.5	4.09	0.031	-465.0	0.0	12.0	0.028	-482.0	6.7
奇台	3.45	0.027	-473.6	-4.3	1.96	0.137	-258.9	65.1	2.98	0.030	-460.1	8.1	8.6	0.025	-482.6	11.0
巴里坤	4.73	0.027	-429.5	-9.5	1.94	0.151	-224.8	61.1	4.27	0.039	-388.1	0.3	12.2	0.034	-403.6	7.7
伊吾	3.42	0.036	-323.3	-1.5	2.63	0.129	-198.8	48.7	3.12	0.052	-288.3	7.8	8.9	0.046	-300.1	11.7
哈密	4.48	0.045	-355.7	-29.4	1.87	0.152	-215.8	50.6	3.21	0.035	-384.4	-11.5	9.8	0.036	-383.2	-9.3
吐鲁番	3.72	0.042	-320.8	-17.1	2.01	0.146	-193.6	27.8	3.04	0.039	-327.6	-5.0	9.0	0.039	-329.1	-2.3
伊宁	3.44	0.041	-431.0	-15.4	2.55	0.136	-268.3	57.8	2.71	0.026	-493.9	1.3	8.0	0.028	-483.8	1.8
昭苏	3.65	0.044	-386.9	-11.1	2.08	0.142	-240.8	72.4	3.68	0.066	-335.8	-1.0	9.9	0.059	-349.7	9.0
阿合奇	3.25	0.032	-402.0	-4.0	2.27	0.131	-236.8	64.7	2.94	0.045	-361.1	10.0	8.5	0.042	-371.1	15.3
乌恰	6.05	0.027	-394.0	4.1	1.85	0.164	-196.2	62.7	5.92	0.040	-351.8	6.5	16.3	0.036	-361.1	11.4
库车	3.67	0.036	-403.2	-13.5	2.73	0.137	-239.5	65.6	3.08	0.037	-399.9	-0.1	9.0	0.033	-413.0	2.6
拜城	5.57	0.033	-366.6	-11.9	1.95	0.162	-194.2	57.5	3.83	0.027	-385.5	-0.8	11.8	0.026	-389.6	1.6
阿克苏	3.49	0.040	-373.6	-11.0	1.96	0.138	-228.6	58.7	3.06	0.043	-365.5	1.0	8.8	0.038	-378.2	4.0
柯坪	4.89	0.050	-287.1	-3.2	2.15	0.148	-182.2	53.2	4.50	0.055	-277.9	3.7	12.9	0.052	-283.9	9.3
轮台	7.76	0.033	-362.1	-25.8	1.89	0.171	-186.7	70.7	6.18	0.036	-354.3	-18.5	17.7	0.033	-362.8	-12.8
库尔勒	4.12	0.038	-347.3	-2.6	1.91	0.146	-203.9	56.8	3.75	0.050	-317.5	4.5	10.9	0.046	-326.0	8.8
博湖	3.04	0.037	-377.6	5.3	2.25	0.127	-234.3	63.3	2.74	0.051	-338.2	16.1	7.9	0.049	-343.4	19.3
若羌	4.74	0.060	-259.7	0.1	2.12	0.147	-175.9	49.2	4.34	0.066	-251.0	6.2	12.9	0.063	-254.8	10.2
且末	4.00	0.061	-245.8	10.4	2.47	0.142	-171.2	50.9	4.01	0.071	-232.4	14.2	11.7	0.070	-233.6	18.3
巴楚	5.33	0.044	-283.6	-1.9	2.38	0.152	-170.1	53.5	4.21	0.048	-274.7	5.5	12.7	0.045	-280.5	8.8

续表

站名	Gumbel				AMH				Clayton				Frank			
	θ	*RMSE*	*AIC*	*Bias*	θ	*RMSE*	*AIC*	*Bias*	θ	*RMSE*	*AIC*	*Bias*	θ	*RMSE*	*AIC*	*Bias*
疏附	7.76	0.058	−349.0	−11.5	2.01	0.180	−209.8	70.5	4.29	0.050	−366.4	3.4	13.4	0.051	−364.9	5.1
莎车	4.93	0.030	−317.2	−7.7	1.99	0.144	−174.8	47.2	4.00	0.037	−299.2	0.5	11.7	0.031	−316.1	4.1
塔干	2.76	0.032	−399.1	−3.9	1.95	0.124	−240.7	53.4	2.58	0.038	−380.0	7.6	7.3	0.033	−395.8	8.8
皮山	8.93	0.065	−249.3	8.0	2.11	0.179	−156.6	57.1	6.89	0.066	−248.6	11.6	22.4	0.066	−248.4	13.7
和田	4.32	0.049	−291.1	−13.4	1.75	0.152	−181.5	54.6	3.27	0.040	−311.2	0.3	9.9	0.039	−312.9	1.5
于田	2.82	0.044	−282.2	1.2	1.99	0.126	−187.2	49.8	2.68	0.060	−255.2	11.6	7.6	0.055	−263.4	15.0
民丰	5.28	0.046	−279.7	−0.6	1.98	0.151	−170.6	55.6	4.80	0.049	−273.0	4.7	14.5	0.047	−276.6	8.0

经拟合度检验：Clayton Copula 函数对于新疆地区 41 个气象站拟合效果均为最佳，故选用 Clayton Copula 函数分别构建南疆和北疆的三维联合分布模型。

以乌鲁木齐站为例，表 4－16 列出适线法估计三维 Copulas 函数参数以及拟合度检验结果。从表 4－16 可知，Clayton Copula 函数的 3 个准则值最小，即其拟合效果最优。

表 4－16　　乌鲁木齐站三维 Copulas 函数参数估计和拟合度检验结果

Copula 函数	θ	*AIC*	*RMSE*	*Bias*	Copula 函数	θ_1	θ_2	*AIC*	*RMSE*	*Bias*
Gumbel	4.09	−465	0.031	−0.01	M3	4.98	23.6	−439.5	0.0377	7.9
AMH	2.07	−250	0.154	70.5	M4	1.98	11.2	−454.5	0.0337	−9.5
Clayton	4.92	−522	0.02	−11.67	M5	2.74	27.5	−415.0	0.0452	8.58
Frank	12.04	−482	0.028	6.68	M6	1.90	8.09	−426.0	0.0416	2.73
					M12	1.13	4.67	−420.2	0.0435	−0.85

乌鲁木齐站 Clayton Copula 函数模拟的理论频率和经验频率对比见图 4－15。该图说

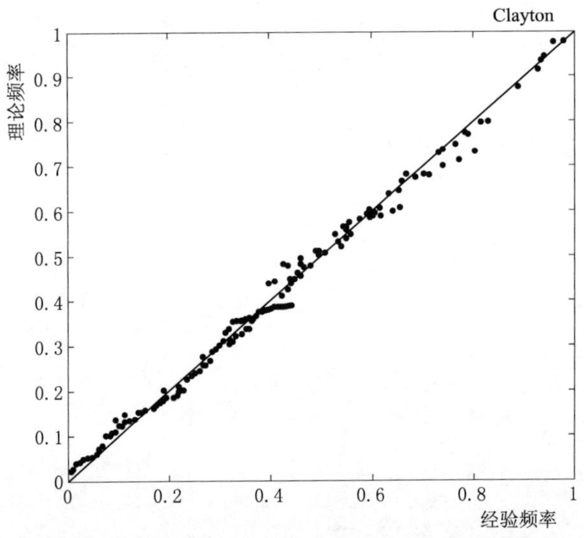

图 4－15　乌鲁木齐站 Clayton Copula 函数模拟的理论频率与经验频率对比

明，Clayton Copula 函数拟合三维干旱特征变量 D、S、M 的效果良好；D、S、M 理论频率与经验频率非常接近。此外，三维干旱特征变量的理论频率与经验频率对比结果与二维联合分布的类似。用 Clayton Copula 函数拟合新疆地区其余各站 D、S、M 的效果总体较好，不再赘述。

4.4.2 三维变量联合分布模型

4.4.2.1 三维变量概率分布

依据拟合度评价结果优选 Clayton Copula 函数构建新疆地区的三维干旱特征变量的联合分布模型。以乌鲁木齐站三维联合分布模型为例，根据式（4-21）、式（4-22）概率分布原理计算出 Clayton Copula 函数拟合三维干旱变量的概率分布，绘制当干旱历时 D=3 或 6 个月，干旱烈度 S=50 或 100mm、烈度峰值 M=10 或 30mm 条件下的三维联合不超越概率、联合超越概率四维切片见图 4-16。

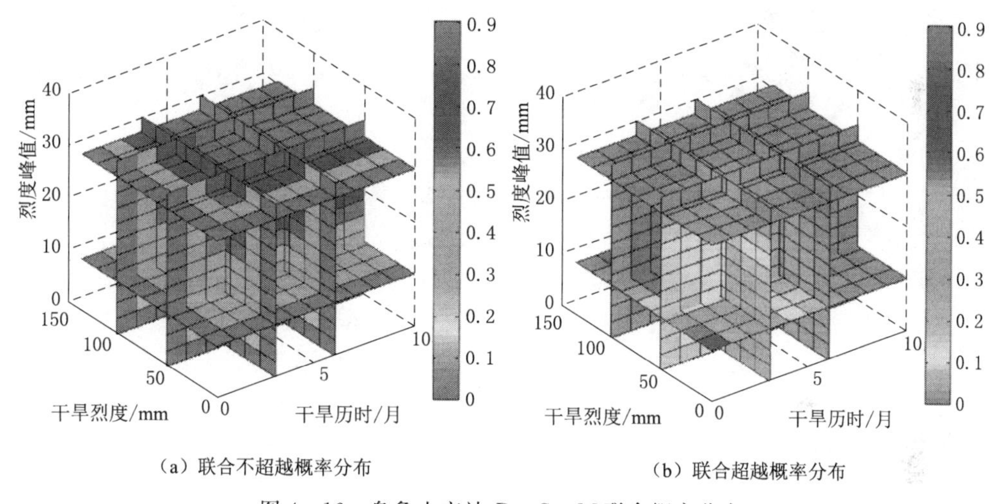

（a）联合不超越概率分布　　（b）联合超越概率分布

图 4-16　乌鲁木齐站 D、S、M 联合概率分布

从图 4-16 中可以查出不同干旱历时、干旱烈度和烈度峰值情况下的三维联合不超越和超越概率值。从图 4-16（a）和（b）的联合概率分布规律可知，当干旱历时、干旱烈度和烈度峰值取值较小时，三维联合超越概率值大于联合不超越概率，而当干旱历时、干旱烈度和烈度峰值取值较大时，三维联合超越概率值小于联合不超越概率；当其中两个变量条件一定时，三维联合超越概率值随另一变量增大而减小，联合不超越概率值反而增大。例如，给定干旱历时 D=3 个月、干旱烈度 S=50mm 条件时，随着烈度峰值 M 的增大，其联合不超越概率值增大，而联合超越概率值减小。

用类似方法可得出新疆地区其他各站的 S、M 联合条件概率分布，并可基于给定的 D 值查询 S、M 的联合条件概率值。不再赘述。

4.4.2.2 三维变量重现期计算

新疆地区气象干旱特征变量三维分布模型以乌鲁木齐站为例，根据式（4-25）、式（4-26）计算出 Clayton Copula 函数拟合三维干旱变量的组合重现期分布（图 4-17）。从图 4-17 中可以查出不同干旱历时、干旱烈度和烈度峰值情况下的三维联合重现期和同现重现期的值。随着干旱历时、干旱烈度和烈度峰值的增大，三维联合重现期和同现重现期的值也呈现增大趋势；当其中两个变量一定，另一个变量增大时，其三维联合重现期和同现重现期的值也增大；另外，对比图 4-17（a）和（b）可知三维同现重现期增幅远超过了联合重现期的值。

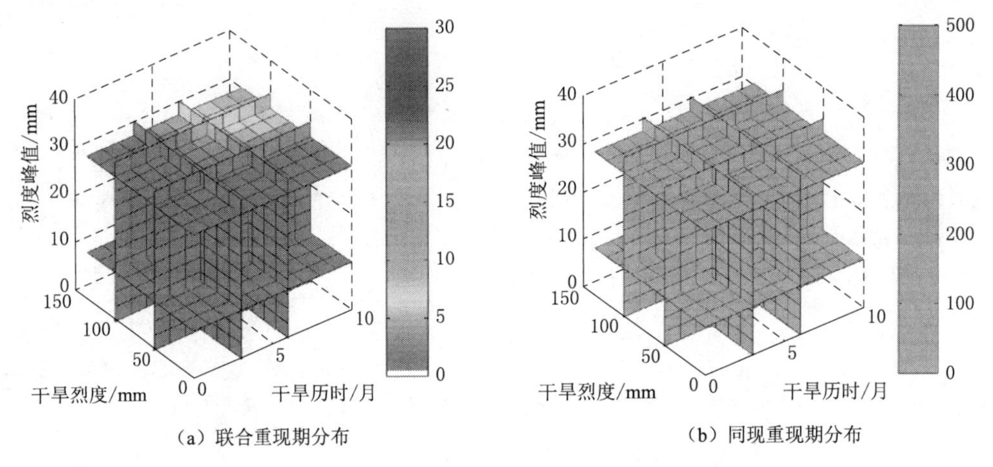

（a）联合重现期分布　　（b）同现重现期分布

图 4-17　乌鲁木齐站 D、S、M 重现期

以乌鲁木齐站为例，当 $D\geqslant 4$ 个月时，根据式（4-27）计算出 S、M 联合条件重现期分布（图 4-18）。从图中可查出当 $D\geqslant 4$ 个月时，干旱烈度和峰值不同组合下的 S、M 联合条件重现期值。三站的 S、M 联合条件重现期值也均随着干旱烈度和烈度峰值的增大而增大，说明较严重的干旱事件（即干旱烈度和峰值较大）其重现期较长，不易发生。

当 $D\geqslant 4$ 个月，M 分别大于 30mm、50mm、70mm 时，根据式（4-28）计算出烈度 S 的条件重现期分布（图 4-19）。从图 4-19 中可查出当 $D\geqslant 4$ 个月，M 分别大于 30mm、50mm、70mm 时，干旱烈度的条件重现期值。三站的烈度条件重现期值分布规律类似，均随着干旱烈度值的增大而增大。

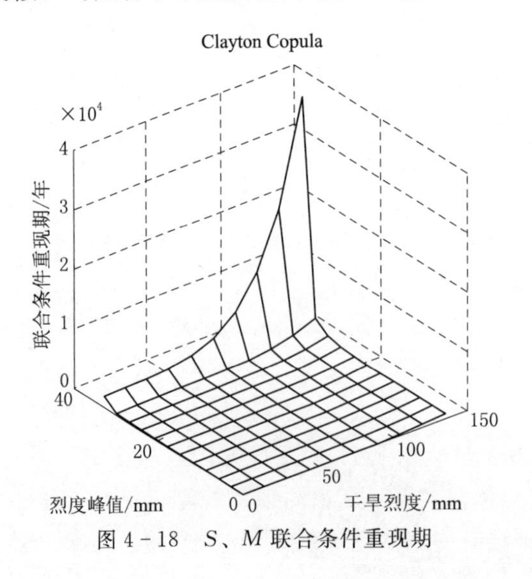

图 4-18　S、M 联合条件重现期

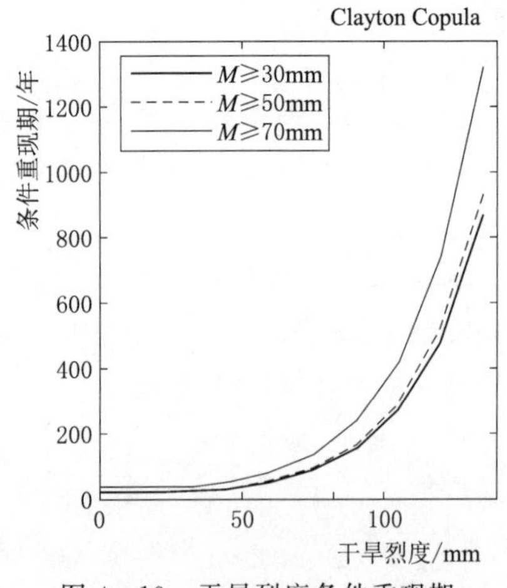

图 4-19　干旱烈度条件重现期

基于类似方法可分析新疆其余各气象站的三维干旱变量的重现期，不再赘述。综合三维重现期规律可知：较大干旱历时、干旱烈度和烈度峰值的干旱事件发生的重现期较长，不易发生，实际中应该重点关注较小变量值的干旱事件的发生情况。

给定单变量重现期为1年、2年、5年、10年、20年、50年和100年时，由单变量重现期的边际分布函数式（4-16）求逆函数，可得到干旱历时、干旱烈度和烈度峰值，将其代入式（4-25）和式（4-26）求得其对应的联合重现期，并将其与二维重现期进行对比。乌鲁木齐站三维干旱变量的组合重现期结果见表4-17。

表4-17 边缘分布的重现期及多维变量联合分布的重现期

T /年	D /月	S /mm	M /mm	$D\&S$		$D\&M$		$S\&M$		$D\&S\&M$	
				T_a/年	T_0/年	T_a/年	T_0/年	T_a/年	T_0/年	T_a/年	T_0/年
1	2.03	26.8	16.7	0.9	1.2	0.7	1.5	0.9	1.2	0.7	1.5
2	3.41	44.7	23.1	1.6	2.7	1.3	4.2	1.5	3.1	1.2	4.9
5	5.24	68.2	27.9	3.4	9.6	2.9	19.1	3.1	12.8	2.3	34.2
10	6.63	86.0	30.1	6.0	29.4	5.4	68.2	5.7	43.0	4.0	190.3
20	8.01	103.7	31.4	11.2	97.7	10.4	258.1	10.7	150.5	7.3	1222
50	9.84	127.1	32.4	26.2	602	25.4	1807	25.8	903.2	17.4	16677
100	11.22	144.7	32.9	51.6	1807	50.9	3613	50.9	3613	34.2	127027

从表4-17得知：单干旱变量的重现期介于二维、三维变量联合重现期（T_a）和同现重现期（T_0）之间，据此可根据计算求得的联合分布重现期对实际中的干旱单变量重现期范围作区间估计。以单变量的理论重现期（T）是5年为例，以干旱历时和烈度联合重现期（T_a）推求的实际单干旱变量重现期约为4～10年。另外可看出，当干旱特征变量取值较小时，据此推求的实际单干旱变量重现期范围更精确。即说明对轻旱的预测效果较好。三维变量的联合重现期（T_a）小于二维变量的联合重现期（T_a），而同现重现期（T_0）大于相应的二维变量的同现重现期（T_0），重现期与发生概率呈倒数关系，即说明三维干旱变量同时发生的干旱事件的概率要小于相应的二维变量同时发生的概率；另外从表4-17中还得出在单变量重现期增加相同幅度情况下，二维、三维变量的同现重现期（T_0）远超过了相应的联合重现期（T_a）的增幅，这与图4-11得出的结论类似，说明干旱变量的联合重现期干旱事件比同现重现期干旱事件更容易发生，例如当单变量理论重现期（T）为5年时，二维变量的联合重现期约为2～4年，三维联合重现期约为2～3年，均是现实中较容易发生的情况，需要重点防治。

综合新疆地区41个气象站的三维联合分布模型中的概率分布和重现期规律可知，当3个干旱特征变量取值较小时，其相应的发生概率较大，重现期较短，代表的干旱事件在现实中容易发生。同时，3个变量联合发生干旱事件的概率大于同现发生概率，需要重点关注。另外，根据二维、三维变量的联合重现期（T_a）和同现重现期（T_0）可粗估单干旱变量重现期的取值范围，这对于旱情预报有一定的指导意义。

4.4.3　三维干旱特征变量分析

除去单变量边缘分布未通过 $K-S$ 拟合检验以及三维分布模型模拟效果不佳的站点，从新疆地区选择具有代表性的 35 个站点进行空间分析。首先推求三维干旱特征变量的联合发生概率 $P(D\cup S\cup M)$，其表达式为

$$P(D\cup S\cup M)=u+v+w-C(u,v)-C(u,w)-C(v,w)+C(u,v,w) \tag{4-45}$$

新疆地区三维联合发生概率 $P(D\leqslant 4\cup S\leqslant 50\cup M\leqslant 10)$ 的计算结果见表 4－18。

表 4－18　　三维联合发生概率

站名	D、S、M $P(D\leqslant 4\cup S\leqslant 50\cup M\leqslant 10)$	站名	D、S、M $P(D\leqslant 4\cup S\leqslant 50\cup M\leqslant 10)$
哈巴河	0.4871	昭苏	0.5483
阿勒泰	0.4975	阿合奇	0.5219
吉木乃	0.4811	乌恰	0.4358
福海	0.6590	库车	0.6196
富蕴	0.4992	拜城	0.5160
青河	0.5067	阿克苏	0.6428
和布	0.6071	柯坪	0.5664
塔城	0.4562	轮台	0.6141
托里	0.5063	库尔勒	0.7077
乌苏	0.5429	博湖	0.6230
克拉玛依	0.6163	若羌	0.7798
温泉	0.5085	且末	0.8483
精河	0.7052	巴楚	0.5877
石河子	0.6184	疏附	0.5624
乌鲁木齐	0.4546	莎车	0.5508
奇台	0.5642	塔什库尔干	0.7114
巴里坤	0.5638	皮山	0.5678
伊吾	0.6790	和田	0.6688
哈密	0.8470	于田	0.6151
吐鲁番	0.6999	民丰	0.6786
伊宁	0.5282		

根据计算所得的数据特点和模拟精度，采用的统计分析方法中的析取克里格插值法对 $P(D\leqslant 4\cup S\leqslant 50\cup M\leqslant 10)$ 进行空间插值，再结合 ArcGis9.3 软件进行空间分析。三维干旱特征变量 D、S、M 联合发生概率的空间分析结果表明，特定干旱事件 $P(D\leqslant 4\cup S\leqslant 50\cup M\leqslant 10)$ 的联合发生概率在新疆地区从北到南依次递增，这与二维条件概率的空间分布规律类似。说明南疆比北疆更易发生特定概率的干旱事件，即南疆比北疆干旱，这与新疆地形、气候以及水资源分布状况所叙述的相符。其中，最易发生干旱的地区是若羌和且末。且易旱地区从新疆中部向东北部扩展，在新疆东部地区包括楼兰、罗布泊以及火焰山

等地区最易发生干旱事件。总体干旱演变规律为：易发生干旱的范围从新疆西南的塔克拉玛干沙漠扩散到东部的库姆塔格沙漠和戈壁区，这些地区均是气候干燥的易旱地区，与实际相符合。

从新疆地区的地形地貌特征以气候、水文和下垫面条件分析干旱成因可知：首先，新疆南疆的塔里木盆地封闭性较好，受北冰洋的水汽影响很小。而北疆的准噶尔盆地封闭不严密，较易受到来自北冰洋的水汽的影响，故北疆较南疆湿润；其次，南疆位于青藏高原以北，地势较青藏高原低，易产生焚风效应，故气候条件比北疆干燥；最后，南疆的纬度比北疆低，其温度较高且蒸发量较大，易发生干旱事件。本文的研究结果正说明了这一点，与实际的干旱分布规律特征一致。

干旱目前已经是影响新疆地区发展的一大瓶颈，农业发展的主要威胁来自干旱（Ayantobo 等，2017，2018，2019a，2019b；姚宇飞等，2006），除了农业外，干旱也严重影响着新疆地区工业及其他行业的发展，制约了新疆经济、社会的前进和发展，因此有必要通过干旱分析推求干旱演化规律进而为旱情预报、防治提供一定的理论依据。本书经干旱空间分析对实际区域干旱事件发生概率进行估计，并描述了干旱事件发生概率的空间演变规律，其目的便在于此。得知区域干旱事件发生概率的空间分布特征，便可因地制宜采取科学合理的应对措施：如发展节水灌溉技术、修建水利工程以及跨流域调水等水资源统筹调配方式。例如目前发展以干旱而著称的地缘特色农业（王浩等，2007）在新疆地区已经取得了良好的成效。

4.4.4 小结

本节介绍了三维 Archimedean Copulas 函数联合分布模型的构建过程。与二维联合分布模型类似，也包括三维 Archimedean Copulas 函数的参数估计以及拟合度检验，通过建立三维联合分布模型，计算相关的概率分布和重现期。最后对新疆地区的三维干旱特征空间分布进行了刻画和描述，并与实际的区域流域干旱特征分布情况进行了对比，从气象和水文特征、下垫面条件等方面概括地探讨了其的干旱成因以及相应的应对措施。

参考文献

陈秀平，郑海鹰. Copula 函数在本科课程设置中的应用 [J]. 统计与决策，2009 (9)：149 - 150.

华东水利学院. 水文学的概率统计基础 [M]. 北京：水利电力出版社，1981.

李计. 基于 Archimedean Copulas 函数的多变量干旱频率及空间分析 [D]. 杨凌：西北农林科技大学，2012.

宋松柏，蔡焕杰，粟晓玲. 专门水文学 [M]. 西安：西北农林科技大学出版社，2005.

宋松柏，聂荣. 基于非对称阿基米德 Copula 的多变量水文干旱联合概率研究 [J]. 水力发电学报，2011，30 (4)：20 - 29.

王浩，宋羽，马艳明，等. 新疆干旱荒漠区日光温室高产番茄生长发育动态分析 [J]. 新疆农业科学，2007 (5)：567 - 570.

杨益党，罗羡华. Copula 函数的参数估计 [J]. 新疆师范大学学报（自然科学版），2007，26 (2)：15 - 24.

姚宇飞，周国良，宋建华，等. 论新疆干旱农业 [J]. 新疆农业科学，2006，43 (S1)：46 - 48.

易丹辉. 非参数统计——方法与应用 [M]. 北京：中国统计出版社，1996.

AYANTOBO O O, LI Y, SONG S. Copula－based trivariate drought frequency analysis approach in seven climatic sub－regions of mainland China over 1961 － 2013 [J]. Theoretical and Applied Climatology, 2019a, 137 (3): 2217－2237.

AYANTOBO O O, LI Y, SONG S. Multivariate Drought Frequency Analysis using Four－Variate Symmetric and Asymmetric Archimedean Copula Functions [J]. Water Resources Management, 2019b, 33 (1): 103－127.

AYANTOBO O O, LI Y, SONG S, et al. Probabilistic modelling of drought events in China via 2－dimensional joint copula [J]. Journal of Hydrology, 2018, 559: 373－391.

AYANTOBO O O, LI Y, SONG S, et al. Spatial comparability of drought characteristics and related return periods in mainland China over 1961 － 2013 [J]. Journal of Hydrology, 2017, 550: 549－567.

GENEST C, FAVRE A. Everything You Always Wanted to Know about Copula Modeling but Were Afraid to Ask [J]. Journal of Hydrologic Engineering, 2007, 12 (4): 347－368.

GENEST C, QUESSY J, REMILLARD B. Asymptotic local efficiency of Cramér － von Mises tests for multivariate independence [J]. Annals of Statistics, 2007, 35 (1): 166－191.

GENEST C, REMILLARD B, BEAUDOIN D. Goodness－of－fit tests for copulas: A review and a power study [J]. Insurance Mathematics and Economics, 2009, 44 (2): 199－213.

HOLLAND J H. Adaptation In Natural And Artificial Systems [M]. Ann Arbor, MI: University of Michigan Press, 1975.

LETTENMAIER D P, POTTER K W. Testing Flood Frequency Estimation Methods Using a Regional Flood Generation Model [J]. Water Resources Research, 1985, 21 (12): 1903－1914.

NELSEN R B. An Introduction to Copulas [J]. Technometrics, 2000, 42 (3).

第5章　模糊时间序列模型及其在干旱中的应用

模糊时间序列在许多领域已经得到了较多应用，应用效果也较好。但现阶段基本都是以运用统计分析或优化算法的手段来改进模糊时间序列预测模型的研究为主，而忽略了将统计分析、优化算法与成因分析或数理分析有机结合的研究。时间序列数据往往都具有一定的周期性和分期性，如降水量等气象数据具有明显的以年为周期以及分为丰枯期的特征。若能在模糊时间序列预测模型的构建过程中同时对数据的成因或其蕴含的数理涵义进行分析，并将其与统计分析、优化算法等手段相结合，有效利用数据的周期性和分期性等特征，显然有助于提高模型的预测精度和稳定性。另外，目前大多数学者在数据的模糊化和建立模糊关系的过程中一般都是使用所研究的历史系列的全部数据，这种处理方式值得商榷。因为现实中要预测的数据都是未知的，所以在预测模型的构建过程中也应该将历史系列的数据分为两个部分，一部分为用于模型的研究与构建的研发组，另一部分为用于模型的检验与评估的验证组。否则，模糊化的数据和模糊关系中就包含了用来预测的数据所对应的实际的模糊数和模糊关系，这样预测得到的模糊数十分接近实际的模糊数，此时去模糊化的方法对预测精度的影响就不是决定因素，从而导致预测精度很高，显然这与生活中预测活动的实际情况也不相符。

本章提出了一种多维粒子群优化算法的改进方法；将所使用的历史系列数据分为研发组和验证组两部分，利用数据的周期性和分期性，提出了一种新的模糊时间序列模型的构建和预测方法，并将其与张钰敏等（2011）的模型对比分析，从而对本章提出的模糊时间序列模型进行检验和评估。

5.1　原理与方法

5.1.1　多维粒子群优化算法的改进

粒子群优化算法（Particle Swarm Optimization，简称PSO）是1995年Kennedy和Eberhart（1995）提出的一种模拟鸟群觅食过程的搜索算法，之后又有许多学者对该算法进行了改进，提高了其收敛性能。本研究改进了标准多维粒子群优化算法。详细步骤如下：

（1）初始化粒子群。根据具体的优化求解问题设定种群规模即粒子数n，最大迭代次数t_{max}，加速常数c_1、c_2，随机产生区间［0，1］上的常数rr_1、rr_2，粒子的位置和速度的范围，迭代计算停止的条件（如误差满足精度要求即停止迭代计算），适应度函数，随机产生初代粒子的位置和速度。设粒子的位置和速度均是$m \times k$维的矩阵，如粒子的位置

可以表示为 $X_i(t)=(x_1(t),\ x_2(t),\ \cdots,\ x_k(t))_i$，其中，$x_1$，$x_2$，…，$x_k$ 均是长度为 m 的列向量，$i=1,\ 2,\ \cdots,\ n$ 和 $t=1,\ 2,\ \cdots,\ t_{\max}$。

(2) 适应度函数是评定计算求得的解的优劣的标准，如适应度的值越大，则其对应的解越优。将适应度函数进行矢量分解，分别计算不同代数的各个粒子每一维的适应度函数值。

$$\vec{F}(X)=\vec{F}(x_1)+\vec{F}(x_2)+\cdots+\vec{F}(x_k) \tag{5-1}$$

各粒子的每一维不同代数间适应度的比较。若 $|\vec{F}(x_j(t+1))|\geqslant|\vec{F}(x_j(t))|$，其中 $|\ |$ 表示向量的模，$j=1,\ 2,\ \cdots,\ k$，则粒子的第 j 维 $x_j(t+1)$ 比 $x_j(t)$ 更优，第 $t+1$ 代时各粒子的个体历史最优值的通用表达式为 $X_p(t+1)=(x_1(t+1),\ x_2(t+1),\ \cdots,\ x_k(t+1))_p$。

各代数的不同粒子间每一维的适应度的比较。若 $|\vec{F}(x_j(t+1))_a|\geqslant|\vec{F}(x_j(t+1))_b|$，其中 a、$b=1,\ 2,\ \cdots,\ n$ 且 $a\neq b$，则 $x_j(t+1)_a$ 比 $x_j(t+1)_b$ 更优，第 $t+1$ 代时粒子群的全局最优值为 $X_q(t+1)=(x_1(t+1),\ x_2(t+1),\ \cdots,\ x_k(t+1))_q$。

粒子群的全局最优值的每一维的不同代数间适应度的比较。若 $|\vec{F}(x_j(t+1))_q|\geqslant|\vec{F}(x_j(t))_q|$，则粒子群的全局最优值的第 j 维 $x_j(t+1)_q$ 比 $x_j(t)_q$ 更优，第 $t+1$ 代时粒子群的全局历史最优值为 $X_g(t+1)=(x_1(t+1)_q,\ x_2(t+1)_q,\ \cdots,\ x_k(t+1)_q)_g$。

(3) 对各粒子的位置和速度分别进行迭代更新。具体的更新公式如下：

$$V_i(t+1)=wV_i(t)+r_1c_1(X_p(t)_i-X_i(t))+r_2c_2(X_g(t)_i-X_i(t)) \tag{5-2}$$

$$X_i(t+1)=X_i(t)+V_i(t+1) \tag{5-3}$$

式中：w 为惯性权重，w 的值一般可取随迭代次数的增加从 0.9 线性减小到 0.4，其值较大时则算法的全局搜索能力较强，反之算法的局部搜索能力较强。

(4) 选定所求问题的最优解。当迭代计算停止的条件满足时算法即会停止，此时得到的粒子群的全局历史最优值 X_g 即为所求问题的最优解，否则重复步骤 (2)、(3) 直到满足迭代计算停止的条件。

5.1.2 基于粒子群优化算法的模糊 C-均值聚类算法

模糊 C-均值聚类算法（Fuzzy C-means Clustering，简称 FCM）是由 Dunn（1973）于 1973 年首先提出的，它是用模糊理论对数据进行分析和建模，实现对样本类属的不确定性描述，能够比较客观地反映现实世界。后面许多学者对该算法进行了改进，提出了基于粒子群优化算法的模糊 C-均值聚类算法（Bezdek，1981；蒲蓬勃等，2008；温重伟和李荣钧，2010）。具体计算过程如下：

(1) 初定模糊聚类的聚类数 k。设样本数据为 Y：y_1，y_2，…，y_n，将其按升序排列得到 Y'：y'_1，y'_2，…，y'_n，依据样本数据的分布密度，相邻两个数据间距的平均值和样本初始的聚类数可分别表示为

$$\bar{l}=\frac{1}{n-1}\sum_{i=1}^{n-1}(y'_{i+1}-y'_i) \tag{5-4}$$

$$k=\frac{y'_n-y'_1}{\bar{l}} \tag{5-5}$$

(2) 由(1)可以初始设定模糊聚类的聚类中心为 x_1，x_2，…，x_k，运用粒子群优化算法求解则可以假定粒子为 $X=(x_1, x_2, \cdots, x_k)$。

(3) 依据模糊 C-均值聚类算法构造粒子群优化算法中的适应度函数，从而转化为粒子群优化求解最优聚类中心的问题。具体的构造过程如下：

$$d_{ij}=|y_i-x_j| \tag{5-6}$$

$$\mu_{ij}=\frac{1}{\sum_{r=1}^{k}\left(\frac{d_{ij}}{d_{ir}}\right)^{\frac{2}{m-1}}} \tag{5-7}$$

$$J=\sum_{i=1}^{n}\sum_{j=1}^{k}\mu_{ij}^{m}d_{ij}^{2} \tag{5-8}$$

$$F=\frac{1}{J+1} \tag{5-9}$$

式中：m 为影响隶属度模糊化的加权指数，一般取 $m=2$；$i=1, 2, \cdots, n$；$j=1, 2, \cdots, k$；n 为样本数；k 为泵类数。

(4) 确定模糊聚类的聚类中心。通过粒子群优化算法计算得到的最优解即为模糊聚类初步的聚类中心，根据所研究问题的需要对其精确到适当数位并删去重复的数，即得最终的模糊聚类中心。

5.1.3 模糊时间序列的概念

设有普通的时间序列 $Y(t)$：y_1，y_2，…，y_n，且 $Y(t)\subseteq R$，$\mathscr{F}$ 是对 $Y(t)$ 的模糊化法则，$\widetilde{y}_i=\widetilde{y}(t_i)\in\mathscr{F}(Y(t_i))(i=1, 2, \cdots, n)$，则称 $\widetilde{y}_i$ 为模糊数，而 $\widetilde{Y}(t)$：$\widetilde{y}_1$，$\widetilde{y}_2$，…，$\widetilde{y}_n$ 称为模糊时间序列。

定义 $U_0=[y_{\min}-\xi_1, y_{\max}+\xi_2]$ 为论域，其中 $y_{\min}$、$y_{\max}$ 分别为历史序列的最小值和最大值，ξ_1、ξ_2 是根据历史数据的特征确定的合适常数。给定 U_0 的一个次序分割集为 $U=\{u_1, u_2, \cdots, u_k\}$，$u_j(j=1, 2, \cdots, k)$ 是 U_0 上的分割区间。定义 A 为论域 U_0 上的语义变量，f_A 是定义在 A 上的隶属函数，且 f_A：$U\rightarrow[0, 1]$，$f_A(u_j)$ 表示 u_j 到 A 的隶属度，并且 $f_A(u_j)\in[0, 1]$，用"+"表示连接符，则语义变量 A 记为

$$A=\frac{f_A(u_1)}{u_1}+\frac{f_A(u_2)}{u_2}+\cdots+\frac{f_A(u_k)}{u_k} \tag{5-10}$$

5.1.4 模糊时间序列模型新的构建和预测方法

事物的发生、发展规律往往具有一定的周期性和分期性，此次模糊时间序列模型的研究中便考虑了数据的周期性和分期性的特征，模型的构建和预测方法具体步骤说明如下：

(1) 将历史数据分为 1、3、6、12 个月亦即月、季度、半年和年共 4 个不同的时间尺度进行研究，不同的时间尺度下数据又分为不同时期的观测值。然后，将各时期的数据观测值作为相互独立的历史序列。

(2) 分别求解各时期历史序列的模糊聚类中心。具体的求解方法见 5.1.2。

(3) 分别求解各时期的论域和次序分割集。假设 η_1、η_2 分别为论域的下边界和上边界，即 $\eta_1=y_{\min}-\xi_1$，$\eta_2=y_{\max}+\xi_2$。将(2)中计算得到的 k 个模糊聚类中心按升序排列

并求解相邻两个数的平均值，然后再将 $k-1$ 个平均值与 η_1、η_2 按升序排列，得到的序列设为 z_1，z_2，…，z_{k+1}，则论域的分割区间可表示为

$$u_j=[z_j,z_{j+1}],j=1,2,\cdots,k \tag{5-11}$$

（4）求解历史序列中的每个数据对各分割区间的隶属度，并将其作为各分割区间到相应语义变量的隶属度。为了反映数据在分割区间上的分布情况，基于距离计算第 i 个数据对第 j 个分割区间的隶属度如下：

$$f_{ij}=\frac{z_{j+1}-z_j}{|z_{j+1}-y_i|+|y_i-z_j|},i=1,2,\cdots,n \tag{5-12}$$

（5）将历史序列转化为模糊时间序列。由（4）计算得到的隶属度具有时变性，为了兼具数据的模糊性，时变性以及计算的简单化，在数据的模糊化过程中，只考虑最大隶属度对应的模糊区间及其相邻的区间，则历史序列相应的语义变量序列可表示为

$$\begin{cases}A_1=\dfrac{1}{u_1}+\dfrac{f_2}{u_2}+\dfrac{0}{u_3}+0+\cdots+0\\A_2=\dfrac{f_1}{u_1}+\dfrac{1}{u_2}+\dfrac{f_3}{u_3}+0+\cdots+0\\\qquad\vdots\\A_k=0+\cdots+0+\dfrac{0}{u_{k-2}}+\dfrac{f_{k-1}}{u_{k-1}}+\dfrac{1}{u_k}\end{cases} \tag{5-13}$$

从而，历史序列中的每个数据都可以按照语义变量的形式转化为相应的模糊数，即可得到相应的模糊时间序列。

（6）建立不同时间尺度下各分期的模糊关系集。现给出如下定义：模糊关系是指模糊数所对应的语义变量构成的逻辑关系。将时序上所包含的模糊关系的层数称为阶，将模糊关系之前的对象称为模糊关系的前件，而将模糊关系之后的对象称为模糊关系的后件。这样就可以利用模糊关系的前件来预测后件了，为了便于区分，将多阶模糊关系的前件用“〈〉”括起来，其内部的模糊关系用“—”表示，而将前件与后件之间的模糊关系用“→”表示。如假定第（$n-2$）、第（$n-1$）和第 n 个数据对应的语义变量分别为 $A(n-2)$、$A(n-1)$ 和 $A(n)$，将 $A(n-1)\to A(n)$ 称为一阶模糊关系，将 $\langle A(n-2)-A(n-1)\rangle\to A(n)$ 称为二阶模糊关系，以此类推到更高阶模糊关系。由于模糊关系是反映历史数据间在时序上的逻辑联系，故它也具有一定的周期性，且为了在运用模糊关系进行预测时充分利用最新观测数据的信息，体现预测的实时性，采用如下原则建立模糊关系集：不同时间尺度下各分期的模糊时间序列建立后，再将所有的模糊数对应的语义变量按时序排列，然后建立多个不同阶数的模糊关系集，不同的时间尺度下模糊关系的最大阶数一般设定不同，最后将不同时间尺度下各阶模糊关系及后件所属的时期为标准分别整合到各分期，得到相应的各阶模糊关系序列，删去各阶模糊关系序列中重复的模糊关系即得到相应的各阶模糊关系集。

（7）利用各分期的模糊关系集预测不同时期的待预测数据相应的模糊数。采用相似原则确定待预测数据相应的语义变量 $A_\gamma(n+1)$，相似原则的定义如下：首先利用一阶模糊关系，即假设 $A_\gamma(n+1)$ 的模糊前件为 $A_\alpha(n)$，在相应时期的一阶模糊关系集的前件中

找到相似的模糊前件 $A_{\varphi}(n)$，满足 $|\varphi-\alpha|\leqslant\Delta$（$\alpha$、$\varphi=1, 2, \cdots, k$；$\Delta\in[1, k-1]$），$\Delta$ 称为相似阈值；若一阶模糊关系确定的模糊后件不是唯一的，则再利用二阶模糊关系，假设 $A(n+1)$ 的模糊前件为 $\langle A_{\beta}(n-1)-A_{\alpha}(n)\rangle$，在相应时期的二阶模糊关系集的前件中找到相似的模糊前件 $\langle A_{\tau}(n-1)-A_{\varphi}(n)\rangle$，若同时满足 $|\tau-\beta|\leqslant\Delta$（$\beta$、$\tau=1, 2, \cdots, k$），且二阶模糊关系确定的模糊后件不是唯一的，则再利用三阶模糊关系。若不满足 $|\tau-\beta|\leqslant\Delta$，则此时再利用上一阶模糊关系确定的模糊后件，依此类推到最高阶模糊关系。由于上一阶模糊关系确定的模糊后件不唯一，现假设上一阶模糊关系集中所有满足条件的模糊关系有 s 种，其相应的模糊后件记为 $A^{\lambda}(n+1)$，其中 $\lambda=1, 2, \cdots, s$，统计各模糊关系在一阶模糊关系序列中出现的次数 h_{λ}，则待预测数据相应的语义变量 $A_{\gamma}(n+1)$ 可用以下加权公式计算：

$$A_{\gamma}(n+1)=round\left(\sum_{\lambda=1}^{s}\frac{h_{\lambda}}{h}A^{\lambda}(n+1)\right) \tag{5-14}$$

$$h=\sum_{\lambda=1}^{s}h_{\lambda} \tag{5-15}$$

式中：$round()$ 表示四舍五入运算。由步骤（4）和（5）可知，不同的历史数据计算得到的隶属度不同，故同一语义变量可以对应多个不同的模糊数。因而将语义变量 $A_{\gamma}(n+1)$ 所对应的多个模糊数的平均值作为待预测数据相应的模糊数 $A'_{\gamma}(n+1)$。

（8）将待预测数据相应的模糊数去模糊化，即得待预测的数据。从成因的角度分析，相邻时期的数据间关联性较强；从周期性的角度分析，相邻时期的数据间逻辑联系较紧密；从发展的角度分析，前期数据包含的信息可能较好地反映后期数据的状态，且时间间隔越近，一般这种作用越强烈。综合以上分析，拟定采用三元函数关系进行预测，即运用第（$n-1$）和第 n 个数据预测第（$n+1$）个数据。假设第（$n-1$）、第 n、第（$n+1$）个数据对应的模糊数分别为 $A'_{\beta}(n-1)$、$A'_{\alpha}(n)$、$A'_{\gamma}(n+1)$，由于每一个模糊数均可看作包含了 3 个区间和相应的 3 个隶属度，则对应的逻辑关系的组合有 3^3 共 27 种，每一种组合对应的隶属度为 3 个组合区间相应的隶属度的乘积，其通式可表示为

$$B=\frac{f_{(n-1)\varepsilon}\times f_{n\sigma}\times f_{(n+1)\theta}}{u_{\varepsilon}\oplus u_{\sigma}\oplus u_{\theta}} \tag{5-16}$$

式中：$\varepsilon=\beta-1$、β、$\beta+1$；$\sigma=\alpha-1$、α、$\alpha+1$；$\theta=\gamma-1$、γ、$\gamma+1$，“$\oplus$”表示时序上的逻辑连接。假设三个组合区间的长度分别为 D_{ε}、D_{σ}、D_{θ}，区间中值分别为 M_{ε}、M_{σ}、M_{θ}，第（$n-1$）、n 个数据的值分别为 y_{n-1}、y_n，且影响因子 $\delta\in[0, 1]$，则每种组合下第（$n+1$）个数据的计算公式为

$$y_{n+1}=M_{\theta}+D_{\theta}((1-\delta)T_{n-1}+\delta T_n) \tag{5-17}$$

$$T_{n-1}=\frac{y_{n-1}-M_{\varepsilon}}{D_{\varepsilon}} \tag{5-18}$$

$$T_n=\frac{y_n-M_{\sigma}}{D_{\sigma}} \tag{5-19}$$

为了使 y_{n+1} 更加合理又保留其所反映出的信息，需要对它进行适当的修正，使得 $y_{n+1}\in[y_-, y_+]$，其中 y_-、y_+ 是合适的常数。令 $f'=f_{(n-1)\varepsilon}\times f_{n\sigma}\times f_{(n+1)\theta}$，取满足条件 $f'\geqslant\Lambda$（$\Lambda\in[0, 1]$）的组合，Λ 称为隶属度阈值。假设满足条件的组合的个数为 v，

其相应的隶属度为 $f'_\rho(\rho=1,2,\cdots,v)$，则待预测的第 $(n+1)$ 个数据 y'_{n+1} 的加权计算公式为

$$y'_{n+1}=\sum_{\rho=1}^{v}\frac{f'_\rho}{f'_0}y_{(n+1)\rho} \tag{5-20}$$

$$f'_0=\sum_{\rho=1}^{v}f'_\rho \tag{5-21}$$

（9）重复步骤（7）和（8），可以沿时序依次由前期的数据预测后期的数据。若 y'_{n+1} 超出了论域的边界，则将其作为论域新的边界。

5.1.5　模型精度的检验

采用均方误差和平均相对误差进行模型精度的检验，并将其与张钰敏的模型进行对比分析从而论证所提出的模型的合理性和精确性。假定预测系列的长度为 m，y 和 y^* 分别表示实际值和预测值，则均方误差 σ 和平均相对误差 μ 分别为

$$\sigma=\sqrt{\frac{\sum_{i=1}^{m}(y_i-y_i^*)^2}{m}} \tag{5-22}$$

$$\mu=\frac{\sum_{i=1}^{m}(|y_i-y_i^*|/y_i)}{m}\times 100\% \tag{5-23}$$

5.1.6　小结

本节首先介绍一种多维粒子群优化算法的改进方法，将所使用的历史系列数据分为研发组和验证组两部分，利用数据的周期性和分期性，提出了一种新的模糊时间序列模型的构建和预测方法，详细解释了研究步骤，并介绍了模型精度检验的指标。

5.2　模糊时间序列模型在新疆地区干旱时空变化研究中的应用

5.2.1　基本思路

目前干旱预测仍是一个较难的问题，尤其是通过单一的元素进行预测时，由于数据的随机性和干旱成因的复杂性，导致了干旱的预测的不准确和不稳定。但是，由于资料的限制和实际应用的需要，通过单一的要素对干旱进行预测又是必不可少的。本节着重于研究新提出的模糊时间序列模型的实际应用价值，将其引入到干旱预测中，利用降水和径流数据对 3 个不同气候区不同时期的干旱进行预测。

采用新提出的模糊时间序列模型对新疆地区不同时间尺度下不同时期的降水和径流进行预测，然后以标准化降水指数 SPI 和标准化径流指数 SRI 作为评价指标，从气象和水文两个方面对不同时间尺度下不同时期的旱涝的空间分布进行预测和应用研究，并对旱涝的空间分布进行对比分析。

5.2.2　实例分析

由于长时间尺度下该模糊时间序列模型预测的精度和稳定度最好，故对新疆地区年尺度的降水和径流进行预测并以 SPI 和 SRI 评价指标，从而得到新疆地区年尺度的旱涝

分布。

采用标准化降水指数（SPI）进行评价，分析新疆地区年尺度下2015年旱涝的空间分布结果可知，新疆地区2015年旱涝随空间变化比较明显，即2015年南疆和北疆旱涝的空间分布复杂；2015年新疆大部分地区的水情也是正常的，其中乌恰—疏附—塔什库尔干一带会发生轻到特旱，巴里坤、乌鲁木齐—吐鲁番一带会发生轻到重旱，克拉玛依—和布克赛尔一带会发生轻到中旱，而于田等地会发生轻旱。此外，昭苏—阿克苏—柯坪—阿合奇一带会发生轻到特涝，轮台—乌苏—石河子—博湖—若羌一带会发生轻到重涝，奇台、哈密等地会发生轻到中涝，只有阿勒泰、和田等少部分地区会发生轻涝。

利用玛纳斯河流域的红山嘴、肯斯瓦特、煤窑、清水河子4个水文站的长系列径流数据，采用标准化径流指数（SRI）进行模糊综合评价，2015年各水文站的旱情预测结果见表5-1。红山嘴和煤窑两个水文站的预测水情均为正常，SRI值均为0.4，而预测得到的肯斯瓦特站和清水河子站SRI值也比较接近，分别为−1.26和−0.82，相应的旱情分别为中旱和轻旱，说明2015年玛纳斯河流域为正常或偏旱。

表5-1　2015年各水文站预测的标准化径流指数和旱情

站名	红山嘴	肯斯瓦特	煤窑	清水河子
标准化径流指数指标值	0.4	−1.26	0.4	−0.82
旱情	正常	中旱	正常	轻旱

5.2.3 小结

运用新的模糊时间序列模型来预测新疆地区不同时间尺度下不同时期的降水和径流，利用相应的干旱指标对其处理并以年尺度为例分析了南疆、北疆和全疆旱涝的空间分布规律，从而研究了该模糊时间序列模型的适用性和实用价值。研究表明新疆地区2015年基于SPI指标评价的旱涝空间变异性比较明显，且新疆地区旱涝的空间变异性相对略大；基于SRI指标评价的2015年玛纳斯河流域偏旱，SRI与SPI评价出的旱情不完全一致。总体上新模糊时间序列模型的预测结果具有一定的可信性，因而该模糊时间序列模型具有一定的适用性和实用价值。

参考文献

蒲蓬勃，王鸽，刘太安．基于粒子群优化的模糊C-均值聚类改进算法［J］．计算机工程与设计，2008（16）：4277-4279.

温重伟，李荣钧．改进的粒子群优化模糊C-均值聚类算法［J］．计算机应用研究，2010，27（7）：2520-2522.

张钰敏，张羽，沈晓羽．国际石油期货价格的模糊时间序列预测［J］．石油天然气学报，2011，33（5）：313-317+346.

BEZDEK J C. Pattern recognition with fuzzy objective function algorithms［M］. New York: Plenum Press，1981.

DUNN J C. A Fuzzy Relative of the ISODATA Process and Its Use in Detecting Compact Well-Separated

Clusters [J]. Journal of Cybernetics, 1973, 3 (3): 32-57.

KENNEDY J, EBERHART R. Particle swarm optimization [C] // Proceedings of ICNN'95 - International Conference on Neural Networks, Perth, WA, Australia, Australia: Institute of Electrical and Electronics Engineers, 1995.

第6章　结论及建议

6.1　结论

本书基于新疆地区54个站点的气象数据和玛纳斯河流域4个水文站的水文数据，估算了1961—2013年期间的参考作物腾发量、气象和水文干旱指标，采用多种方法研究了气候变化背景下干旱严重度时空变异规律，基于Copulas函数研究了多变量干旱频率时空变化特征，并结合新构建的模糊综合评价方法对新疆地区2015年旱情进行了简单预测，得出了以下主要结论：

（1）新疆地区ET_0与多个气象要素相关。ET_0对T_{max}、u_2和n更敏感。ET_0对T_{min}和T_{max}同时变化的敏感性比对其他要素组合变化时［如$T_{max}\&T_{ave}$、$T_{ave}\&T_{max}$、$T_{max}\&(-n)$、$T_{max}\&RH$、$T_{max}\&(-u_2)$和$T_{min}\&T_{ave}$］更大，但是在$(-u_2)\&(-n)$同时变化的情景中，ET_0比其他（两个气候要素同时变化的）情景降低的更多。T_{max}、T_{min}、T_{ave}和RH的增加以及u_2和n的降低导致新疆实际的ET_0下降。总体上，u_2和n的减少对降低ET_0的影响补偿了T_{max}的增加对增加ET_0的影响。

（2）由于新疆的降水具有增加趋势，而ET_0具有降低趋势，因此所有干旱指标都具有增加趋势，一致表明新疆干旱具有缓解趋势。1个月尺度下，各干旱指标之间的相关性总体不好，但有差异；而12个月尺度下，各干旱指标的相关性整体较好。当时间尺度由1个月增加到3、6及12个月，指标SPEI、I_A、I_m和I_{sh}的波动幅度逐渐减小；但各类指标的变化范围有一定差异。多年平均I_A、I_m和I_{sh}用于划分北疆、南疆和全疆的气候类型具有不完全的一致性，在新疆地区应用具有一定偏差。

无论采用哪种非标准化指标（I_A、I_m和I_{sh}），南干北湿的分布特征非常明显。在1个月尺度下，I_m和I_m通常为中等程度空间变异，而I_{sh}为强变异。指标I_m在1个月尺度、负温时不适用，因此其应用具有局限性。由于I_{sh}的计算比I_A更简单，且所需气象数据更少，而两者在表征新疆地区干旱严重度的时空演变规律方面具有较高的一致性，因此建议优先采用I_{sh}指标进行新疆地区干旱严重度评价。

（3）玛纳斯河流域SRI和径流Z指数对旱涝事件描述得较好，两个指标具有相似性，但SRI的计算稳定性和适用性比Z指数更好，表明推导出的SRI是合理的。不同时间尺度下肯斯瓦特在不同时期均是增湿的，且干旱的时间变化具有一定的周期性，交替变化。

（4）针对四个干旱指标$sc-PDSI$、I_m、I_{sh}和I_A分别设定了4个和6个气象要素的去趋势情景，从而评价各气象要素变化趋势对采用不同干旱指标表征的干旱严重程度的影响。虽然不同指标之间采用的气象要素不同，但都与降水有关，不同指标所指示的干旱具有不同的内涵。虽然温度对干旱严重程度的影响具有不确定性，但无论温度增加对干旱具有恶化还是减轻作用，其作用都很微弱，远远不及降水增加对减缓干旱的作用强。4种干旱指标比较一致地反映了降水趋势增加对缓解新疆地区干旱的较强效应。

(5) 在时间变化上，PCA重建的月I_A值在1月和12月呈现较大的噪声，接着是2月和11月。第一季度、第四季度以及上半年的I_A重建值呈现较多数量的噪声。考虑到1月、11月、12月份I_A重建值和观测值的空间分布，新疆北部绝大多数地区比南部更加湿润，其I_A重建值和观测值都较大。在2月、3月、10月的却恰恰相反。其他月份由于降雨量较大，4—9月的I_A时空变化中噪声较少。同样，第一季度和第四季度以及上半年I_A都呈现出较多数量的噪声。这些大量的噪声影响了新疆干旱的识别。在1月、2月、11月和12月这些对噪声敏感的月份，计算I_A之前首先评估气象变量的噪声程度。在运用不同的干旱指数进行评估时，干旱对气象要素的敏感程度也会发生变化。因此，需要更多的研究区分噪声敏感的干旱指数对气象变量的影响。

(6) Frank Copula函数对干旱历时和干旱烈度、干旱历时和烈度峰值的二维联合分布的拟合度最好；Clayton Copula函数对于干旱烈度和烈度峰值的二维联合分布以及干旱历时、干旱烈度和烈度峰值的三维联合分布拟合效果最佳。当干旱特征变量取值较小时，其相应的多维条件概率值较大，重现期较短。二维干旱特征变量空间分布规律表现出，特定干旱事件的条件概率值在新疆地区由北向南递增，即南疆比北疆更易发生带有特定条件概率的干旱事件。通过建立三维联合分布模型，计算相关的概率分布和重现期。最后对新疆地区的三维干旱特征空间分布进行了刻画和描述，并与实际的区域流域干旱特征分布情况进行了对比，从气象和水文特征、下垫面条件等方面概括地探讨了其干旱成因。

(7) 在模糊时间序列模型的构建过程中充分利用历史数据所包含的周期性和分期性是一种比较合理的举措，且若周期性和分期性越明显，则新模糊时间序列模型预测的精度也越高；该新模型在去模糊化时采用的是三元函数关系式且利用影响因子来区分不同的前期数据对后期数据的影响，计算公式比较简单；本研究还提出了多维粒子群优化算法的一种改进方法，使其具有更快的收敛速度；在确定初始聚类中心的个数时，提出了基于分布密度的计算公式，使得确定的初始聚类中心的个数更趋合理；运用多维粒子群优化算法，以预测误差最小为准则，利用编程计算不同时间尺度下不同时期的相似阈值、隶属度阈值和影响因子3个参数，计算方便快捷，可操作性强。基于SPI指标评价的2015年新疆大部分地区的水情正常，基于SRI指标评价的2015年玛纳斯河流域偏旱。新模糊时间序列模型的预测结果具有一定的可信性，因而该模糊时间序列模型具有一定的适用性和实用价值。

6.2 不足和建议

由于水平和条件所限，干旱相关的研究中还有不少不足之处有待进一步地深入研究，同时本研究还提出一些建议，供读者参考，具体有：

(1) 可将标准化降水指数与ArcGIS软件组合应用于不同气候区不同时期的干旱时空

分布及其变化规律的研究，具有较好的适用性。

（2）本研究用气象干旱指数——标准化降水指数对新疆地区的干旱进行监测和评估，有一定的局限性，建议在以后的研究中采用水文干旱指数——标准化径流指数对新疆地区不同气候区的干旱变化规律进行研究，可能对于新疆地区干旱的监测与评估更加灵敏和准确。

（3）建议把不稳定度与标准化指标结合起来，以期更有效地反映出不同时间尺度下旱涝变化的剧烈程度，这对提高干旱的预测精度具有一定的促进作用。

（4）在预测模型的构建过程中，可将成因分析和数理统计分析的方法结合起来，充分考虑数据背后所包含的属性，如周期性和分期性等，能够有效提高模型的预测精度和稳定性。

（5）本研究提出的模糊时间序列模型具有较好的适用性和实用价值，但不少问题还有待进一步的深入研究，如有效预测期限是多久，理论上预测的时期越远，其预测的精度和稳定度也越低；去模糊化的原则和计算公式如何进一步改进，使其更加简洁和合理；模型中的相似阈值、隶属度阈值和影响因子 3 个参数的初始计算区间如何确定，使得模型的计算量更小；不同气候区不同时间尺度下模糊关系的最大阶数如何设定才更加合理等。建议读者可从以上几个角度对模糊时间序列模型做进一步研究。